“十三五”职业教育规划教材

嵌入式技术应用

主　编　徐　登　左亚旻
副主编　颜云华　陈爱民
编　写　刘翠梅　范顺治　朱小刚　钱惠祥
主　审　刘贤锋

中国电力出版社
CHINA ELECTRIC POWER PRESS

内 容 提 要

本书为“十三五”职业教育规划教材。

本书共分为两部分，第一部分为C语言与数据结构篇，包括数组、结构体及枚举类型、函数与预处理命令、指针与链表；第二部分为库开发项目实战篇，包括ARM嵌入式开发环境RVMDK的使用、家用灯光照明系统的设计、家用门禁报警系统的设计、家用通风系统的设计、家用温度检测系统的设计、家用厨房燃气监控系统设计、家用密码存储系统设计、家用植物种植智能控制系统设计。本书以ST公司的32位处理器STM32F103ZET6芯片为控制核心，从固件库开发的视角，详细讲解了STM32嵌入式应用程序开发的过程和方法。本书内容详实，项目案例丰富，操作性极强。

本书可作为高职高专院校电子信息、计算机、通信等专业的教材，也可作为从事嵌入式系统开发的工程技术人员及其他相关专业的学生的参考书。

图书在版编目（CIP）数据

嵌入式技术应用/徐登，左亚旻主编．—北京：中国电力出版社，2017.9（2022.1重印）
“十三五”职业教育规划教材
ISBN 978-7-5198-1082-5

Ⅰ.①嵌…　Ⅱ.①徐…　②左…　Ⅲ.①微处理器－系统设计－职业教育－教材
Ⅳ.①TP332

中国版本图书馆CIP数据核字（2017）第206646号

出版发行：中国电力出版社
地　　址：北京市东城区北京站西街19号（邮政编码100005）
网　　址：http://www.cepp.sgcc.com.cn
责任编辑：冯宁宁　（010-63412545）
责任校对：王开云
装帧设计：郝晓燕　赵姗姗
责任印制：吴　迪

印　　刷：北京雁林吉兆印刷有限公司
版　　次：2017年9月第一版
印　　次：2022年1月北京第二次印刷
开　　本：787毫米×1092毫米　16开本
印　　张：18.75
字　　数：459千字
定　　价：38.00元

前言

当前嵌入式领域ARM32位处理器已经进入以ST公司STM32为代表的Cortex-M3时代，Cortex-M3采用ARMv7构架，支持Thumb-2指令集，而且拥有诸如强劲的性能、超高的代码密度、位带操作、可嵌套中断、低成本、低功耗等众多优势，成为当前嵌入式技术应用领域最流行的处理器。

随着中国产业转型和电子信息产业结构调整加快，以STM32处理器为代表的嵌入式人才备受用人企业青睐，ARM嵌入式技术人才也成为高职院校人才培养的一个重要目标。由于ARM嵌入式技术更新换代快、专业综合性强等原因，ARM嵌入式技术人才培养成为目前以面向市场需求、以就业为导向、能力为本位、以零距离就业为目标的高职院校嵌入式技术人才培养中的难点。其重要表现之一就是高职院校ARM嵌入式课程在实施过程中相关教学资源相对不足，特别是以STM32位为代表的适合高职学生学习特点的ARM嵌入式教材匮乏。

随着人们对家居环境信息化、智能化需求的提升，智能家居领域成为当前嵌入式技术的重要应用领域之一。为实现智能家居中家电控制、照明控制、电话远程控制、室内外遥控、防盗报警、环境监测、暖通控制、红外转发及可编程定时控制等多种功能和手段，需要一款功能强大、资源丰富的处理器芯片。而STM32处理器完全能满足上述要求，加上ST公司提供了丰富的固件库，方便开发人员学习上手，成为开发人员该领域智能化控制中的首选CPU之一。

基于以上几个因素的考虑，本书所有项目例程都是面向智能家居控制领域，选用ST公司的32位经典处理器STM32F103ZET6芯片为核心处理器，采用Keil-MDK开发环境，以固件库开发的方式进行讲解。固件库采用的是ST官方3.5.0版本。

为了更好地让读者掌握基于固件库的STM32嵌入式应用程序开发方法，首先对基于固件库开发所涉及的C语言与数据结构理论基础知识进行讲解；在此基础上结合一系列实际应用项目，对STM32F103ZET6芯片的片上外设资源、外围传感器及相关通信协议进行详细讲解。值得一提的是，书中对于C语言和数据结构及STM32F103ZET6芯片上外设资源的讲解以充分、够用为主要指导思想，通过八个智能家居领域的案例项目，旨在让读者更快更好地入门，进而循序渐进、深刻系统地掌握基于STM32官方固件库进行嵌入式应用程序开发的方法。

本书由常州机电职业技术学院教师编写，徐登、左亚旻任主编，颜云华、陈爱民任副主编，其中，第二部分的项目一、项目七和项目八由徐登编写，第二部分项目二～项目四由左亚旻编写，第二部分项目五、项目六由颜云华编写，第一部分由陈爱民编写。刘翠梅、范顺治、朱小刚、钱惠祥参与了部分内容的编写。

本书由常州机电职业技术学院刘贤锋主审。同时，本书在编写过程中，得到许多同行的帮助，也引用、借鉴了相关专家的教材、著作，在此一并致谢。

由于本书涉及知识面广，时间仓促，限于笔者的水平和经验，疏漏之处在所难免，恳请专家和读者批评指正。有任何建议或意见可以发送邮件到 xavier _ xd@126. com 或致电 0519 - 86331000 与编写组进行交流，万分感谢。

编　者

2017 年 5 月

目　　录

第一部分

C语言与数据结构篇

STM32 处理器的嵌入式应用程序开发是一项系统工程，开发人员除了对 STM32 处理器了解之外，还需要对 C 语言和数据结构有一定程度的了解和掌握。特别是在基于官方固件库开发过程中，ST 公司给出的官方固件库对于 STM32 相关的板级片上外设资源如 GPIO、TIMx、USART、中断、ADC 等都是以结构体和函数的形式多层封装的（用结构体封装寄存器参数、用宏表示参数，用函数封装对寄存器的操作）。

为了方便大家学习和掌握 STM32 官方固件库，更好地为第二部分库开发项目实战服务，第一部分专门针对固件库开发过程中遇到的相关 C 语言和数据结构内容例如数组、结构体、枚举类型、函数、指针、预处理命令等进行了讲解，方便后续学习和开发过程中随时查阅。

单元一　数组、结构体及枚举类型

数组与结构体等是C语言提供的构造类型，是由C语言的基本数据类型（整型、实型、字符型等）按一定规则构造的，可用来存储和处理复杂结构数据的类型。如果一个量只是由有限个数值组成，这时可用枚举类型来表示。

一、数组

使用C语言基本数据类型定义的普通变量每次只能存储一个值，比如求两个整数之和，在程序中可以定义两个变量来存储这两个数。假如现在程序中要求100个整数之和，如果使用普通变量来存储数据，就需要定义100个变量，显然这是不合理的。C语言提供的数组可以解决此类问题。数组的特点就是适合于保存大量同类型数据。数组按维数可分为一维数组、二维数组和三维数组，更高维数组由于比较复杂很少使用。

（一）一维数组

1. 一维数组的定义

一维数组的定义形式：

类型　数组名　［下标］

【例1.1.1】　int　a［10］；

说明：

1）在C语言中用方括号作为数组运算符，一对方括号就是一维数组；

2）下标的大小表示数组的长度，数组大小一经定义就不能再改变；

3）前面的类型表示该数组中可以存储的数据类型，一个数组中所有元素的类型都相同，一个数组只能存储同一类型的数据。

上例定义了一个整型数组，数组名为a，数组大小是10，该数组可以存储10个整型数，而且只能存储整型数据，其他类型数据不能存储在这个数组中。程序中定义了该数组，运行时，系统会为之分配一段连续的内存空间，如图1.1.1所示。

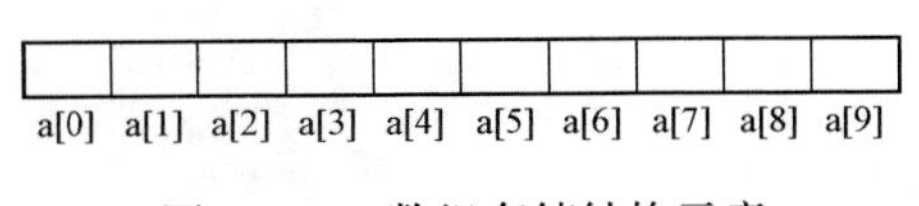

图1.1.1　数组存储结构示意

数组中每个数据叫数组元素，每个数组元素实际上是同一类型的一个变量。这个数组共有a[0]、a[1]、…、a[9]等10个元素，每个元素需要4个字节的存储空间（假定int型变量占4个字节的内存空间），所以整个数组占据40个字节的连续内存空间，并且数组名a是这片连续空间的首地址。

在编写程序时，一维数组在内存中所占的字节数可由下面的公式计算。

一维数组在内存中所占的字节数＝数组长度×sizeof（数组类型）

其中sizeof（）是用来求某类型变量所占内存大小的运算符，括号内可以是某类型或某类型变量名。需要注意的是该数组第一元素是a[0]，最后一个元素是a[9]，在程序中使用数组时要小心，防止数组越界。数组元素中方括号内的数称为数组下标，数组下标总是从0开始的。目前，大部分程序设计语言都是如此规定的。C编译器不检查下标是否越界，所以程序员在编写程序时应该自己小心。

思考：如果想从下标 1 开始，使用 10 个数组元素，如何处理？

可以定义一个数组：int　a[11]；舍弃第一个元素 a[0] 不用，使用 a[1]、a[2]、…、a[10]等其他 10 个元素。

2. 一维数组的初始化

和基本类型变量一样，定义了一个数组在使用之前应该对其初始化操作，否则数组中各元素的值就是不可预知的。和 Java 语言不同，C 语言对于变量未经赋值就使用这种情况，编译系统并不报错，但程序的运行结果肯定和预期的不一样。

【例 1.1.2】 下面程序中，由于没有对数组初始化，其运行结果如下：

```
1  int main()
2  {
3    int a[5];
4    int i;
5    for(i = 0;i<5;i + + )
6    {
7      printf(" % d\t",a[i]);
8    }
9    return 0;
10 }
```

程序运行结果：

2686872　　4200846　　4200752　　8　　23

请注意，上面程序在不同的运行环境中，结果可能是不一样的。所以编写程序时，应该确保每个变量被赋予了初值。在具体编写程序时，可以通过键盘给数组元素赋初值，也可在定义数组时给数组元素赋初值，称为数组的初始化。

下面是 C 语言数组常见的初始化方法：

(1) 方法一，在定义数组时，明确指明数组大小，同时给数组元素赋初值。

```
inta[10] = {1,2,3,4,5,6,7,8,9,10};
```

数组元素的初值放在一对花括号中，定义后 a[0]＝1，a[1]＝2，…，a[9]＝10。方法一是一种最完整形式的初始化方式，方法二对其进行了简化。

(2) 方法二，初始化时如果给每个数组元素都赋了初值，则也可不指明数组大小。

```
int a[   ] = {1,2,3,4,5,6,7,8,9,10};
```

方法二定义的结果与方法一没有区别。结果如图 1.1.2 所示。

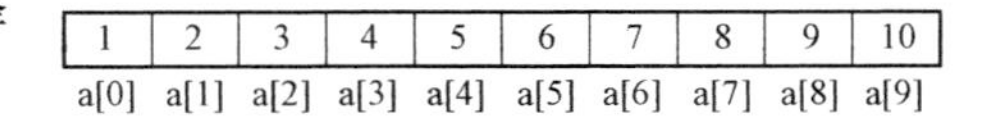

图 1.1.2　数组初始化结果

(3) 方法三，只给部分元素赋初值，此时编译器自动将余者赋 0 值。

```
int a[10] = {1,2,3};
```

【例 1.1.3】 下面的程序输出了上例中每个数组元素的值。

```
1  int main()
```

```
2  {
3    int a[10] = {1,2,3};
4    int i;
5    for(i = 0;i<10;i++)
6    {
7      printf("%d\t",a[i]);
8    }
9    return 0;
10 }
```

程序运行结果：

1 2 3 0 0 0 0 0 0 0

（4）方法四，如果需要将数组中所有元素的值都赋为 0，可以使用简化的方法。

```
int a[10] = {0};
```

只需要在花括号内写一个 0，其他元素自动赋为 0 值。还有一种高效的方法，将数组中的元素初始化为 0。

```
int a[10];
memset(a,0,sizeof(a));
```

使用这种方法时，程序中必须添加下面的语句：

```
#include <string.h>
```

（5）在初始化时，初值的个数不能超过数组大小，否则会产生编译错误。如下面的语句，数组大小为 5，元素个数是 6，不正确。

```
int a[5] = {1,2,3,4,5,6};
```

3. 一维数组应用举例

【例 1.1.4】 有 10 个学生的成绩，请输出大于平均值的那些同学的分数。

```
1  int main()
2  {
3    float scores[10] = {87,65,94,69,78,73,84,92,56,71};
4    float aver,sum = 0;
5    int i;
6    for(i = 0;i<10;i++)
7    {
8      sum += scores[i];
9    }
10   aver = sum/10;
11   for(i = 0;i<10;i++)
12   {
13     if(scores[i]>aver)
14     {
```

```
15          printf("%5.1f\t",scores[i]);
16        }
17      }
18    return 0;
19  }
```

程序运行结果：

87.0　　94.0　　78.0　　84.0　　92.0

说明：

(1) 数组一般要与循环结合起来使用，因为遍历数组的每一个元素是一个反复的过程。第 6 行至第 9 行，使用一个 for 循环来计算数组中 10 个成绩的累加和；第 11～17 行，输出大于平均值的分数值。可见，使用数组可以记住大量数据，供程序后面的代码使用。

(2) 数组元素的引用方法：数组名 [下标]，即数组元素是通过下标来引用的，如 scores[i]。

(二) 二维数组

1. 二维数组的定义

二维数组的定义形式如下：

类型　数组名 [下标 1] [下标 2]

【例 1.1.5】 int　a[3][4];

该例中定义一个数组名为 a 的二维数组，该数组大小为 3 行 4 列，可以存储 12 个整型数。数组定义时由于使用了两个方括号，所以是二维数组。

	第0列	第1列	第2列	第3列	
第0行	a[0][0]	a[0][1]	a[0][2]	a[0][3]	a[0]
第1行	a[1][0]	a[1][1]	a[1][2]	a[1][3]	a[1]
第2行	a[2][0]	a[2][1]	a[2][2]	a[2][3]	a[2]

图 1.1.3　二维数组 a 的逻辑存储结构

二维数组在内存中所占的字节数可使用下面的公式来计算：

二维数组在内存中所占的字节数＝下标 1×下标 2×sizeof (数组类型)

二维数组的下标同样是从 0 开始的，所以第一维下标取值范围是 0、1、2，第二维下标取值范围是 0、1、2、3。二维数组 a 的逻辑存储结构如图 1.1.3 所示。

通过图 1.1.3 还可以看出，在逻辑上二维数组可以看作是由若干一维数组组成，每个一维数组又包含若干个元素。如上例中，二维数组 a 可以看作由 a[0]、a[1] 和 a[2] 这三个一维数组组成，每个一维数组中又包含 4 个数组元素。对于二维数组可以将第一维看作“行”，第二维看作“列”。

前面讲过，程序运行时，一维数组存储在一片连续的内存空间中，二维数组同样如此。二维数组在内存中是按行存放的。即先存储第 1 行的若干元素，然后再存储第 2 行，然后第 3 行，…，直至最后一行。二维数组名 a 代表这片存储空间的首地址。二维数组的存储如图 1.1.4 所示。

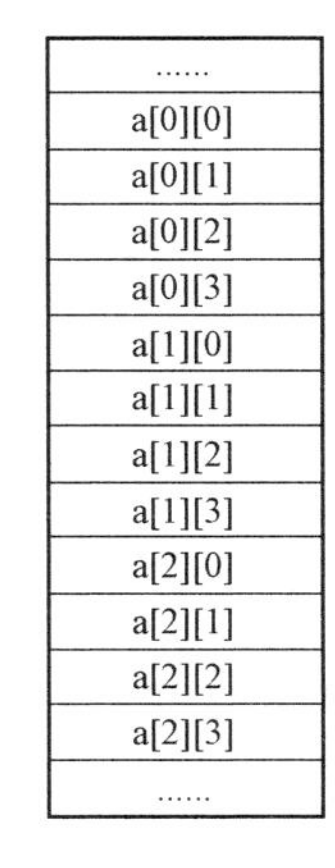

图 1.1.4　二维数组的物理存储结构

2. 二维数组的初始化

和一维数组一样，二维数组元素也可在定义时进行初始化。根据数组元素初值的不同，二维数组初始化可以有下列几种方法：

（1）方法一，在定义数组时，明确指明数组大小，同时给数组元素赋初值。

```
int a[3][4] = {{1,2,3,4},{5,6,7,8},{9,10,11,12}};
```

或省略内部的花括号，写成下面的形式：

```
int a[3][4] = {1,2,3,4,5,6,7,8,9,10,11,12};
```

（2）方法二，如果给所有元素赋了初值，则第一维的大小可以省略。

```
int a[ ][4] = {1,2,3,4,5,6,7,8,9,10,11,12};
```

二维数组初始化时，根据情况可以不定义第一维大小，但第二维不可省略。经过上式定义后，可以根据数组元素个数和第二维的数值确定第一维的大小。

（3）方法三，按行对部分元素进行初始化。

```
int a[3][4] = {{1},{0,2},{0,0,3}};
```

上例中，外部花括号内部有三个花括号，分别对应着 a[0]、a[1] 和 a[2] 这三个一维数组，其中 a[0]、a[1] 只对部分元素进行了初始化，则其他数组元素自动赋值为 0，所以方法三对数组 a 初始化后的结果是：

```
1 0 0 0
0 2 0 0
0 0 3 0
```

（4）方法四，将二维数组初始化为 0。

```
int a[3][4] = {0};
```

上例初始化后的结果是：

```
0 0 0 0
0 0 0 0
0 0 0 0
```

3. 二维数组应用举例

【例 1.1.6】 二维数组的输出：

```
1  int main()
2  {
3    int i = 0,j = 0;
4    int a[3][4] = {{1,2,3,4},{5,6,7,8},{9,10,11,12}};
5    for(i = 0;i<3;i + + )
6    {
7      for(j = 0;j<4;j + + )
8      {
9        printf(" % d\t",a[i][j]);
10     }
```

```
11        printf("\n");
12      }
13      return 0;
14  }
```

说明：

（1）二维数组元素的引用方式：数组名［下标 1］［下标 2］，如示例中 a[i]［j］使用循环变量 i 和 j 作为数组下标，实现对数组各元素的引用。

（2）对二维数组操作需要嵌套循环结构，一般用外循环控制行，内循环控制列。根据问题需要，也可用外循环控制列，内循环控制行。本例第 5 行代码是外循环，用循环变量 *i* 控制第一维（行）的变化；第 7 行是内循环，用循环变量 j 控制第二维（列）的变化，程序运行结果：

```
1   2   3   4
5   6   7   8
9   10  11  12
```

如果用外循环控制列，内循环控制行，将［例 1.6］的 5－12 行代码作如下修改：

```
for(i = 0;i<4;i + + )
{
  for(j = 0;j<3;j + + )
  {
    printf(" % d\t",a[j][i]);
  }
  printf("\n");
}
```

代码修改以后，用循环变量 i 控制列，循环变量 j 控制行，注意数组元素的写法上发生的变化 a[j]［i]。程序运行结果：

```
1  5  9
2  6  10
3  7  11
4  8  12
```

（3）第 11 行代码用于控制输出结果按行显示，每输出一行后，切换到下一行输出。

【例 1.1.7】 利用二维数组下标给数组元素赋值：

```
1  int main()
2  {
3    int i = 0,j = 0;
4    int a[3][4] = {0};
5    for(i = 0;i<3;i + + )
6    {
7      for(j = 0;j<4;j + + )
8      {
9        a[i][j] = 4 * i + j + 1;
```

```
10        }
11    }
12    for(i=0;i<3;i++)
13    {
14      for(j=0;j<4;j++)
15      {
16        printf("%d\t",a[i][j]);
17      }
18      printf("\n");
19    }
20  return 0;
21 }
```

说明：

1）与［例1.1.7］一样，第12～19行的代码实现了数组的输出。

2）第5～11行，利用数组下标组成的表达式给数组元素赋值。在程序设计过程中，许多问题的解决往往需要依赖循环变量和数组下标，这是编写程序的一个常见思路。

3）本例使用循环给数组元素赋值，结果和上例相同：

```
1   2   3   4
5   6   7   8
9   10  11  12
```

二、结构体

假设现在要用C语言设计一个简单的学生成绩管理系统，程序中需要保存学生的学号、姓名、性别、数学成绩、英语成绩、C语言成绩等信息，假设该班有 N 个学生，根据已经学习的C语言知识，自然会想到定义若干数组来存储这些信息。

```
int stuId[N] = {1001,1002,1003,1004,……};                              //学生学号
char stuName[N][20] = {{"Jack"},{"Rose"},{"Tom"},{"Jerry"},……};       //学生姓名
char stuSex[N] = {'M','F','F','M',……};                               //学生性别
float mathScore[N] = {87,79,95,92,……};                               //数学成绩
float engScore[N] = {95,86,78,82,……};                                //英语成绩
float cLangScore[N] = {96,85,86,92,……};                              //C语言成绩
```

现在程序要处理学生的数据，比如输出所有学生的信息，可使用如下的代码实现：

```
for(i=0;i<N;i++)
{
    printf("%d\t",stuId[i]);
    printf("%s\t",stuName[i]);
    printf("%c\t",stuSex[i]);
    printf("%f\t",mathScore[i]);
    printf("%f\t",engScore[i]);
    printf("%f\n",cLangScore[i]);
}
```

这段代码输出了所有学生的信息，每个学生占一行，问题似乎得到了完美解决。但是试想，如果要获取学号为“1003”的学生信息，程序的处理过程大体是这样的，首先根据学号在 stuId 数组中查找该学生的存储位置，再根据查到的位置值从其他数组中获取相关信息。所以这个查找过程是间接的，不能根据学生学号直接获得对应学生的信息，原因在于存储这些信息时是独立存储的，它们分别存储于不同的数组中，数据之间的内在联系被割裂了。但在现实世界中，学生的若干信息应该是逻辑相关的，它们应该是一个整体。

除了数组以外，C 语言还提供了结构体这样的构造类型，结构体能够将逻辑上相关的若干数据封装在一起，这种结构更符合人类认识世界的思维方式，更便于程序进行数据处理。比如上例中，可以定义一个结构体，将学生的学号、姓名、性别、数学成绩、英语成绩、C 语言成绩等数据封装在一起。

1. 结构体的定义

```
struct 结构体名
{
    数据类型  成员 1;
    数据类型  成员 2;
    ……
    数据类型  成员 n;
};
```

说明：

1）struct 是声明结构体的关键字；

2）结构体名是用户自定义的标识符；

3）花括号内是结构体的主体，由若干成员组成，每个成员的类型可以是 C 语言的基本数据类型，也可以是用户自定义的结构类型，构成结构体的变量称为结构体成员；

4）请注意，除了结构体内的每一行以分号结束外，结构体右花括号后也有一个分号。

【例 1.1.8】 定义一个学生信息的结构体，学生信息包括学生的学号、姓名、性别、数学成绩、英语成绩、C 语言成绩等数据。

```
struct  STUINFO
{
    int  stuId;
    char stuName[20];
    char stuSex;
    float mathScore;
    float engScore;
    float cLangScore;
};
```

上面定义中，STUINFO 是结构体类型名，而 struct STUINFO 是一个新的数据类型，就像 C 语言的 int、float 等基本类型一样，它仅仅是类型或者称为模板，但这个类型是由其他类型变量组成的，它是有结构的，如图 1.1.5 所示。

可以把这个结构体类比为一个表的结构，表结构定义好之后可以添加行，每一行按照表中列的规定来添加数据，如果表中不添加行，就是一个空表。与此类似，定义好一个结构体类型以后，需要通过它来定义结构体变量，然后按结构体类型中各成员的规定为结构体变量赋值。

stuId	stuName	stuSex	mathScore	engScore	cLangScore

图 1.1.5　结构体逻辑结构

比较使用数组和使用结构体变量这两种存储学生信息的方式，前者学生信息是按类别存储在不同的数组中，即同一个学生的信息分散存储在不同的内存空间中，降低了处理效率，而且给数组赋值时容易发生错位。后者是按学生个体存储信息，每个学生的信息作为一个整体存储在同一地址的内存中。

2. 结构体变量

定义了结构体，可以像定义普通变量一样来定义结构体变量。C 语言定义结构体变量有下列 4 种方式。

（1）先定义结构体类型，再定义结构体变量。

在［例 1.1.8］中，已经定义了 struct STUINFO 结构体类型，就可以使用这个类型定义结构体变量。

```
struct  STUINFO  student1;
```

上式定义一个结构体变量 student，定义了该变量后，当程序运行时系统就会给变量分配存储单元，如图 1.1.6 所示。

那么，系统给 student1 变量分配的内存大小该如何计算？由于系统不一样，这个大小是不一定的，所以要计算结构体变量的内存大小必须使用 sizeof()函数。

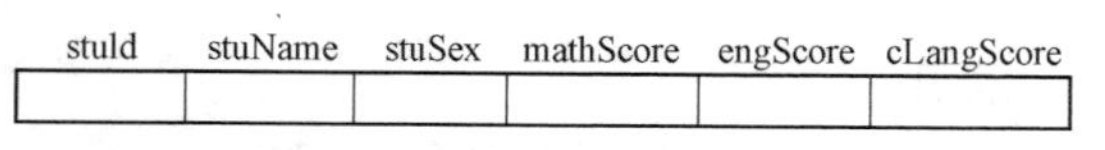

图 1.1.6　student1 变量的内存分配示意

```
sizeof(struct STUINFO);
sizeof(student1);
```

上面两个式子都可用来计算一个结构体的大小。

（2）在定义结构体类型的同时定义结构体变量。

```
struct  STUINFO
{
    int stuId;
    char stuName[20];
    char stuSex;
    float mathScore;
    float engScore;
    float cLangScore;
}student2;
```

这种定义方式的一般形式是：

```
struct  结构体名
{
成员变量定义语句
```

```
} 变量列表;
```

(3) 直接定义结构体变量。

在定义结构体变量时，不给出结构体名，如下例。

```
struct    //没有出现结构体名
{
    int stuId;
    char stuName[20];
    char stuSex;
    float mathScore;
    float engScore;
    float cLangScore;
 }student3;
```

这种定义方式的一般形式是：

```
struct
{
成员变量定义语句
} 变量列表;
```

(4) 通过结构体类型的别名定义变量。

先使用 typedef 给结构体类型定义一个别名，然后使用别名定义结构体变量，如下例。

```
struct  STUINFO
{
    int stuId;
    char stuName[20];
    char stuSex;
    float mathScore;
    float engScore;
    float cLangScore;
 };
 typedef struct STUINFO stuInfo;  //定义了一个结构体别名 stuInfo
 stuInfo student4;  //使用别名 stuInfo 定义结构体变量
```

或直接写成下式：

```
 typedef struct  STUINFO    //结构体名 STUINFO 可以省略
 {
    int stuId;
    char stuName[20];
    char stuSex;
    float mathScore;
    float engScore;
    float cLangScore;
 }stuInfo;    //在定义结构体类型的同时定义结构体别名
```

```
stuInfo    student;
```

3. 结构体变量的引用和初始化

和其他类型变量一样，可以在定义结构变量时初始化，如下例：

```
structSTUINFOstudent = {1001,"Jack",'M',87,95,96};
```

可以使用已经被赋值的结构体变量对另一结构体变量进行初始化，如下例：

```
stuInfo student2 = student;
```

也可以将变量的定义和赋值分开操作：

```
stuInfo student2;
student2 = student;
```

student2 和 student 具体相同结构，变量 student 已经赋值，这种情况可使用 student 对 student2 进行整体赋值。赋值时结构体变量之间按成员逐一复制。

不能先定义变量，然后再给变量赋值，下面这种方法是错误的：

```
stuInfo student;
student = {1001,"Jack",'M',87,95,96};
```

如果已经定义了一个结构体变量，可采用分别对其成员变量赋值的方式为其赋值。要访问结构体变量的成员变量，可使用成员运算符“.”。

【例 1.1.9】 定义一个结构体变量并初始化，然后将它的值赋给另外两个结构体变量。

```
1  int main()
2  {  struct   STUINFO
3    {   int stuId;
4      char stuName[20];
5      char stuSex;
6      float mathScore;
7      float engScore;
8      float cLangScore;
9    }student = {1001,"Jack",'M',87,95,96};
10    struct   STUINFO student2 = student;
11    struct   STUINFO   student3;
12    student3. stuId = 1002;
13    strcpy(student3. stuName,"Rose");
14    student3. stuSex = 'F';
15    student3. mathScore = 79;
16    student3. engScore = 86;
17    student3. cLangScore = 85;
18    printf("%d, %s, %c, %4. 1f, %4. 1f, %4. 1f\n",student. stuId,
19      student. stuName,student. stuSex,student. mathScore,
20      student. engScore,student. cLangScore);
21    printf("%d, %s, %c, %4. 1f, %4. 1f, %4. 1f\n",student2. stuId,
```

```
22        student2.stuName,student2.stuSex,student2.mathScore,
23        student2.engScore,student2.cLangScore);
24      printf("%d,%s,%c,%4.1f,%4.1f,%4.1f\n",student3.stuId,
25        student3.stuName,student3.stuSex,student3.mathScore,
26        student3.engScore,student3.cLangScore);
27      return 0;
28  }
```

说明：

1）第 9 行，在定义结构体变量 student 时，对其初始化；

2）第 10 行，在定义结构体变量 student2 时，使用 student 对其初始化；

3）第 11～17 行，定义了结构体变量 student3，然后分别对它的每一个成员变量进行赋值。在使用结构体变量的成员时要使用成员运算符“.”，如 student3.stuId。

结构体变量成员的访问方法：

结构体变量名.成员名

请注意第 13 行，在给字符数组赋值时不能使用赋值运算符，只能使用 strcpy（）函数，并且注意使用这个函数必须在程序中加入下列代码：

```
#include <string.h>
```

4）第 18～26 行，结构体变量的内容输出时不能整体输出，只能按结构体的成员分别输出。

如前所述，结构体成员的类型可以是各种类型，所以它也可能是另一种结构体类型，如图 1.1.7 所示。这时如果要访问里层结构体的成员，就必须使用成员运算符的级联访问方式，请看下例。

学号	姓名	性别	出生日期			各门课成绩
			年	月	日	

图 1.1.7　嵌套的结构体结构

【例 1.1.10】 设计一个结构体，存储下面结构的学生信息，然后定义一个结构体变量并输出其信息。

```
1   struct date
2   {
3       int year,month,day;
4   };
5   struct   STUINFO
6   {
7       int stuId;
8       char stuName[20];
9       char stuSex;
10      struct date birthday;
11      float score[3];
12  };
13  int main()
14  {
```

```
15    struct  STUINFO student = {1001,"Jack",'M',{1999,1,1},{87,95,96}};
16    printf("%d, %s, %c, %d, %d, %d, %4.1f, %4.1f, %4.1f\n",
17       student.stuId,student.stuName,student.stuSex,
18       student.birthday.year,student.birthday.month,student.birthday.day,
19       student.score[0],student.score[1],student.score[2]);
20     return 0;
21  }
```

说明：

1）第1～4行，首先定义了一个结构体类型，用来表示日期；

2）第5～12行，在定义STUINFO结构体时，使用上面定义的date结构体定义birthday，实现了在一个结构体内部嵌套使用另一个结构体。另外请注意，与前面的例子不同，本例中STUINFO结构体是定义在main函数的外部，所以这里定义的结构体在其后面的所有代码中都能使用。而前面例子中定义的结构体只能在主函数中使用。

3）第18行，在输出学生的出生日期时，使用成员运算符级联访问最内部的成员，如student.birthday.year，使用两个成员运算符访问到year。

【例1.1.11】 通过键盘给结构体变量赋值。

```
1   typedef struct date
2   {   int year,month, day;
3   }DATE;
4   typedef struct STUINFO
5   {       long studentID;
6     char studentName[20];
7        char studentSex;
8        DATE birthday;
9        int score[3];
10  }STUDENT;
11  int main()
12  {
13     int i;
14      STUDENT stu1,stu2;
15     printf("Input a record:\n");
16     scanf("%ld",&stu1.studentID);
17     scanf("%s",stu1.studentName);
18     scanf(" %c",&stu1.studentSex);
19     scanf("%d",&stu1.birthday.year);
20     scanf("%d",&stu1.birthday.month);
21     scanf("%d",&stu1.birthday.day);
22     for(i=0;i<3;i++)
23     {
24        scanf("%d",&stu1.score[i]);
25     }
```

```
26     stu2 = stu1;
27     printf("%10ld%8s%3c%6d%02d%02d%4d%4d%4d\n",
28      stu2.studentID,stu2.studentName, stu2.studentSex,
29      stu2.birthday.year,stu2.birthday.month, stu2.birthday.day,
30     stu2.score[0], stu2.score[1],  stu2.score[2]);
31   return 0;
32   }
```

说明：

1）第 16 行，定义两个结构体变量 stu1，stu2；

2）第 17～27 行，通过键盘输入相关数据赋值给结构体变量的成员，在使用 scanf()函数时获取结构体变量成员地址的方式和普通变量一样，如 &stu1.birthday.year；

3）第 28 行，使用整体赋值的方式实现 stu1 到 stu2 的数据拷贝。

4. 结构体数组

在上面的例子中，一个 struct STUINFO 类型的变量可以存储一个学生的信息，那么要保存一个班多个学生的信息，该如何做呢？前面讲数组时说过，数组主要是用于保存大量、同类型数据的，这里的类型只要指定为 struct STUINFO 结构类型就能解决这个问题，如下例：

```
struct STUINFO  students[N];
```

这里定义一个名为 students，大小为 N 的数组，它可以存储 struct STUINFO 类型的数据，即这个数组可以存储 N 个学生的信息。

【例 1.1.12】 定义一个结构体数组保存学生信息，输出所有学生的信息和每个学生各门课程的平均分。

```
1  typedef struct date
2  {
3     int year,month,day;
4  }DATE;
5  typedef struct student
6  {
7    long studentID;
8    char studentName[10];
9    char studentSex;
10    DATE birthday;
11    int score[4];
12  }STUDENT;
13  int main()
14  {
15    int i,j,sum[30];
16    STUDENT stu[30] =
17    {
18      {20150001,"Balt",'M',{1991,2,15},{72,84,96,85}},
```

```
19        {20150002,"Sam",'M',{1992,12,12},{85,84,90,77}},
20        {20150003,"July",'F',{1991,11,27},{89,90,88,91}},
21        {20150001,"Marry",'F',{1991,9,3},{86,79,85,89}}
22      };
23      for(i = 0;i<4;i + + )
24      {
25        sum[i] = 0;
26        for(j = 0;j<4;j + + )
27        {
28          sum[i] + = stu[i]. score[j];
29        }
30        printf(" % 10ld % 8s % 3c % 6d % 02d % 02d % 4d % 4d % 4d % 4d % 6. 1f\n",
31          stu[i]. studentID, stu[i]. studentName,
32          stu[i]. studentSex, stu[i]. birthday. year,
33          stu[i]. birthday. month, stu[i]. birthday. day,
34          stu[i]. score[0], stu[i]. score[1],
35          stu[i]. score[2], stu[i]. score[3],
36          sum[i]/4. 0
37        );
38      }
39      return 0;
40    }
```

说明：

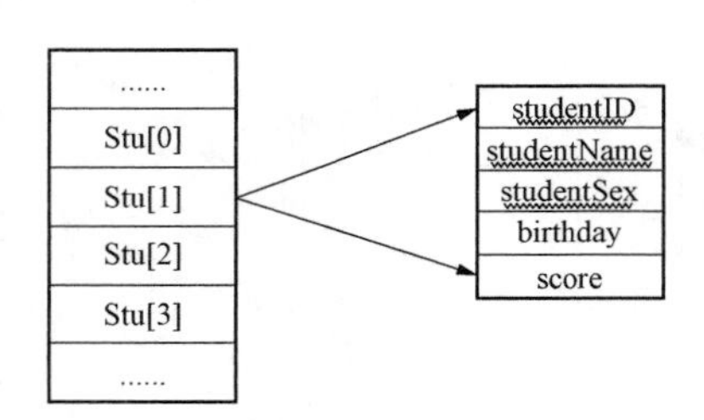

图 1. 1. 8 结构体数组内存存储示意

1）第 15 行定义的数组 sum 用于存储每个学生 4 门课的总分；

2）第 16 行定义了一个结构体数组 stu，第 18～21 行分别初始化了 4 个学生的信息；

3）第 23～38 行使用循环输出这 4 个学生的信息，其中第 26～29 行计算了每个学生 4 门课成绩的总分，第 36 行计算某学生 4 门课的平均分；

4）结构体数组在内存中的存储，如图 1. 1. 8 所示。

三、枚举类型

一个星期有七天，一个是非题的答案有正确或错误两种可能性。在这些量中，每个变量都由有限个数值组成，C 语言使用枚举类型来表示，这样可以提高程序的可读性，可以限制用户的输入，确保输入的规范性。

1. 定义枚举类型

使用关键字 enum 定义枚举类型，格式如下：

```
enum  枚举标记 {枚举常量 1,枚举常量 2,……}
```

如：

```
enum  week {SUN,MON,TUE,WED,THU,FRI,SAT};
```

在这种定义方式中，SUN 的值为 0，MON 的值为 1，…，SAT 的值为 6。可以在定义时改变其值。如：

```
enum  week {SUN = 7,MON = 1,TUE,WED,THU,FRI,SAT};
```

在这种定义方式中，SUN 的值变为 7，MON 的值为 1，TUE 的值为 2，…，SAT 的值为 6。

2. 定义枚举类型变量

（1）定义枚举类型时定义枚举变量：

```
enum  week {SUN,MON,TUE,WED,THU,FRI,SAT}today;
```

（2）先定义枚举类型，再定义变量：

```
enum  week {SUN,MON,TUE,WED,THU,FRI,SAT};
enum week today;
```

（3）使用别名定义枚举变量：

```
typedef enum  week {SUN,MON,TUE,WED,THU,FRI,SAT} WEEK;
WEEK today;
```

3. 给枚举变量赋值

可以为枚举变量赋一个枚举常量，也可为枚举变量赋一个整型值，但枚举常量不是字符串，不能使用字符串的方式为其赋值。

设有如下定义：

```
typedef enum week {SUN, MON, TUE, WED, THU, FRI, SAT} WEEK;
WEEK today;
```

可以使用正面两种方式为变量 today 赋值：

```
today = MON;或者 today = 1;
```

这两种赋值方式都是正确的，结果也一样。也可通过键盘赋值：

```
scanf("%d",&today);
```

注意，这时只能通过键盘输入一个整型值，如果输入枚举常量值，则得不到预想的结果。如输入“6”，则变量的值是“SAT”；而输入“SAT”，则变量的值不是“SAT”。

但下面这种赋值方式是错误的：

```
scanf("%s",&today) ;
```

单元二　函数与预处理命令

一、函数

C 程序的执行总是从 main()函数开始，在 main()函数中结束，main()函数也叫主函数。一个 C 程序至少应该包括一个函数，如果 C 程序中只有一个函数，它就是 main()函数。

C 语言函数包括标准库函数，第三方库函数和用户自定义函数。大家曾经学习过的，用于负责键盘输入、输出的函数 scanf()和 printf()，就是两个标准输入输出库函数，在使用时必须在文件的头部使用下面的编译预处理命令：

```
#include <stdio.h>
```

同样，如果程序中使用了其他标准库函数，也要使用#include 命令包含相应的头文件。第三方库函数的使用方法与标准库函数类似。

用户自定义函数是程序员根据实际需求编写的代码，自定义函数的编写必须符合一定的规范。自定义函数是本节主要学习内容。

C 语言中所有可执行代码都必须存在于某函数中，如果要解决的问题比较简单，代码量较少，可以在主函数中完成这些代码。如果要解决的问题很复杂，需要很多行代码，再将这些代码全部放在主函数中就显得不合适了。实践证明，如果一个函数中有太多行代码，那么函数出错的可能性就会急剧增加，如果将一个函数的代码行数控制在一定范围内，那么函数就变得容易维护且不易出错。针对复杂问题，软件工程往往采用分而治之的方法，将复杂问题分解为若干简单问题，这些简单问题交由一个个函数解决。所以，一个 C 程序一般由库函数以及用户自定义函数组成，主函数负责对这些函数的调用。

1. 函数的定义

与普通变量一样，函数也应该“先定义，后使用”。函数定义的语法规则如下：

```
返回值类型　函数名(类型　参数 1,类型　参数 2,……)
{
    函数体
}
```

说明：

1）返回值类型可以是 C 语言基本数据类型，也可以是程序员定义的构造类型等。

2）函数名的命名应符合标识符的命名规则。

3）“类型参数 1，类型参数 2，…”是参数列表，参数列表中的参数个数是没有限制的，最少可以没有，这时函数名后括号内为空。这里的参数 1、参数 2 等，称之为形式参数，简称形参。

4）函数定义的第一行称之为“函数首部”，函数首部下方的一对花括号内是函数体，函数体是实现函数功能的主体部分。

定义函数主要有以下几种形式：

5）有参数，有返回值的函数；

6）有参数，无返回值的函数；

7）没有参数，有返回值的函数；

8）没有参数，也没有返回值的函数；

（1）有参数，有返回值的函数。

【例 1.2.1】 编写一个函数，求整数的绝对值。

```
1  int absolute(int num)
2  {
3    if(num<0)
4      return -num;
5    else
6      return num;
7  }
8  void main( )
9  {
10    int m=-123,n=0;
11    n=absolute(m);
12    printf("%d\t%d\n",m,n);
13  }
```

说明：

1）第 1～7 行，定义一个函数，函数的作用是求一个整数的绝对值。

2）第 1 行是函数的首部，定义的函数名是 absolute，该函数有一个 int 型参数，用于从外部传入一个整数，称之为形参。

3）由于函数的返回值是 int 型，所以在第 4 行和第 6 行有 return 语句：

```
return  -num;
return num;
```

而 num 是 int 型，它与函数返回值类型是相同的。return 语句后面表达式的类型必须与函数定义的返回值类型相同或兼容。

如果函数有返回值，则必须有 return 语句。一个函数可以有多个 return 语句，但函数每次运行时只能执行其中的一个。第 2～7 行是函数体，虽然其中有两个 return 语句，但函数在运行时能确保只执行其中之一。

第 8 行，main（）函数前面的 void 表示没有返回值，具体解释见下文的无返回值的函数。

4）在 main（）函数内部第 11 行实现了对 absolute 函数的调用，调用的结果是将函数的返回值赋值给变量 n。这里 absolute 函数的参数 m，称之为实际参数，简称实参。

实参和形参是一对重要的概念，在函数调用时一定要注意实参和形参必须相匹配，即它们的数量必须相等，它们的类型必须匹配，实参和形参在参数列表中的顺序也应该一致。

综上所述，定义函数时要注意函数的 4 要素：函数名、参数、返回值和函数体。

（2）有参数，无返回值的函数。

【例 1.2.2】 编写一个函数，使用循环实现输出延迟功能，让人能清楚地看到数字一个一个地输出到屏幕上。

```
1  void delay(int n)
2  {
3    int i;
4    for(i = 0;i<n * 100000;i + + )
5      ;
6    return;
7  }
8  void main( )
9  {
10    int j;
11    for(j = 0;j<100;j + + )
12    {
13      printf(" % d//t",j);
14      delay(1000);
15    }
16  }
```

说明：

1）第 1～7 行定义了函数 delay，第 1 行函数的首部，函数具有一个形参，没有返回值。如果一个函数没有返回值，则在函数前面加 void。

2）第 4 行和第 5 行，定义一个循环，循环体为一个分号，实际上循环体为空，即该循环什么都不做，但每次循环仍然要消耗很少的 CPU 时间。如果循环次数较多，则该循环能使程序出现清晰的时间延迟。

3）第 6 行是 return 语句，由于本函数的返回值类型是 void，所以 return 语句是可有可无的，一般不需要写出。

4）第 14 行是函数的调用。

5）程序运行效果是输出从 0～99 这 100 个数字，每个数字输出后有一定的时间延迟，然后输出下面的数字。

（3）没有参数，有返回值的函数。

【例 1.2.3】 编写一函数，用于输入一个整数。

```
1  int get _int( )
2  {
3          int n = 0;
4          printf("Please input an integer:");
5          scanf(" % d",&n);
6          return n;
7  }
8  void main( )
9  {
```

```
10        int result = 0;
11        result = get_int();
12        printf("%d\n",result);
13  }
```

说明：

第1～7行是自定义的函数get _ int，它用于接收从键盘输入的一个整数，并把这个整数返回给调用函数。根据对函数的功能分析，该函数不需要参数，但需要返回一个整型值。第11行调用该函数后，可将返回的值赋给变量result。

（4）没有参数，也没有返回值的函数。

【例1.2.4】 编写程序，输出一个欢迎界面。

```
1  void show()
2  {
3      printf("******************************************\n");
4      printf("*** 欢迎访问XXXXXXX学生管理系统 ***\n");
5      printf("*** 本系统仅供本院师生访问 ***\n");
6      printf("*** 请正确输入您的用户名和密码 ***\n");
7      printf("******************************************\n");
8      return;
9      }
10  void main( )
11  {
12      show();
13  }
```

说明：

第1～10行定义了一个没有参数也没有返回值的函数show（），该函数实现了系统欢迎页面的设计，main（）函数中直接调用该函数。观察上面的代码可以看出，由于设计了专门的函数show（）用于显示欢迎信息，所以main（）函数就变得非常简洁。

2. 函数的调用

上面介绍了函数定义的4种形式，函数定义好了以后就可以在程序的其他位置来使用，称为函数的调用。函数调用有三种方式：

（1）被调用函数作为独立语句出现，例如下面两个函数的调用：

```
delay(1000);
show();
```

上面两个函数的共同特点是无返回值。

（2）被调用函数作为表达式的一部分，例如：

```
n = absolute(m);
result = get_int();
```

这两个函数共同特点是都具有返回值，返回值要么赋值给其他变量，要么参与其他运算。

（3）作为其他函数的参数。

【例 1.2.5】 编写程序，求三个整数中最大者。

```
1  int max(int x,int y)
2  {
3    if(x>y)
4      return x;
5    else
6      return y;
7  }
8  void main( )
9  {
10    int a = 12,b = 34,c = 21;
11    printf("%d\n",max(max(a,b),c));
12  }
```

说明：

max()函数的作用是返回两个整数中较大者。在第 11 行输出三个整数的最大者，外层的 max()函数有两个参数，一个是 max(a,b)，另一个是 c。max(max(a,b),c)的作用就是将 a 和 b 中较大者与 c 比较，最后得到 a、b 和 c 三者中最大者。其实 max()函数本身又是作为 printf()函数的参数。

3. 函数的原型

例中求整数的绝对值，absolute()函数定义的位置发生在 main()函数之前，如果将 absolute()函数的定义位置放在 main()函数之后，程序会发生什么，如下例。

【例 1.2.6】 编写一程序，求 double 类型数的绝对值。

```
1
2  void main( )
3  {
4    double m = -123,n;
5    n = absolute(m);
6    printf("%f//t%f\n",m,n);
7  }
8  double absolute(double num)
9  {
10    if(num<0)
11      return -num;
12    else
13      return num;
14  }
```

程序运行时会发生编译错误，解决的方法是在第 1 行的位置添加下面的语句：

```
double absolute(double  num);
```

观察代码可以发现这个代码实际上就是由函数的首部加一个分号构成。也可以把上面的代码写成下面的形式：

```
double absolute(double);
```

这里省略了形参的名字。所以函数原型可以这样声明：

函数原型＝返回值类型＋函数名＋参数类型列表

4. 函数的参数传递

前面讲过，C程序的运行是从主函数开始的。在上例中，程序执行时主函数进入内存，程序从主函数的第一条语句顺序向下执行。当执行到第5行，由于调用了absolute()函数，该函数也被调入内存，这时实参m要将它的值“复制”给形参num，这样实参和形参具有相同的值。请注意以下几点：

（1）实参m属于主函数，它存在于主函数的内存空间里，只能被主函数使用，其他函数不能使用。

当absolute()函数被调入内存时，它分配的内存空间与主函数是不同的。而形参num属于absolute()函数，它存在于absolute()函数的内存空间里，只能被absolute()函数使用，其他函数不能使用。所以实参m与形参num是两个完全不同的变量，它们是彼此独立的。

（2）当主函数调用absolute()函数时，实参m将自己的值复制一份给形参num，这个过程称为“值传递”。

（3）实参和形参的数据类型必须相同或兼容。

【例1.2.7】 分析下面程序的运行结果。

```
1  void change(int a,int b)
2  {
3    a = 30,b = 50;
4  }
5  voidmain( )
6  {
7    int m = 3,n = 5;
8    change(m,n);
9    printf("%d//t%d\n",m,n);
10 }
```

程序运行结果：

3　　5

本程序在主函数中调用了change()函数，此时实参m将值3复制给形参a，实参n将值5复制给形参b。然后程序进入change()函数中运行，此时变量a被重新赋值为30，变量b被重新赋值为50。注意实参m和n的值没有受到影响，仍然是3和5。

接下来，change()函数运行结束，它的内存空间被系统收回，形参a和b也消失。程序返回到主函数继续执行。

最后输出实参m和n，结果为3和5。

实参和形参这种关系可以类比文件的复印，复印一份文件，然后在复印件上进行各种修改，甚至最终销毁，所有在复印件中进行的操作对文件原件都不会产生丝毫影响，如图1.2.1所示。

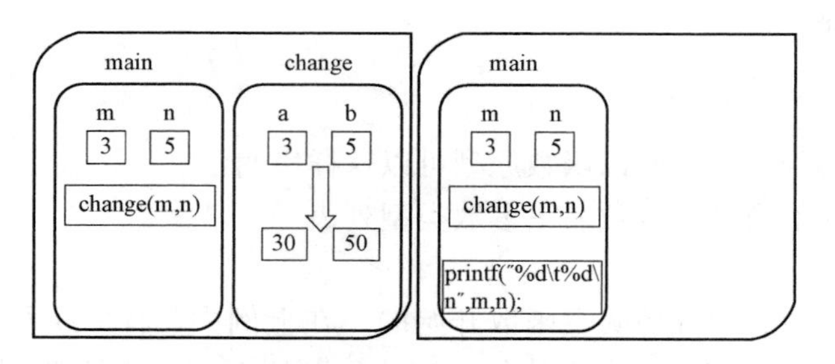

图 1.2.1　值传递：形参的改变不会影响实参

5. 全局变量和局部变量

前面例子中讲过，实参只在主函数中有效，形参只在被调函数中有效，这是因为实参和形参都是局部变量，它们只在定义它们的函数中有效。所谓局部变量就是在函数内或某个程序块内部定义的，只在这个函数或块内起作用的变量。

除了局部变量，C 语言还有全局变量。所谓全局变量就是在所有函数之外定义的变量，从定义它的位置开始到本程序文件结束，全局变量都起作用。

【例 1.2.8】 全局变量和局部变量。

```
1  int number = 0;
2  void count(float score)
3  {
4    if(score> = 85)
5    {
6      number + + ;
7    }
8  }
9  void main( )
10 {
11    int i;
12    float score = 0;
13    for(i = 0;i<10;i + + )
14    {
15      printf("请输入一个成绩:");
16      scanf(" % f",&score);
17      count(score);
18    }
19    printf(" % d\n",number);
20  }
```

说明：

1）变量 number 是在所有函数之外定义的，它是全局变量，从定义开始到整个程序运行结束，它都起作用，所以在 count （）函数和主函数中都可以直接使用它。

2）number 的值在 count()函数中被改变，number 的值又可被主函数使用。由此可见，使用全局变量可以从函数中返回一个值，而且全局变量使 count()函数和主函数的联系更紧密，使用全局变量似乎使编程变得更简单，但这种做法并不值得提倡。每个函数都应该是独立的，函数之间关联度越小越好，否则一个函数发生了错误，很有可能会影响到其他函数。

6. 数组名作为函数参数

程序中定义一个数组，系统会为这个数组分配一段连续的内存空间，而数组名表示这段连续空间的首地址。请注意：数组名不是变量，它是常量，不能用数组名来存储任何值。

如果用数组名作为参数，实参和形参之间同样要进行“值传递”。需要注意的是，此时实参的值是一个地址，这个地址正是数组在内存空间的首地址，也就是说，数组空间的首地址被复制给形参。所以实参和形参指向同一内存空间，对形参的各种操作就会对实参产生影响。可以打个比方，这个情形就像把文件放在文件柜中（文件相当于数据，文件柜相当于数组），然后复制一把文件柜钥匙给其他人（钥匙相当于数组首地址），那么他人修改了文件柜中的文件，就会被看到。

所以，数组名作为函数参数，被调函数中对数组的修改结果会带给调用函数。

【例 1.2.9】 读下列程序，分析程序运行结果。

```
1  void change(int b[])
2  {
3    b[0] = 30;
4    b[1] = 50;
5  }
6  void main( )
7  {
8   int a[2] = {3,5};
9    change(a);
10    printf(" % d//t % d\n",a[0],a[1]);
11  }
```

程序运行结果

30　　50

说明：

1）代码第 9 行，主函数调用了 change()，以数组名 a 作为实参。代码第 1 行，形参 b 在形式上是一个数组，但这里的 b 是一个变量，实参 a 可以把值（地址）赋给它。这样就相当于 a 和 b 指向同一地址，如图 1.2.2 所示。

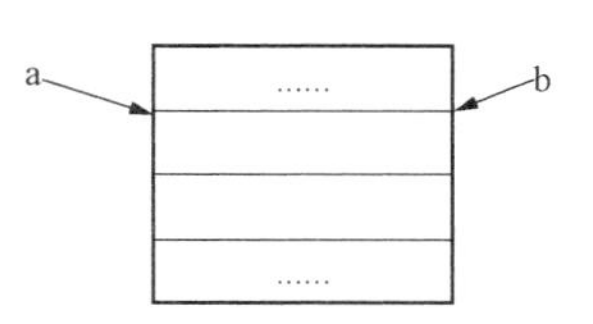

图 1.2.2　a 和 b 指向同一片存储空间

2）由于 a 和 b 表示同一地址，所以 b[0]就是 a[0]，b[1]就是 a[1]。b[0]和 b[1]被重新赋值后，主函数输出 a[0] 和 a[1]，结果就是 30 和 50。

3）可以将本例与上例对照比较，数组名作为函数参数，可以从被调函数中返回若干个值。

4）不仅 return 语句可以从被调函数中返回值，使用数组名作为参数也可以，而且可以返回多个值。

7. 综合案例

【例 1.2.10】 计算平均分：由键盘输入学生人数，通过两个函数实现成绩的输入和平均成绩的计算。

```
1  #define N 40
2  float Average(int score[],int n);
3  void ReadScore(int score[],int n);
4  void main( )
5  {
6      int score[N],n=0;
7      float aver=0;
8  printf("请输入学生人数:");
9      scanf("%d",&n);
10     ReadScore(score,n);
11     aver=Average(score,n);
12  printf("平均分数为%3.1f\n",aver);
13  }
14 void ReadScore(int score[],int n)
15  {
16      int i;
17      for(i=0;i<n;i++)
18      {
19      printf("请输入第%d个学生成绩:",i+1);
20        scanf("%d",&score[i]);
21    }
22  }
23  floatAverage(int score[],int n)
24  {
25      int i,sum=0;
26      for(i=0;i<n;i++)
27      {
28        sum+=score[i];
29      }
30      return (float)sum/n;
31  }
```

说明：

1）第1行声明了宏常量N，用来规定数组的原始大小。

2）第2行和第3行是函数原型的声明，这两个函数的第一个参数都是数组形式，第二个参数表示数组元素的实际个数。

3）第14～22行，定义了ReadScore()函数，用于从键盘读入 n 个学生的成绩，并保存在数组中。

4）第23～31行，定义了Average()函数，用于计算所有学生成绩的平均成绩。

5）在主函数中，第10行调用了ReadScore()函数，第11行调用了Average()函数，它们都使用数组名作为参数，由于采用数组名作为函数参数，其中的数据可以在各个函数间共享。

二、预处理命令

大家已经知道，开发一个C程序要经过编辑、编译、链接和运行4个步骤，其实程序在编译之前，还有一个预处理过程。例如在程序中通常使用#include命令包含一些文件，预处理时就将包含的文件的实际内容代替该命令，程序在编译时就看不到#include命令了。预处理命令不是C语言的组成部分，更不是C语句，而是由ANSI C统一规定的。预处理命令通常以“#”开头。C语言预处理功能主要包括：宏定义、文件包含和条件编译。

1. 宏定义

宏定义可分为简单宏定义和带参数的宏定义。

（1）简单宏定义。

使用宏定义可以定义一个宏常量，方便在程序中使用。定义形式如下：

#definde　宏名　字符串

【例1.2.11】 定义一个宏常量，表示的价格：

```
1  #define PRICE 3.8
2  void main()
3  {
4    int amount;
5    float total = 0;
6    printf("请输入商品数量:");
7    scanf("%d",&amount);
8    total = PRICE * amount;
9    printf("请付款%5.2f元",total);
10 }
```

程序运行结果：

　　请输入商品数量：4↙

　　请付款15.20元

说明：

1）第1行代码是宏定义，定义了一个宏常量PRICE，代表常量值3.8。PRICE是宏名，习惯写成大写字母的形式，以区别于普通变量，当然也可写成小写字母形式。

2）在编译预处理时，程序中所有出现PRICE的地方都用3.8代替（双引号内的字符串常量除外），称为“宏展开”。程序中第8行代码将会展开为：

```
total = 3.8 * amount;
```

宏名的命名最好见名知义，比如例题中PRICE表示商品的价格。使用宏名代替字符串可以方便修改程序，减少工作量。例如将商品价格变成4.2时，只要在宏定义处修改就可以了，程序中所有出现PRICE的地方都会跟着变化。

3）预处理宏展开时，只做简单的转换，并不进行语法检查。例如经常犯下面的错误：

```
#define PRICE 3.8;
```

这里把宏定义当作了C语句，在宏定义最后加了一个分号，那么程序将8行代码宏展开为下式：

```
total = 3.8; * amount;
```

这个错误在编译时才会被发现。

4）默认情况下宏名的有效范围是整个源文件，如果想终止宏定义的作用域，可在程序的适当位置添加下面的语句：

```
#undef  PRICE
```

那么宏定义在此语句后面的代码中将会失效。

（2）带参数的宏定义

带参数的宏有点像函数，定义形式；

#define 宏名（参数表） 字符串

宏名后面的参数表有点像定义函数时的形参，这些参数会出现在字符串中。

【例1.2.12】 定义带参数的宏：

```
1  #define PI 3.14159
2  #define CIRCLE(r,P,A) P = 2 * PI * r,A = PI * r * r
3  void main()
4  {
5      double a,perimeter,area;
6      printf("请输入圆的半径:");
7      scanf("%lf",&a);
8      CIRCLE(a,perimeter,area);
9      printf("圆的周长为%6.2f\t面积为%6.2f",perimeter,area);
10 }
```

程序运行结果：

请输入圆的半径：2↙

圆的周长为12.57　面积为12.57

说明：

1）第1行使用宏定义了一个符号常量PI。第2行定义带参数的宏，它具有三个参数：r，P，A。在其后的字符串中，使用了第1行定义的宏PI。

2）带参数的宏展开时，用实参代替字符串中的形参，所以第8行宏展开结果是：

```
perimeter = 2 * 3.14159 * a,area = 3.14159 * a * a;
```

这里，使用带参数的宏同时计算出圆的周长和圆的面积，这是一个奇妙的应用。

如果第8行代码写成下式：

```
CIRCLE(a + b,perimeter,area);
```

那么宏展开为：

```
perimeter = 2 * 3.14159 * a + b,area = 3.14159 * a + b * a + b;
```

显然这样的结果是不正确的。为此，应该对第 2 行带参数的宏重新定义：

```
#define CIRCLE(r,P,A)P = 2 * PI * (r),A = PI * (r) * (r);
```

经过这样修改后，宏展开就正确了：

```
perimeter = 2 * 3.14159 * (a + b),area = 3.14159 * (a + b) * (a + b);
```

所以在定义带参数的宏时，一定要考虑周到。

带参数的宏定义与函数十分形似，但两者有很大区别。

1）带参数的宏是在编译时进行宏替换，而函数调用是在程序运行期间进行的。因此宏替换不占用运行时间，效率较高；而函数调用时需要消耗系统资源，效率较前者低一些。

2）宏替换进行字符替换后，会增加程序的代码量，使程序体积变大；而函数调用则不会增加程序的代码量。

3）函数调用时要求形参和实参的类型必须一致或兼容；而宏名和参数都无类型，可以应用这个特点设计出巧妙的程序，如：

```
#define  MAX(A,B)  ((A)>(B)? (A):(b))
```

程序中可以这样使用：

MAX(3,5)；该式可以求出两个整数的较大者。

MAX(3.2,8.6)；该式可以求出两个实数的较大者。

2. 文件包含

编写一个 C 程序，一般都需要在文件的头部加入下列代码：

```
#include <stdio.h>
```

这行代码的作用是实现“文件包含”。在编程时所使用的输入函数 scanf()、输出函数 printf()等就定义在 stdio.h 文件中，使用#include 命令可以在预处理时将 stdio.h 的代码包含到本程序中。上面代码还有另一种写法：

```
#include "stdio.h"
```

一个使用一对尖括号，一个使用双引号。如果使用尖括号，系统在编译器指定的目录中查找 stdio.h 文件，这是标准方式；如果使用双引号，系统先在用户当前目录中查找 stdio.h 文件，如果找不到，再按标准方式查找。所以对于库函数，一般使用前者；对于用户自己编写的代码，一般处于当前目录中，使用双引号。

【例 1.2.13】 使用文件包含可以将一个 C 源程序划分成若干个文件，分别设计、管理。

第一步，在当前项目中创建一个文件，命名为 abs.c，并输入下面的代码：

```
int absolute(int num)
{
  if(num<0)
      return -num;
  else
      return num;
```

```
}
```

程序定义了 absolute()函数，用于求整数的绝对值。

第二步，继续在当前项目中创建一个文件，命名为 abs. h，并输入下面的代码：

```
int absolute(int);
```

本行代码是 absolute()函数原型的声明。

第三步，在主函数头部加入代码：#include " abs. h"：（主函数所在的文件与 absolute ()函数是不同的）

```
1  #include <stdio.h>
2  #include "abs.h"
3  void main( )
4  {
5      int m = -123,n;
6      n = absolute(m);
7      printf("%d//t%d\n",m,n);
8  }
```

本程序将主函数和 absolute（）函数放在不同的文件中，两个函数可以独立设计，设计完成后只要使用#include 命令将 absolute（）函数包含到主函数中就可以了。

3. 条件编译

许多大型软件具有不同的版本，提供不同的功能给不同的用户。比如免费版提供了基本功能，可供学校教学和初学者使用；专业版、企业版提供了大部分或完全功能，供项目开发使用。这里可以使用条件编译的方法实现一套代码编译出多种版本的功能，当满足某个条件时对某些代码进行编译，不满足条件时编译另外一些代码。条件编译可以定义成多种形式。

（1）形式一

```
#ifdef  标识符
  程序段一
#else
  程序段二
#endif
```

根据实际需要，有时#else 部分可以没有。

```
#ifdef  标识符
  程序段
#endif
```

【例 1.2.14】 阅读下列程序，观察程序运行结果。

```
1  #define version free
2  void main( ) {
3  #ifdef version
4      printf("这是免费版,欢迎使用!");
5  #else
```

```
6       printf("这是企业版,先注册后使用!");
7  #endif
8  }
```

说明：

1）编译运行程序，输出结果：

这是免费版，欢迎使用!

2）如果将第1行代码删除或注释，编译运行程序，输出结果：

这是企业版，先注册后使用!

3）如果将第1行代码修改成：

```
#define  version  xxx
```

其中“xxx”表示任意字符串，或干脆去掉×××部分：

```
#define  version
```

编译运行程序，输出结果：

这是免费版，欢迎使用!

即只要定义了宏 version，输出结果都是“这是免费版，欢迎使用!”。

(2) 形式二

#ifndef 标识符

程序段一

#else

程序段二

#endif

【例 1.2.15】 阅读下列程序，观察程序运行结果。

```
1  #define version
2  void main( ) {
3  #ifndef version
4       printf("这是免费版,欢迎使用!");
5  #else
6       printf("这是企业版,先注册后使用!");
7  #endif
8  }
```

说明：

1）第3行代码使用#ifndef，程序运行结果为：

这是企业版，先注册后使用!

2）如果将第1行代码删除或注释，程序运行结果为：

这是免费版，欢迎使用!

(3) 形式三

#if 表达式

程序段一

#else
程序段二
#endif

【例 1.2.16】 阅读下列程序，观察程序运行结果。

```
1  #define version 0
2  void main( ) {
3  #if version
4      printf("这是免费版,欢迎使用!");
5  #else
6      printf("这是企业版,先注册后使用!");
7  #endif
8  }
```

说明：

1）编译运行程序，输出结果：

这是企业版，先注册后使用!

2）第 3 行代码使用#if，由于第 1 代码为：

```
#define  version  0
```

所以编译#else 部分。

3）如果第 1 行代码定义成：

```
#define  version  1
```

只要 version 的值为非 0，就会编译#if 部分。

单元三 指针与链表

一、指针

1. 地址与指针

在浩如烟海的互联网信息海洋中，每一个网页、每一个资源都可通过唯一的网络地址寻找到，简称为网址或URL，也可以把这个网址称为指向资源的“指针”。同样，程序在计算机中运行时，每一段代码、每一个变量在内存中都有一个地址，系统凭此地址寻找到所要运行的代码或变量，把这个内存地址也称为“指针”。所以，所谓指针实际上就是地址，指针是C语言对地址的一个形象、生动的称呼。

（1）重新认识变量。

【例1.3.1】 输出变量的地址

```
1  void main( )
2  {
3      int i = 12;
4      printf("%#x//t%d\n",&i,i);
5  }
```

程序输出结果（不同的系统，地址值不一定相同）：

```
0x0028ff1c 12
```

说明：

1）printf()函数中输出控制符“%#x”表示数据以十六进制形式输出，并且确保输出的十六进制数前带有前导符0x。

2）“&”是取地址运算符，“&i”就是取出变量i的内存地址。

3）程序运行时，系统会为每个变量分配一片内存空间，所以从数据存储的角度看，每个变量有三要素：变量名、变量值和变量的地址，如图1.3.1所示。

把变量的地址称为“指向该变量的指针”。变量的地址可以通过取地址运算符“&”获取。

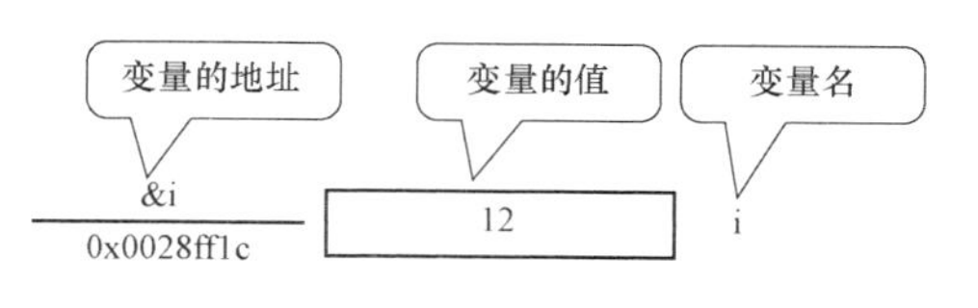

图1.3.1 变量的三要素

（2）指针运算符。

C语言中每个变量都具有变量名及其对应的地址，所以访问变量方式也有两种：直接访问方式和间接访问方式。

变量的直接访问方式就是通过变量名使用变量。大部分情况下，程序都是通过直接的方式来操作变量的。现在可以通过取地址运算符获取变量的存储单元地址，显然在程序中通过地址获取变量的内容也是可行的，这种通过地址操作变量的方式称为间接访问方式。间接访问方式是利用指针运算符“*”来实现的。

【例1.3.2】 使用指针运算符：

```
1  void main()
2  {
3      int i = 12;
4      printf("%d\n",i);
5      printf("%d\n", *&i);
6  }
```

程序运行结果：

```
12
12
```

说明：

1）第4行，直接使用变量名操作变量。

2）第5行，使用了变量的间接访问方式操作变量。比较第4行和第5行可以看出，“*&i”和变量i是等价的。

3）指针运算符“*”和取地址运算符“&i”都是单目运算符，并且优先级相同、结合方向都是自右至左，所以在“*&i”中，变量i先与“&结合”取出变量的地址，然后“*”与这个地址结合，取出该地址指向单元的内容。

4）由此可以看出：“*&i”可以写成“*（&i）”；“*”与某变量的存储单元地址结合就是该变量本身。

2. 指针变量的定义

由上面的例题可以看到，变量的地址是个整型值，在程序中当然可以使用一个整型变量来存储这个值，但是这个地址存储在普通变量里是无用的。

【例1.3.3】 定义指针变量

```
1  void main()
2  {
3      int i = 12;
4      int j = &i;
5      printf("%#x\n",&i);
6      printf("%#x\n",j);
7      //printf("%#x\n", *j);
8  }
```

程序运行结果：

```
0x0028ff18
0x0028ff18
```

说明：

1）由运行结果可知，第5行和第6行代码的输出结果是相同的，说明变量j中存储的确实是变量i的内存地址。

2）编译程序，第4行代码会给出一个警告，要求应该将赋值号右边的值强制转换为整型值。

3）如果取消第 7 行的注释，则编译时会报错。

上例说明，程序中如果要存储一个变量的地址，需要定义一个特殊的变量来存储。把专门存储变量地址的变量称为指针变量。

指针变量的定义：

```
基类型　*　指针变量名;
int　*p;
```

说明：

1）[例 1.3.3] 中的“int ”是指针变量的基类型，它规定了指针变量指向的变量的类型。即本例中只有整型变量的地址才能存储在指针变量 p 中。

2）“ * ”指针运算符，它规定了 p 的类型，这里变量 p 不再是普通变量而是指针变量。

3）p 本身也是一个变量，与其他普通变量一样，只是它存储的内容只能是另一个变量的地址。

【例 1.3.4】 输出变量地址：

```
1  void main()
2  {
3      int i = 12;
4      int *p = &i;
5      printf("%#x\n",&i);
6      printf("%#x\n",p);
7      printf("%#x\n",&p);
8  }
```

程序运行结果：

```
        0x0028ff1c
0x0028ff1c
0x0028ff18
```

说明：

1）第 4 行定义指针变量 p，并且赋初值为变量 i 的地址。如果本行误写成：

```
int *p = i;
```

则编译时会给出警告。后面程序中通过指针变量 p 操作变量 i 时会出现问题。

由于指针变量 p 的基类型是 int 型，所以经常称为 int 型指针变量。int 型指针变量只能存储 int 型变量的地址，否则程序就会发生错误。

2）第 5 行和第 6 行输出的都是变量 i 的地址。

3）第 7 行输出指针变量 p 的地址。指针变量也是变量，系统也要为指针变量分配存储空间。如图 1.3.2 所示。

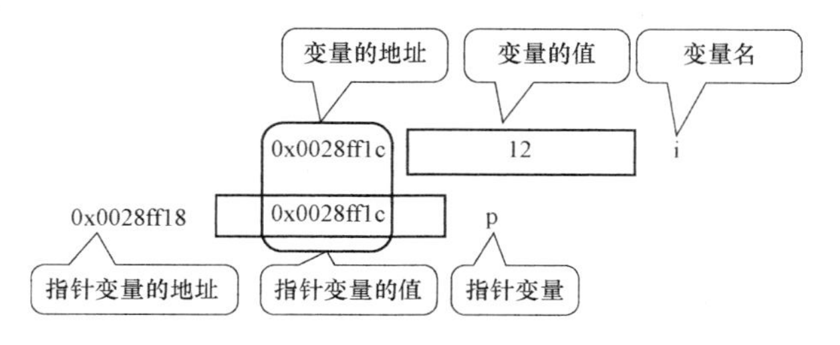

图 1.3.2　指针变量的值和地址

4）第 4 行中将变量 i 的地址赋值给

指针变量 p，称指针变量 p 指向变量 i。

3. 指针变量的使用

既然指针变量中存储的是一个变量的地址，那么在程序中如何通过指针变量来操作它指向的变量呢？这里显然还需要借助于指针运算符“ * ”。

【例 1.3.5】 使用指针变量：

```
1  void main( )
2  {
3  int i = 12;
4   int * p = &i;
5  printf(" %d//t %d\n ",i, * p);
6   * p = 100;
7      printf(" %d//t %d\n ",i, * p);
8  }
```

程序运行结果：

```
12   12
100  100
```

说明：

1）第 4 行中定义指针变量 p 并使之指向变量 i，程序中就可以用“ * p”代替变量 i，即“ * p”和变量 i 是等价的。第 6 行使用“ * p”给变量 i 重新赋值为 100，这从第 7 行的输出结果可以得到验证。这种使用指针变量访问其指向变量的方法就是上文提到的“间接访问方式”。如图 1.3.3 所示。

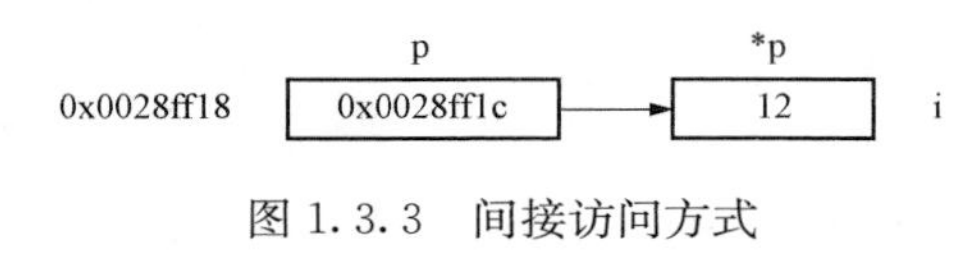

图 1.3.3 间接访问方式

2）第 4 行和第 5 行及第 8 行指针运算符“ * ”的作用是不一样的，第 4 行的“ * ”用来指定变量 p 的类型；而第 5 行的“ * ”用来与指针变量结合，代替原变量 i。

【例 1.3.6】 使用指针变量比较两个数的大小（一）。

```
1  void main()
2  {
3      int a = 0,b = 0,temp;
4      int * p1 = NULL, * p2 = NULL;
5      scanf(" %d %d",&a,&b);
6      p1 = &a;   p2 = &b;
7      if( * p1< * p2)
8      {
9        temp = * p1; * p1 = * p2; * p2 = temp;
10      }
11      printf("max = %d,min = %d\n", * p1, * p2);
12  }
```

程序运行结果：

输入:20　100
输出:max = 100,min = 20

说明:

1）第 4 行定义了两个 int 型指针变量，并设置初值为 NULL，这是为了安全起见，表示指针变量不指向任何空间。第 6 行使 p1 指向变量 a，p2 指向变量 b。

2）第 7～10 行，使用指针变量操作指向的变量，实现两个变量内容的交换，结果是变量 a 中存储的是较大者，变量 b 中存储的是较小者，而 p1 仍然指向变量 a，p2 仍然指向变量 b，指向关系没有发生变化。如图 1.3.4 所示。

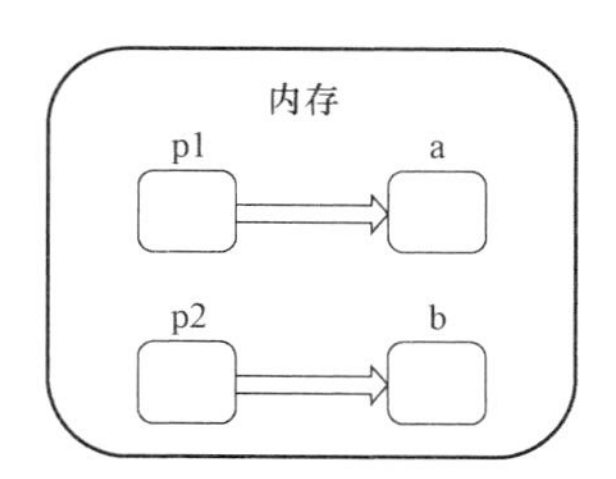

图 1.3.4　指针的指向不变，变量值交换

【例 1.3.7】　使用指针变量比较两个数的大小（二）。

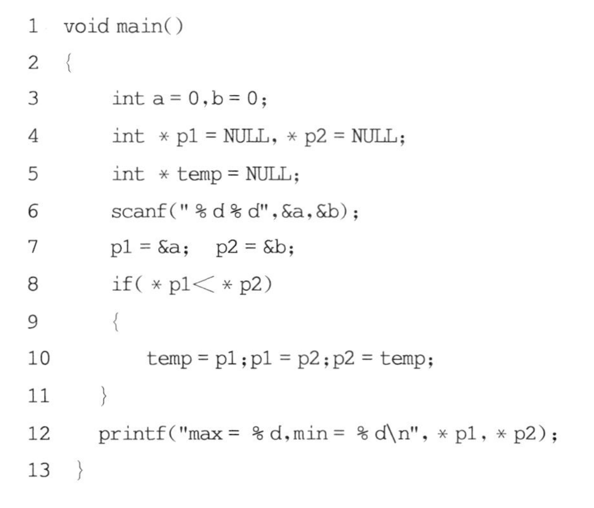

```
1  void main()
2  {
3        int a = 0,b = 0;
4        int *p1 = NULL, *p2 = NULL;
5        int *temp = NULL;
6        scanf("%d%d",&a,&b);
7        p1 = &a;   p2 = &b;
8        if( *p1< *p2)
9        {
10           temp = p1;p1 = p2;p2 = temp;
11      }
12      printf("max = %d,min = %d\n", *p1, *p2);
13  }
```

程序运行结果:

输入:20 100
输出:max = 100,min = 20

说明:

1）与上例不同，本例第 5 行将 temp 定义成指针变量。

2）第 10 行，指针变量 p1 和 p2 的指向关系发生了变化，p1 指向了较大者，p2 指向了较小者。如图 1.3.5～图 1.3.6 所示。

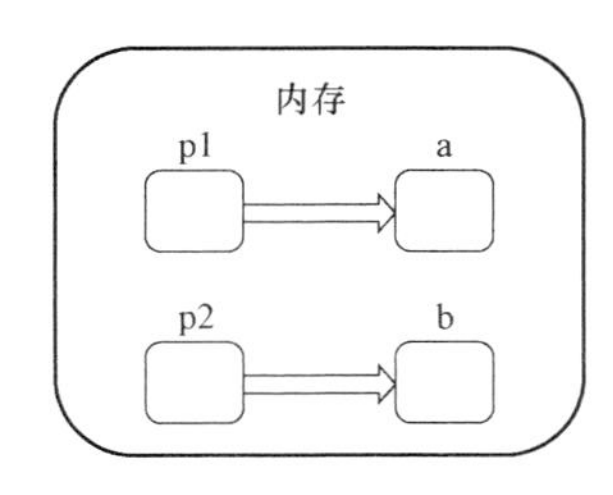

图 1.3.5　交换前

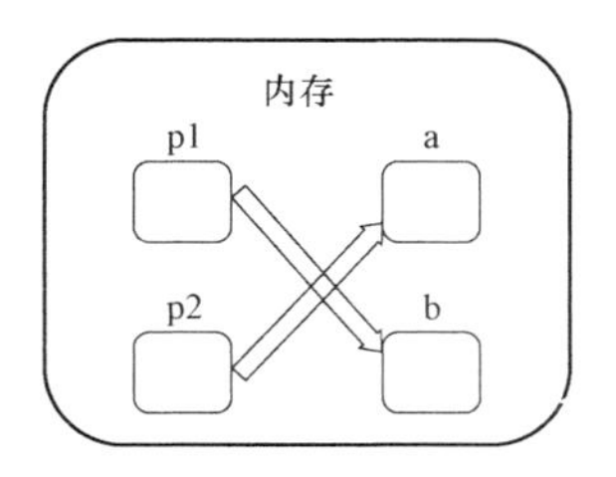

图 1.3.6　交换后

3）本例和上例都实现了输出较大者和较小者的功能，但在指针的使用方式上有所不同，

一个是通过指针交换了变量的值，一个是直接交换了指针的指向关系。

4. 指针变量的自增运算

指针变量的值是一个变量的地址，将指针变量加1以后，指针变量的值会发生怎样的变化呢?

【例1.3.8】 指针变量自增运算的含义。

```
1  void main( )
2  {
3      char n = '0';
4      char *p = &n;
5      printf("%#x\n",p);
6      p++;
7      printf("%#x\n",p);
8  }
```

程序运行结果：

```
0x0028ff1b
0x0028ff1c
```

说明：

1）由运行结果可以看出，对于char型指针变量，p++运算后，指向的内存地址增加了一字节。

2）将第3行和第4行代码作如下修改：

```
int n = 0;
int *p = &n;
```

程序运行结果：

```
0x0028ff18
0x0028ff1c
```

可见，对于int型指针变量，p++运算后，指向的内存地址实际增加了4字节。

3）继续修改第3行和第4行代码：

```
double  n = 0;
double  *p = &n;
```

程序运行结果：

```
0x0028ff10
0x0028ff18
```

对于double型指针变量，p++运算后，指向的内存地址实际增加了8字节。

4）综上，指针变量自增运算后，基类型不同，实际增加的值也不同，计算公式为：

```
1 * sizeof(基类型)
```

所以，int型指针变量只能指向int型变量，double型指针变量只能指向double型变量，即指针变量指向变量的类型应该与指针变量的基类型一致。

5）注意区分 p＋＋、＊p＋＋和(＊p)＋＋。p＋＋是指针变量指向下一个存储单元；对于＊p＋＋，由于后置的“＋＋”的优先级是高于“＊”的，所以＊p＋＋相当于＊(p＋＋)，即取出指针变量指向的下一个存储单元的内容；对于表达式(＊p)＋＋，由于括号的优先级最高，所以先运行(＊p)，即首先取出指针变量当前指向单元的内容，然后对其内容进行自增运算。

5. 指针变量作为函数参数

普通变量作为函数参数只能由实参将值传递给形参，值的传递是单向的。这种情况，函数只能由 return 语句返回值，而不能通过形参返回值。使用指针变量作为函数参数，由于指针变量“指向”某个变量，所以这种情况可以通过参数从被调函数返回值。

【例 1.3.9】 使用指针变量作为函数参数，实现参数值的改变。

```
1  void change(int * a,int * b)
2  {
3       * a = 30, * b = 50;
4  }
5  void main( )
6  {
7    int m = 3,n = 5;
8    printf("调用 change 函数之前变量的值:");
9    printf(" % d\t % d\n",m,n);
10   change(&m,&n);
11   printf("调用 change 函数之后变量的值:");
12   printf(" % d\t % d\n",m,n);
13  }
```

程序运行结果：

```
调用 change 函数之前变量的值:3     5
调用 change 函数之后变量的值:30     50
```

说明：

1）指针变量作为函数参数，实参的形式发生了变化，第 8 行中 &m 和 &n 表示取出变量 m 和 n 的地址，然后将 m 和 n 的地址而不是 m 和 n 的值传递给形参。第 1 行形参是指针类型变量，用来接收地址。

2）经过地址传递以后，形参 a 指向了实参 m，形参 b 指向了实参 n，那么＊a 可以看作是变量 m，＊b 可以看作变量 n，所以在被调用函数中实质是通过指针变量操作实参，实参的值一定会发生改变。如图 1.3.7～图 1.3.8 所示。

图1.3.7　调用 change 函数之前变量的值　　图1.3.8　调用 change 函数之后变量的值

6. 指向一维数组的指针

(1) 指向数组的指针变量。

数组名是数组首元素的地址，可以这么讲，数组名相当于指向数组第一个元素的指针。简而言之，数组名是一个地址即指针，它是一个常量，不能赋值。既然数组名是一个地址，那么可以定义一个指针变量存储这个地址。

【例 1.3.10】 用指针变量代替数组名操作数组。

```
1  void main( )
2  {
3      int a[5] = {10,11,12,13,14};
4      int *p = NULL;
5      p = a;
6      printf("%#x\t%#x\t%#x\n",&a[0],a,p);
7      printf("%#x\t%#x\t%#x\n",&a[1],a+1,p+1);
8      printf("%d\t%d\t%d\n",a[0],*a,*p);
9      printf("%d\t%d\t%d\n",a[1],*(a+1),*(p+1));
10 }
```

程序运行结果：

```
0x0028fef8      0x0028fef8      0x0028fef8
0x0028fefc      0x0028fefc      0x0028fefc
10       10       10
11       11       11
```

说明：

1）第 3 行定义 int 型数组，数组名 a。第 4 行定义 int 型指针变量 p。第 5 行通过数组名将数组首元素地址赋值给指针变量 p，也可这样给指针变量 p 赋值：

p=&a[0]；

它和 p=a；是等价的。

2）第 6 行使用三种方式输出数组首元素的地址。从程序运行结果可以看出 &a[0]、a 和 p 三者相等。

3）第 7 行使用三种方式输出数组第二个元素的地址，其中 &a[1] 最直观。p+1、a+1 和 &a[1]是等价的。

4）第 8 行使用三种方式输出数组首元素的值。第 9 行使用三种方式输出数组第二个元素的值。从这两行可以得出结论，即 *(p+i)和 *(a+i)、a[i] 三者是等价的。

5）假设执行了第 5 行代码 p=a 后，再执行 p++，此时 p 指向第二个数组元素，但程序中不能有 a++出现，因为数组名 a 是常量，不能进行自增运算。

如果执行 p--，则 p 指向数组第一个元素之前的位置，已超出数组的定义范围，这时程序编译时不会报错，但此时再使用指针可能会给程序带来很大的危害，因为 p 当前指向的内存单元使用情况是不可知的。

(2) 使用指向数组的指针变量作为函数参数。

由于指针变量和数组名都能表示地址，使用指向数组的指针变量作为函数参数与使用函数名作为函数参数能达到相同的作用，数组元素的值在调用函数和被调函数中都是可见的。通过这种方式，数组可以在程序内各函数间共享。

【例 1.3.11】 使用指向数组的指针变量作为函数参数。

```
1  #define N 5
2  void input(float scroe[],int n);
3  void output(float *q,int n);
4  float average(float *p,int n);
5  main(){
6      float score[N],aver;
7      float *p=NULL;
8      p=score;
9      input(p,N);
10      output(p,N);
11      aver=average(score,N);
12      printf("平均成绩为:%4.1f\n",aver);
13  }
14  void input(float score[],int n)
15  {
16      int i;
17      printf("请输入%d个学生的成绩:",n);
18      for(i=0;i<n;i++)
19      {
20        scanf("%f",score+i);
21    }
22  }
23  void output(float *q,int n)
24  {
25      int i;
26      printf("%d个学生的成绩为:",n);
27      for(i=0;i<n;i++)
28      {
29        printf("%4.1f\t",*(q+i));
30      }
31      printf("\n");
32  }
33  float average(float *p,int n)
34  {
35      float aver=0,sum=0;
36      int i;
37      for(i=0;i<n;i++)
38      {
39        sum+=p[i];
40      }
```

```
41      aver = sum/n;
42      return aver;
43  }
```

程序运行结果：

```
请输入5个学生的成绩:76   89   90   88   78
5个学生的成绩为:76.0  89.0     90.0     88.0     78.0
平均成绩为:84.2
```

说明：

1）第2、3、4行是三个函数的原型声明，input()函数用于数组的输入，output()函数用于数组内容的输出，average()函数用于计算平均值。这三个函数都使用指向数组的指针作为参数，实现了数组内容在整个程序内共享，即在input()函数中输入的数组，在主函数、output()函数和average()函数都可以使用。这些函数的另一个参数是数组大小，不再赘述。

2）第6、7、8行定义了float型数组score和指针变量p，p=score表示将指针变量指向这个数组。

3）第9行调用了input()函数用于通过键盘给数组输入值，形式是input(p,N)，这里使用指向数组的指针变量作为实参。第14～22行是input()函数的定义部分，其中第14行是函数的首部：input(float score[],int n)，使用数组形式作为函数的形参。这里形参形式上是数组，实质上也是指针变量。这种组合方式是实参为指针变量，形参是数组名。

4）第10行调用了output()函数用于输出数组，形式是output(p,N)，这里也使用了指针变量作为实参。第23～32行是output()函数的定义部分，本函数指针变量作为形参。这种组合方式为实参为指针变量，形参也是指针变量。

5）第11行调用了average()函数用于计算平均值，形式是aver=average(score,N)，这里使用数组名作为实参。第33～43行是average()函数的定义部分，使用指针变量作为形参。这种组合方式的实参是数组名，形参是指针变量。

6）另外还可使用实参是数组名，形参也是数组名的组合方式。无论采用哪种组合，其实质都是实参将数组的首元素地址传递给形参，实参和形参共享同一段数组空间，这样在被调用函数中就可以对数组进行操作，而且操作结果会影响程序内其他函数。如图1.3.9所示。

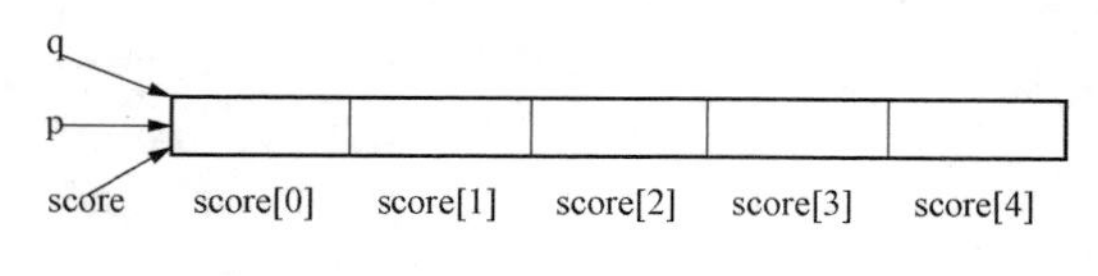

图1.3.9 函数通过指针共享数组空间示意

7. 指向二维数组的指针

（1）一维数组地址的新认识。

假设有一维数组，数组名为a，那么a相当于指向数组第一个元素的指针，而*a就是数组的第一个元素a[0]。现在问&a是什么，它有什么具体的信义。

【例1.3.12】 一维数组地址的新认识。

```
1  void main()
2  {
3      int a[4] = {1,3,5,7};
4      printf("%#x\t%#x\n",a,a+1);
```

```
5       printf("%#x\t%#x\n",&a,&a+1);
6       printf("%#x\t%#x\n",*(&a),*(&a)+1);
7 }
```

程序运行结果：

```
0x0028ff00  0x0028ff04
0x0028ff00  0x0028ff10
0x0028ff00  0x0028ff04
```

说明：

1）第 3 行定义了大小为 4 的整型数组，占据 16 字节的内存空间。

2）第 5 行使用数组名的方式输出数组第一个元素和第二元素的地址，这里的加 1 操作使地址向后移动了一个元素的位置。

3）第 6 行使用 &a 和 &a+1 输出地址，可以看出这儿的加 1 操作使地址向后移动了 16 字节，即 4 个元素的位置，也就是说这儿加 1 的操作使地址的增量跨越了整个数组。

4）第 6 行使用 *(&a)和 *(&a)+1 输出地址，这儿的加 1 操作使地址恢复向后移动了一个元素的位置。

5）由上面的分析可知，数组名 a 相当于数组第一个元素的指针，而 &a 是数组名的管辖范围得到“提升”，它“指向整个数组”，因为对 &a 的加 1 操作使地址的增量跨越了整个数组。而 *(&a)又使数组名 a 的作用范围降回到指向数组元素。总之“&”运算符具有升级作用，“*”运算符具有降级作用。

（2）指向二维数组的指针。

如前所述，一维数组名相当于数组首元素的地址，由此类推，二维数组的数组名也相当于数组首元素的地址。那么一个二维数组，它的首元素是什么呢？

```
int  a[3][4];
```

由图 1.3.10 可以看出，二维数组 a[3] [4] 包含三个一维数组 a[0]、a[1]、a[2]，每一个一维数组都是一个包含四个元素的一维数组。由此可知，在本例中二维数组的首元素是 a[0]，而不是 a[0][0]。所以二维数组名 a 相当于指向 a[0] 的指针，而不是 a[0] [0] 的指针，虽然两者在数值上是相同的，但含义却不一样。

	第0列	第1列	第2列	第3列	
第0行	a[0][0]	a[0][1]	a[0][2]	a[0][3]	a[0]
第1行	a[1][0]	a[1][1]	a[1][2]	a[1][3]	a[1]
第2行	a[2][0]	a[2][1]	a[2][2]	a[2][3]	a[2]

图 1.3.10　二维数组的逻辑结构

【例 1.3.13】 二维数组名的含义。

```
1 void main( )
2 {
3       int a[3][4] = {0};
4       printf("%#x\t%#x\n",a,a+1);
5       printf("%#x\t%#x\n",&a[0],&a[0]+1);
6       printf("%#x\t%#x\n",a[0],a[0]+1);
7       printf("%#x\t%#x\n",&a[0][0],&a[0][0]+1);
```

```
8       printf("%#x\t%#x\n", *a, *a+1);
9       printf("%#x\t%#x\n",&a,&a+1);
10  }
```

程序运行结果：

```
0x0028fef0  0x0028ff00
0x0028fef0  0x0028ff00
0x0028fef0  0x0028fef4
0x0028fef0  0x0028fef4
0x0028fef0  0x0028fef4
0x0028fef0  0x0028ff20
```

说明：

1）第4行输出结果，两者之差相差16字节，也就是a+1以后跨越了4个元素，说明二维数组名a相当于指向一维数组a[0]的指针。

2）第5行，&a[0]对a[0]进行了升级，&a[0]与a等价。

3）第6、7、8行输出结果相同，其中a[0]相当于指向a[0][0]的指针，所以a[0]+1指向了下一个元素a[0][1]。&a[0][0]对元素a[0][0]进行升级，与a[0]等价；而*a对二维数组名进行了降级，它也与a[0]等价。

4）&a对二维数组名进行了升级，所以&a+1跨越了整个数组，加1操作后地址增加12*4=48字节，这一点由最后一行输出结果可以看出。

对于二维数组，该如何定义指针呢？有两种方式，一是定义简单的指针变量，让它指向二维数组的数组元素。或者，由二维数组的定义可以知道，二维数组实质上是由若干一维数组组成的，所以可以定义指向组成二维数组的一维数组的指针变量。

【例1.3.14】 使用简单的指针变量操作二维数组。

```
1   #define M 3
2   #define N 4
3   double average(double *,int,int);
4   void main()
5   {
6       double a[M][N] = {{8.7,92.1,63.9,88.8},{0.6,34,7,45.2},{98.5,32.4,67,9.1}};
7       double ave = 0.0;
8       ave = average(&a[0][0],M,N);
9       printf("average = %.2f\n",ave);
10  }
11  double average(double *p,int m,int n)
12  {
13      int i,j;
14      double sum = 0.0;
15      for(i = 0;i<m;i++)
16      {
17        for(j = 0;j<n;j++)
```

```
18        {
19          sum+ = *(p+i*n+j);
20        }
21      }
22      return sum/m/n;
23    }
```

程序运行结果：

```
average = 45.61
```

说明：

1）第 11 行定义的指针变量 p 的基类型是 double 类型，它只能指向 double 类型变量，所以在第 8 行中将二维数组第一个元素的地址（&a[0] [0]）取出传递给指针变量 p。根据上例的内容，还有另外两种写法：a[0]和 * a，这三种形式是等价的。

2）第 19 行，因为 p 指向 a[0] [0]，所以 p+i * n+j 指向 a[i][j]。另外这行代码也可写成下列形式：sum+= * p++；

【例 1.3.15】 使用指向组成二维数组的一维数组的指针变量操作二维数组。

```
1   #define M 3
2   #define N 4
3   double average(double ( * )[4],int);
4   void main()
5   {
6       double a[M][N] = {{8.7,92.1,63.9,88.8},{0.6,34,7,45.2},{98.5,32.4,67,9.1}};
7       double ave = 0.0;
8       ave = average(a,M);
9       printf("average = %.2f\n",ave);
10  }
11  double average(double ( * p)[4],int m)
12  {
13      int i,j;
14      double sum = 0.0;
15      for(i = 0;i<m;i+ +)
16      {
17        for(j = 0;j<4;j+ +)
18        {
19          sum+ = *( *(p+i)+j);
20        }
21      }
22      return sum/m/4;
23  }
```

程序运行结果同上。

说明：

1）第11行，形参指针变量p的基类型是“包含4个double型元素的一维数组”，所以p是一个指向“包含4个double型元素的一维数组”的指针变量。而本例中数组a的首元素a[0]恰好是一个“包含4个double型元素的一维数组”，所以在第8行中实参可以写成a或&a[0]两种形式。

2）是指向“包含4个double型元素的一维数组”的指针变量，则p+i就是第i个“包含4个double型元素的一维数组”的地址，那么可以推导出下列几个等价式：p+i与&a[i]等价，*(p+i)与a[i]等价，*(p+i)+j与a[i]+j等价，a[i]+j与&a[i][j]等价，*(*(p+i)+j)与a[i][j]等价。所以第19行可以有下列4种等价形式：

```
sum+ = *(*(p+i)+j);
sum+ = *(p[i]+j);
sum+ =(*(p+i))[j];
sum+ =p[i][j];
```

8. 字符串与指针

和其他类型一样，程序中可以定义一个字符数组，然后用字符类型指针变量指向这个数组。但处理字符数组时有其独特性，比如字符数组可以整体输出，而其他数组则不能。

(1) 字符指针与字符数组

【例1.3.16】 字符数组的输出。

```
1  void main()
2  {
3      int a[5] = {1,2,3,4,5}, * pa;
4      char str[20] = "I love my hometown!", * pstr;
5      pa = a;
6      pstr = str;
7      printf("%#x\n",a);
8      printf("%#x\n",pa);
9      printf("%s\n",str);
10      printf("%s\n",pstr);
11 }
```

程序运行结果：

```
0x0028fefc
0x0028fefc
I love my hometown!
I love my hometown!
```

说明：

1）第7行和第8行用整型数组名和整型指针变量作为printf()函数的参数，输出的结果是数组的首地址；而第9行和第10行用字符型数组名和字符型指针变量作为printf()函数的参数，输出的结果是字符数组的内容，即一个字符串。

2）使用字符类型指针变量可以指向一个字符数组，也可指向一个字符串，但两者的操作方式有所区别。

【例 1.3.17】 使用指针操作字符数组。

```
1  void main()
2  {
3      char str[10] = "123456";
4      char * pstr = "abcde";
5      printf("%s\n",pstr);
6      pstr++;
7      printf("%s\n",pstr);
8      printf("%c\n", * pstr);
9      // * pstr = '1';
10     pstr = str;
11     printf("%s\n",pstr);
12     * pstr = 'a';
13     printf("%s\n",pstr);
14 }
```

程序运行结果：

```
abcde
bcde
b
123456
a23456
```

说明：

1）第 4 行定义了字符类型指针变量并指向一个字符数组，它与下面的代码是等价的：

```
char * pstr;
pstr = "abcde";
```

这里指针变量存储的是字符串的内存地址，如图 1.3.11 所示。

2）第 6 行运行后，指针变量 pstr 将指向第二个字符，所以第 7 行将从第二个字符起开始输出，第 8 行恰好输出第二个字符‘b’。

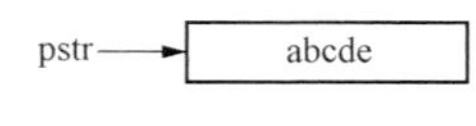

图 1.3.11 字符串的存储

3）第 9 行试图将字符串“abcde”中的第二字符‘b’改变为‘1’，但这是错误的，因为“abcde”是字符串常量，它的值是不可改变的。

4）第 10 行将指针变量指向字符数组，那么第 12 行将字符数组的第一个字符‘1’改变为‘a’就可行了，因为数组元素是可以改变的。

【例 1.3.18】 使用字符类型指针实现字符数组的复制。

```
1  void main()
2  {
3      char a[] = "I love my hometown!",b[20];
4      char * p1, * p2;
5      for(p1 = a,p2 = b; * p1! = '\0';p1++,p2++)
```

```
6       {
7           * p2 = * p1;
8       }
9       * p2 = '\0';
10      printf("string A is: % s\n",a);
11      printf("string B is: % s\n",b);
12  }
```

程序输出结果：

```
string A is:I love my hometown!
string B is:I love my hometown!
```

说明：

1）第5行到第8行使用循环实现两个字符数组的复制。for语句中表达式1“p1=a，p2=b”，使p1指向字符数组a，p2指向字符数组b。表达式2“ * p1！ =\0”为循环条件，只要p1指向的当前的字符不是字符串结束标志，则执行循环体“ * p2= * p1;”，从而实现数组a到数组b的复制。表达式3“p1++,p2++”实现指针指向位置的后移。

2）第9行的作用是为字符数组b添加字符串结束标志。

（2）字符指针作函数参数

字符数组名和普通数组名一样，也表示数组的首地址，同样可以使用字符数组名作为实参，使用字符指针变量作为形参来接收字符数组的首地址，这样就可以在自定义函数中使用指针变量来处理字符数组。

【例1.3.19】 定义一个函数，实现删除一个字符串中的所有“ * ”，使用字符指针作为参数。

```
1  void fun(char * pstr);
2  void main()
3  {
4      char str[80] = " ** aa * 11 ** 22 ** ";
5      printf("删除星号前:");
6      printf(" % s\n",str);
7      fun(str);
8      printf("删除星号后:");
9      printf(" % s\n",str);
10 }
11 void fun(char * pstr)
12 {
13     int i = 0,j = 0;
14     while(pstr[i]! = '\0')
15     {
16       if(pstr[i]! = '* ')
17       {
18         pstr[j + + ] = pstr[i];
```

```
19        }
20        i++;
21      }
22      pstr[j]='\0';
23  }
```

程序运行结果：

```
删除星号前:**aa*11**22**
删除星号后:aa1122
```

说明：

1）第 7 行使用数组名 str 作为实参，第 11 行使用字符指针变量 pstr 作为形参，pstr 指向字符数组，在函数中就可以使用指针变量 pstr 来操作字符数组。

2）第 11 行，函数的参数只有一个，如果字符指针是指向一个字符串，那么数组的长度没有必要传递给函数，因为字符串都是以’\0’作为结束标志的。

3）第 13 行定义两个下标 i 和 j，其值都为 0，表示都指向第一个位置的字符。

4）第 14 行循环条件中，指针变量 pstr 写成了数组的形式 pstr[]，循环结束条件就是指针变量指向这个字符串的结束。循环条件还有另外两种写法：

pstr[i]! =0

或直接写成：pstr[i]

以上三种形式是等价的。

5）第 16～19 行实现了删除字符串中所有“*”的功能。第 18 行的含义是如果字符串下标为 i 位置的字符不是星号，则将该位置的字符复制到下标为 j 的位置。

6）第 22 行，给删除星号的字符串加一个结束标志，这一点非常重要，很容易被初学者所忽略。

（3）指针数组。

数组元素可以是任意类型的，比如 int 型的、double 型的、char 型的，当然也可以是指针类型的。如果一个数组的元素是指针，这个数组就是指针数组，这里要求数组的每一个指针都指向相同类型的数据。指针数组的定义的一般形式如下：

基类型 * 数组名[常量表达式]；

如 char * pStr[5]；

【例 1.3.20】 定义一个字符指针数组，用于存储国家名，并输出。

```
1  #define N 5
2  void main()
3  {
4      int i;
5      char * pStr[N]={"China","Russia","Brazil","India","South Africa"};
6      for(i=0;i<N;i++)
7      {
8        puts(pStr[i]);
9      }
```

```
10 }
```

程序输出结果：

```
China
Russia
Brazil
India
South Africa
```

说明：

第5行定义一个指针数组，每一个指针指向一个字符串，如pStr[0]指向字符串"China"，pStr[1]指向字符串"Russia"，等等。如果不使用指针数组，则需要定义一个二维字符数组存储这些字符串，如str [N] [M]，这里的M是指最长字符串的长度。在本例中就是"South Africa"的长度。所以使用二维数组存储字符串，可能造成空间的浪费。另外如果要交换两个字符串的内容，使用指针数组只要改变指针的指向关系，而使用二维数组需要移动字符串的存储位置。由上可知，使用指针数组存储字符串，会给程序处理带来方便。

9. 函数指针

在前面的章节中，大家知道数组名代表数组的首地址，即数组第一个元素在内存中的地址，与此类似，函数名也是函数第一条语句的内存地址，这个地址也称为函数的入口地址。可以定义一个指针变量指向数组的首元素，同样也可以定义一个指针变量来存储函数的入口地址。把指向函数的指针称为函数指针。函数指针的定义的一般方法：

数据类型 （*指针变量变量名）（参数列表）；

上面定义中的“参数列表”就是函数的形参列表，“数据类型”就是函数的返回值类型。因为函数指针是用来指向函数的，所以函数指针的定义就应该与函数首部相似。

【例1.3.21】 函数指针的应用。

```
1  double add(double,double);
2  double sub(double,double);
3  double multi(double,double);
4  double division(double,double);
5  void fun(double a,double b,double (*pFun)(double,double));
6  void main()
7  {
8      double a,b;
9      printf("请输入两个数:");
10     scanf("%lf%lf",&a,&b);
11     fun(a,b,add);
12     fun(a,b,sub);
13     fun(a,b,multi);
14     fun(a,b,division);
15 }
16 void fun(double a,double b,double (*pFun)(double,double))
17 {
```

```
18   printf("%.2f\n",(*pFun)(a,b));
19  }
20  double add(double a,double b)
21  {
22      printf("两数之和:");
23      return a+b;
24  }
25  double sub(double a,double b)
26  {
27      printf("两数之差:");
28      return a-b;
29  }
30  double multi(double a,double b)
31  {
32      printf("两数之积:");
33      return a*b;
34  }
35  double division(double a,double b)
36  {
37      printf("两数相除:");
38      return a/b;
39  }
```

程序运行结果：

```
        请输入两个数:3  5
两数之和:8.00
两数之差:-2.00
两数之积:15.00
两数相除:0.60
```

说明：

1）第1～4行声明了4个函数，用于实现两个浮点数的加、减、乘、除运算，这些函数除了函数名不一样外，函数的参数和返回值都是一样的。

2）第5行，fun函数的参数列表中，定义了一个函数指针：double（*pFun）(double，double)；这个函数指针与第1～4行声明的4个函数是相似的，可以用来指向它们。

3）第11到14行分别用add、sub、multi和division这4个函数名作为实参，将各自函数空间的首地址传递给第16行的形参pFun，从而在第18行中分别调用了函数add、sub、multi和division。

二、链表

1. 指针变量与结构体

（1）指向结构体变量的指针变量。

每个结构体变量在内存中都有一段独立的存储空间，结构体变量的各成员就存储在这段空间内，可以定义结构体指针变量存储这段存储空间的起始地址，从而可以使用指针变量操作结构体变量的各成员。

【例 1.3.22】 使用指向结构体变量的指针变量操作结构体成员。

```
1   typedef struct date
2   {
3       int year,month, day;
4   }DATE;
5   typedef struct STUINFO
6   {
7       long studentID;
8       char studentName[20];
9       char studentSex;
10      DATE birthday;
11      int score[3];
12  }STUDENT;
13  void outputStuInfo(STUDENT * );
14  int main()
15  {
16
17      STUDENT stu1 = {1001,"Jack",'M',{1999,1,1},{87,95,96}};
18      outputStuInfo(&stu1);
19  }
20  void outputStuInfo(STUDENT * p)
21  {
22    printf("%ld%8s%3c%6d%02d%02d%4d%4d%4d\n",
23      p->studentID, p->studentName, p->studentSex,
24      p->birthday.year,p->birthday.month, p->birthday.day,
25      p->score[0], p->score[1], p->score[2]
26      );
27  }
```

程序运行结果：

```
1001  Jack    M  19990101  87  95  96
```

说明：

1）第 20～27 行定义了 outputStuInfo()函数用于输出结构体变量，该函数使用结构体类型指针变量作为形参。在主函数的第 18 行调用 outputStuInfo()函数时使用结构体变量的地址作为实参，这样被调用函数中就可以使用指针变量操作结构体变量成员。如图 1.3.12 所示。

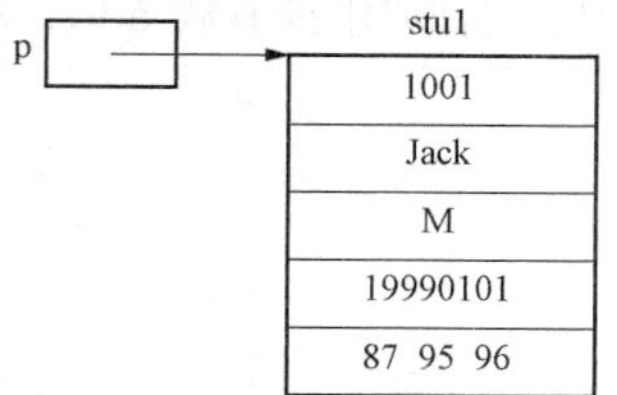

图 1.3.12　指向结构体的指针变量

2）使用指针变量操作结构体变量成员时使用“->”运算符，如“p->studentID”。其实也可这样使用结构体指针变量：“(* p).studentID”，这样使用时要注意在 * p 两边加小括号，因为“.”的优先级大于“ * ”。

3）请注意第24行的写法：“p－＞birthday. year”，因为“birthday”被定义成普通变量，而不是指针变量，所以只能使用“.”和“year”。

（2）指向结构体数组的指针变量。

结构体数组将N个结构体变量存储在一片连续的内存空间内，每个结构体变量占据其中的一段，所以也可以定义结构体指针变量指向结构数组，并且可以使用结构体指针变量操作数组中各成员。

【例1.3.23】 使用指向结构体变量的指针变量操作结构体数组成员。

```
1  #define N 30
2  typedef struct date
3  {
4      int year,month, day;
5  }DATE;
6  typedef struct STUINFO
7  {
8      long studentID;
9      char studentName[20];
10      char studentSex;
11      DATE birthday;
12      int score[3];
13  }STUDENT;
14  void inputStuInfo(STUDENT * ,int n);
15  void outputStuInfo(STUDENT * ,int n);
16  int main()
17  {
18      int n;
19      STUDENT stu[N], * p;
20  p = stu;
21      printf("请输入班级人数:");
22  scanf(" % d",&n);
23  inputStuInfo(stu,n);
24  outputStuInfo(p,n);
25  }
26  void inputStuInfo(STUDENT * p,int n)
27  {
28      int i,j;
29      for(i = 0;i<n;i + + )
30      {
31        printf("请输入第 % d 个学生的信息:\n",i + 1);
32        scanf(" % ld",&(p + i) - >studentID);
33        scanf(" % s",&(p + i) - >studentName);
34        scanf("  % c",&(p + i) - >studentSex);
35    scanf(" % d",&(p + i) - >birthday. year);
```

```
36     scanf("%d",&(p+i)->birthday.month);
37     scanf("%d",&(p+i)->birthday.day);
38       for(j=0;j<3;j++)
39     {
40         scanf("%d",&(p+i)->score[j]);
41     }
42     }
43 }
44 void outputStuInfo(STUDENT *p,int n)
45 {
46     int i=0;
47     STUDENT *q=p+n;
48     printf("班级各个学生的信息:\n");
49     for(;p<q;p++,i++){
50     printf("%ld%8s%3c%6d%02d%02d%4d%4d%4d\n",
51       p->studentID, p->studentName,p->studentSex,
52       p->birthday.year, p->birthday.month, p->birthday.day,
53       p->score[0], p->score[1], p->score[2] );
54     }
55 }
```

程序运行结果：

```
请输入班级人数 :4↙
请输入第 1 个学生的信息:
20150001  Balt    M  1996  2  15  72  84  96
请输入第 2 个学生的信息:
20150002  Sam     M  1997  12 12  85  84  90
请输入第 3 个学生的信息:
20150003  July    F  1997  11 27  89  90  88
请输入第 4 个学生的信息:
20150001  Marry   F  1996  9  3   86  79  85
班级各个学生的信息:
20150001  Balt    M  1996  2  15  72  84  96
20150002  Sam     M  1997  12 12  85  84  90
20150003  July    F  1997  11 27  89  90  88
20150001  Marry   F  1996  9  3   86  79  85
```

说明：

1）第 19 行定义了结构体数组 stu 和结体指针变量 p，第 20 行使 p 指向结构体数组。第 23 行使用结构体数组名作为实参，第 26 行中其对应的形参采用结构体指针变量形式。第 24 行使用结构体变量作为实参，第 44 行中其对应的形参也采用结构体指针变量形式。

2）第 29～42 行，使用循环输入班级若干学生的信息，其中 p+i 是指向第 i 个学生的指针。

3）第 44～55 行 outputStuInfo（）是输出学生信息的函数。第 47 行“q=p+n”表示定义了一个结构体变量 q，指向数组最后一个元素后面。在 49 行中，“p++”每增加 1，指针将指向下一个数组元素，所以循环条件是“p<q”。如图 1.3.13 所示。

4）注意，在 p++和 p+1 中，“1”表示的字节数是 sizeof（STUDENT）。

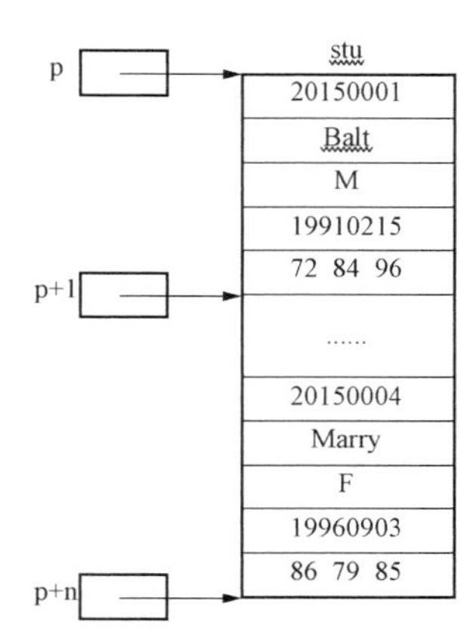

图 1.3.13　指向结构体数组的指针变量

2. 链表

由前面的学习内容可知，数组中的元素在内存中处于一段连续的地址空间中，各元素在物理位置上彼此相连，并且数组的大小是固定的，需要一次性地全部分配。还可以定义一个链表，链表不需要大段连续的内存空间，链表由一个个节点（Node）组成，节点之间通过指针相连。节点由两部分组成，定义如图 1.3.14 所示。

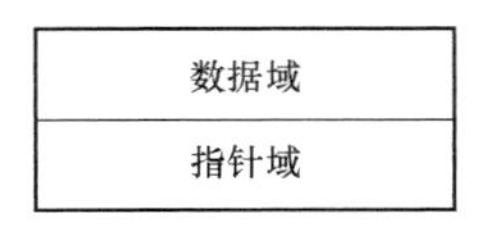

图 1.3.14　节点

数据域用来存储程序中需要使用的有用数据，指针域定义的是指向本结构的指针变量，用于指向下一个结点。

【例 1.3.24】 定义下列结构的节点：

```
struct stuInfo{
  char stuName[20];
  float score;
  struct stuInfo * next;
}
```

上面节点定义中，数据域包括学生姓名和成绩两项数据。

可以根据实际需要动态地申请节点空间，动态地将节点添加到链表中，不需要的节点还可以归还给系统。

【例 1.3.25】 创建一个链表并输出。

```
1  typedef struct Node
2  {
3      int data;
4      struct Node * next;
5  } NODE;
6  NODE * createLinkedList();
7  void outLinkedList(NODE * );
8  void main()
9  {
10      NODE * head;
11      head = createLinkedList();
12      outLinkedList(head);
13  }
14  NODE * createLinkedList()
```

```
15 {
16     int num;
17     NODE *h, *p, *q;
18     h=p=(NODE*)malloc(sizeof(NODE));
19     p->data=0;
20     printf("请输入一个正整数,输入负数表示结束:");
21     scanf("%d",&num);
22     while(num>0)
23     {
24       q=(NODE*)malloc(sizeof(NODE));
25       q->data=num;
26       p->next=q;
27       p=q;
28     printf("请输入一个正整数,输入负数表示结束:");
29     scanf("%d",&num);
30 }
31 p->next=0;
32 return h;
33 }
34 void outLinkedList(NODE *h)
35 {
36     NODE *p;
37     p=h->next;
38     do
39     {
40     printf("%4d",p->data);
41     p=p->next;
42     }
43     while(p! =0);
44 }
```

程序运行结果：

请输入一个正整数，输入负数表示结束：1
请输入一个正整数，输入负数表示结束：2
请输入一个正整数，输入负数表示结束：6
请输入一个正整数，输入负数表示结束：4
请输入一个正整数，输入负数表示结束：3
请输入一个正整数，输入负数表示结束：－1
  1 2 6 4 3

说明：

1）第1～5行定义了一个结构体。

2）第6行声明函数createLinkedList，用于创建一个链表，返回值是结构体指针类型。第7行声明函数outLinkedList，用于输出链表，该函数的参数是结构体指针类型。

3）第 8～13 行是主函数部分，第 11 行调用 createLinkedList 创建链表，并返回链表的头节点。第 12 行调用 outLinkedList 函数输出链表，它的传入参数就是链表的头节点。

4）第 14～33 行是 createLinkedList 函数的定义部分。第 17 行定义了三个结构体指针，其中 h 指向链表的头结点。第 18 行使用 malloc 动态申请一个结构体大小的内存空间，并在第 19 行将其数据域赋值为 0，因为该节点是作为头节点使用的，数据域中的数据是无效的。如果要释放一个节点，可以使用 free(h)。

5）第 22～30 行使用 while 循环动态申请若干个节点，并把新申请的节点加入到链表中。第 24 行是动态申请的新节点，并用指针 q 指向它，第 25 行为其数据域赋值。第 26 行将 p 节点的指针域指向它。第 27 行将 p 指针指向新增加的节点。所以程序使用 p 指针指向链表的最后一个节点，而使用 q 指针指向新申请的节点。

6）第 31 行将最后一个节点的指针域赋值为 0，表示整个链表至此结束。

7）第 34～44 行定义了 outLinkedList 函数，第 37 行将指针指向头节点的下一个节点，这是链表真正有效的部分。第 43 行循环结束条件可以参照第 31 行。

第二部分

库开发项目实战篇

本部分以当前热门的智能家居领域为背景，结合一系列实际应用项目，从基于固件库开发的视角，对STM32芯片的GPIO、TIMx、USART、中断、ADC等板级片上外设资源、外围传感器及相关通信协议进行了讲解。每个项目都包含详细的理论知识讲解、硬件和软件设计以及任务小结。

通过一系列项目实战，可以对STM32开发环境、STM32官方固件库结构、STM32片上外设资源、软硬件开发步骤和技巧等有一个系统的学习和掌握。

(1) 项目一 ARM嵌入式开发环境RVMDK的使用。

(2) 项目二 家用灯光照明系统的设计。

(3) 项目三 家用门禁报警系统的设计。

(4) 项目四 家用通风系统的设计。

(5) 项目五 家用温度检测系统的设计。

(6) 项目六 家用厨房燃气监控系统设计。

(7) 项目七 家用密码存储系统设计。

(8) 项目八 家用植物种植智能控制系统设计。

项目一　ARM 嵌入式开发环境 RVMDK 的使用

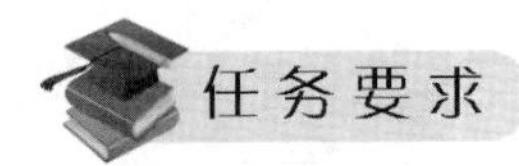

在 RVMDK 开发环境下，建一个基于 STM32 官方固件库 V3.5 的工程模板，下载程序到 STM32 程序存储器中，并进行相关的代码调试。

一、具体功能

在 RVMDK 开发环境下，建一个基于 STM32 官方固件库 V3.5 的工程模板，在此基础上进行 STM32 程序的下载和软硬件调试。

二、学习目标

通过本项目的学习，对 STM32 官方固件库以及 RVMDK 软件有一个比较全面的了解。掌握 STM32 集成开发环境 RVMDK 软件使用方法，能够新建一个基于官方固件库 V3.5 的工程模板，掌握 RVMDK 下程序下载和软硬件调试的方法和步骤。

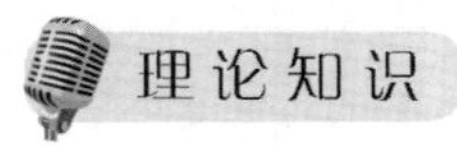

一、STM32 官方固件库简介

STM32 标准外设库之前的版本也称固件函数库或简称固件库，是一个固件函数包，它由程序、数据结构和宏组成，包括了微控制器所有外设的性能特征。该函数库还包括每一个外设的驱动描述和应用实例，为开发者访问底层硬件提供了一个中间 API，通过使用固件函数库，无需深入掌握底层硬件细节，开发者就可以轻松应用每一个外设。因此，使用固态函数库可以大大减少用户的程序编写时间，进而降低开发成本。每个外设驱动都由一组函数组成，这组函数覆盖了该外设所有功能。每个器件的开发都由一个通用 API（application programming interface，应用编程界面）驱动，API 对该驱动程序的结构，函数和参数名称都进行了标准化。

此外，所有的驱动源代码都符合“Strict ANSI - C”标准（项目于范例文件符合扩充 ANSI - C 标准）。已经把驱动源代码文档化，他们同时兼容 MISRA - C2004 标准（根据需要，可以提供兼容矩阵）。由于整个固态函数库按照“Strict ANSI - C”标准编写，它不受不同开发环境的影响。仅对话启动文件取决于开发环境。该固态函数库通过校验所有库函数的输入值来实现实时错误检测。该动态校验提高了软件的鲁棒性。实时检测适合于用户应用程序的开发和调试。但这会增加了成本，可以在最终应用程序代码中移去，以优化代码大小和执行速度。因为该固件库是通用的，并且包括了所有外设的功能，所以应用程序代码的大小和执行速度可能不是最优的。对大多数应用程序来说，用户可以直接使用之，对于那些在代码大小和执行速度方面有严格要求的应用程序，该固件库驱动程序可以作为如何设置外设的一份参考资料，根据实际需求对其进行调整。

1. 库开发与寄存器开发的关系

大家看一个实例，比如要控制某些 IO 口的状态，在 51 单片机的开发中通常的作法是直接操作寄存器：

```
P0 = 0xFF;
```

而在 STM32 的开发中，我们同样可以操作寄存器：

```
GPIOx->BSRR = 0x00FF;
```

很显然，这是传统的直接操作寄存器的开发方式，简便易懂。但是对于 STM32 来说，作为 32 位微处理器，由于其外设资料丰富，带来的必然是寄存器的数量和复杂度指数级的增加，此时如果采用直接配置寄存器方式开发，缺陷就突显出来了：

（1）开发速度慢。

（2）程序可读性差。

（3）维护复杂。

这些缺陷直接影响了开发效率、程序维护成本、交流成本。为了弥补了这些缺陷，ST（意法半导体）公司推出了官方固件库，固件库将这些寄存器底层操作都封装起来，提供一整套接口（API）供开发者调用，大多数场合下，开发人员无需知道操作的是哪个寄存器，只需要知道调用哪些函数即可。比如上面的控制 BSRR 寄存器实现电平控制，官方库封装了一个函数：

```
void GPIO_SetBits(GPIO_TypeDef * GPIOx, uint16_t GPIO_Pin)
{
    GPIOx->BSRR = GPIO_Pin;
}
```

这个时候你不需要再直接去操作 BRR 寄存器了，你只需要知道怎么使用 GPIO_SetBits()这个函数就可以了，大大提高了 STM32 系统开发效率。这种 STM32 库开发方式弥补了直接寄存器开发的缺陷，但同时也牺牲了一点资源，由于 STM32 性能的提高，主频的加快，这一缺陷也并不明显，权衡优势不足，绝大部分时候，还是选择库开发为主（辅助一定的寄存器开发），一般只有在对代码运行时间要求极苛刻的地方才用直接配置寄存器的方式代替，如频繁调用的中断服务函数等。实际上，库是架设在寄存器与用户驱动层之间的代码，向下处理与寄存器直接相关的配置，向上为用户提供配置寄存器的接口。库开发方式与直接配置寄存器方式的区别如图 2.1.1 所示。

综上所述，初步明白了 STM32 固件库到底是什么，和寄存器开发有什么关系？一句话就概括：固件库就是函数的集合，固件库函数的作用是向下负责与寄存器直接打交道，向上提供用户函数调用的接口（API）。

2. CMSIS 标准

大家知道由 ST 公司生产的 STM32 采用的是 Cortex-M3 内核，内核是整个微控制器的 CPU。该内核是 ARM 公司设计的一个处理器体系架构，ARM 公司并不生产具体芯片，而是出售其芯片内核的架构的技术授权。ST 公司或其他芯片生产厂商如 TI，负责设计的是在内核之外的部件，被称为核外外设或片上外设、设备外设。如芯片内部的模数转换外设 ADC、串口 UART、定时器 TIM 等，可以根据自己的需求理念来设计。内核与外设，如同 PC 上的 CPU 与主板、内存、显卡、硬盘的关系（如图 2.1.2 所示）。

从图 2.1.2 可以看出，因为基于 Cortex-M3 的系列芯片采用的内核都是相同的，区别

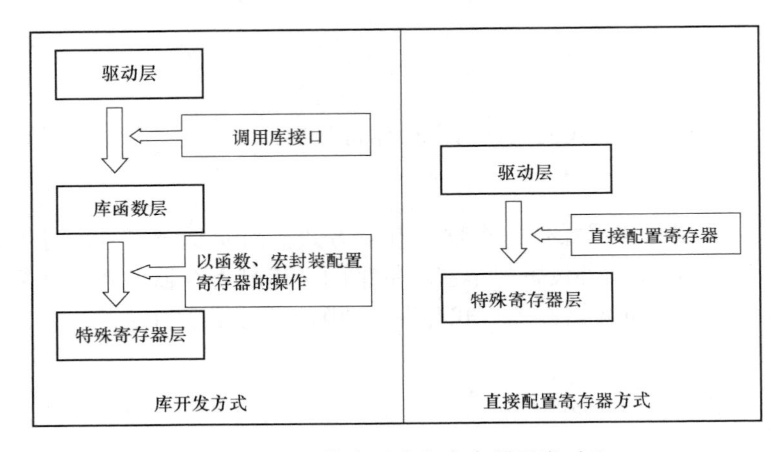

图 2.1.1 固件库开发与寄存器开发对比

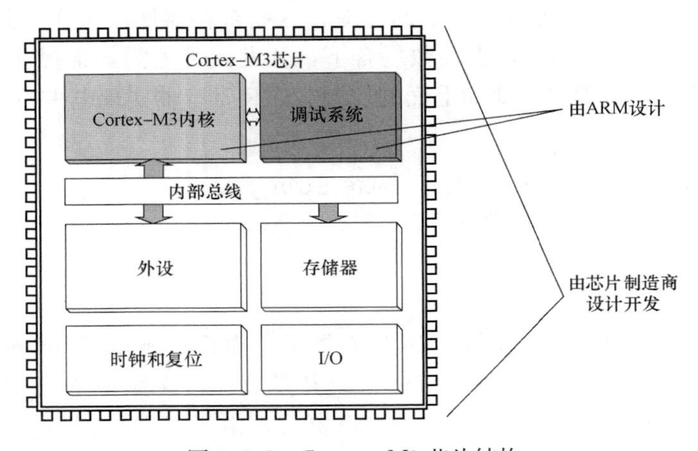

图 2.1.2 Cortex - M3 芯片结构

主要为核外的片上外设的差异，这些差异却导致软件在同内核，不同外设的芯片上移植困难，为了解决不同的芯片厂商生产的 Cortex 微控制器软件的兼容性问题，ARM 与芯片生产商共同提出了 CMSIS 标准（Cortex Mircro Controller Software Interface Standard）。所谓的 CMSIS 标准，翻译过来是"ARM Cortex™微控制器软件接口标准"。实际是新建了一个软件抽象层。上节所述的 ST 官方库就是根据这套标准设计的。

如图 2.1.3 所示为基于 CMSIS 应用程序基本结构，CMSIS 分为 3 个基本功能层：

（1）核内外设访问层：ARM 公司提供的访问，定义处理器内部寄存器地址以及功能函数。

（2）中间件访问层：定义访问中间件的通用 API，也是 ARM 公司提供。

（3）外设访问层：定义硬件寄存器的地址以及外设的访问函数。

从图中可以看出，CMSIS 层在整个系统中是处于中间层，位于硬件层与操作系统或用户层之间，提供了与芯片生产商无关的硬件抽象层，向下负责与内核和各个外设直接打交道，向上提供实时操作系统用户程序调用的函数接口，可以为接口外设、实时操作系统提供简单的处理器软件接口，屏蔽了硬件差异，这对软件的移植有极大的好处。STM32 的库，

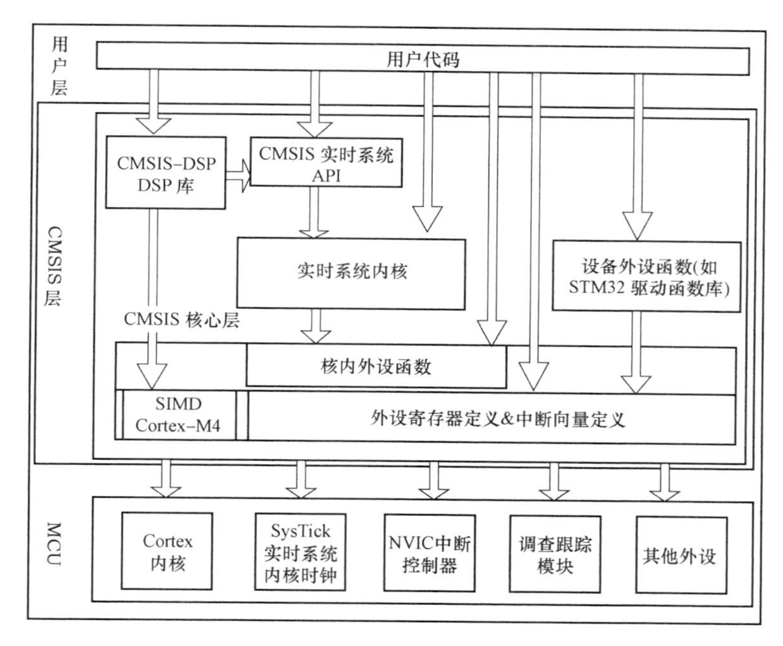

图 2.1.3　基于 CMSIS 应用程序基本结构

就是按照 CMSIS 标准建立的。

3. STM32 官方库包简介

ST 官方提供的固件库完整包可以在官方下载，固件库是不断完善升级的，所以有不同的版本，笔者使用的是 V3.5 版本的固件库。大家可以到 ST 公司的官方中国主页 http://www.stmcu.com.cn 上面直接搜索“STM32F10x standard peripheral library”，下载固件库压缩文档，解压即可获得名为 STM32F10x _ StdPeriph _ Lib _ V3.5.0 的官方固件库包。图 2.1.4 所示为官方固件库包的目录结构：

(1) Libraries 文件夹下面有 CMSIS 和 STM32F10x _ StdPeriph _ Driver 两个目录，这两个目录包含固件库核心的所有子文件夹和文件。其中 CMSIS 目录下面是启动文件，STM32F10x _ StdPeriph _ Driver 目录下放的是 STM32 固件库源码文件。源文件目录下面的 inc 目录存放的是 STM32f10x _ xxx.h 头文件。src 目录下面放的是 STM32f10x _ xxx.c 格式的固件库源码文件。每一个 .c 文件和一个相应的 .h 文件对应，作为一组。这里的文件也是固件库的核心文件，每个外设对应一组文件。Libraries 文件夹里面的文件在建立工程的时候都会使用到。

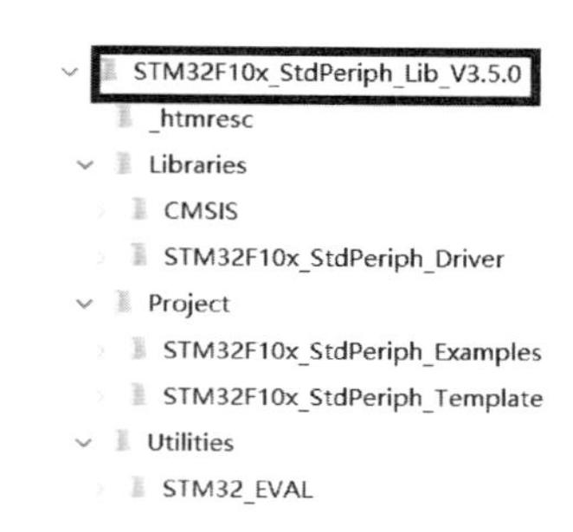

图 2.1.4　官方固件库包目录结构

(2) Project 文件夹下面有两个文件夹。顾名思义，STM32F10x _ StdPeriph _ Examples 文件夹下面 存放的 ST 官方提供的固件实例源码，在以后的开发过程中，可以参考修改这个官方提供的实例来快速驱动自己的外设，很多开发板的实例都参考了官方提供的例程源码，这些源码对以后 的学习非常重要。

STM32F10x _ StdPeriph _ Template 文件夹下面存放的是工程模板。在用库建立一个完整的工程时，还需要添加这个目录下的 STM32f10x _ it. c、STM32f10x _ it. h、STM32f10x _ conf. h 这几个文件。STM32f10x _ it. c 里面是用来编写中断服务函数，中断服务函数也可以随意编写在工程里面的任意一个文件里面。

打开 STM32f10x _ conf. h 文件可以看到很多＃include，在建立工程的时候，可以注释掉一些不用的外设头文件。

（3）Utilities 文件下就是官方评估版的一些对应源码。根目录中还有一个 STM32f10x _ stdperiph _ lib _ um. chm 文件，直接打开可以知道，这是一个固件库的帮助文档，这个文档非常有用，在开发过程中，这个文档会经常被使用到。

重点关注 Libraries 目录下面几个重要的文件。core _ cm3. c 和 core _ cm3. h 文件位于 \ Libraries \ CMSIS \ CM3 \ CoreSupport 目录下面，这个就是 CMSIS 核心文件，提供进入 M3 内核接口，这是 ARM 公司提供，对所有 CM3 内核的芯片都一样。和 CoreSupport 同一级还有一个 DeviceSupport 文件夹，这个目录下面有三个文件：system _ STM32f10x. c、system _ STM32f10x. h 以及 STM32f10x. h 文件。其中 system _ STM32f10x. c 和对应的头文件 system _ STM32f10x. h 的功能是设置系统以及总线时钟，这个里面有一个非常重要的 System Init（）函数，这个函数在系统启动的时候会被调用，用来设置系统的整个时钟系统。这个 STM32f10x. h 文件相当重要，它类似于 51 单片机的 REG51. H 头文件，只要进行 STM32 开发，几乎时刻都要查看这个文件相关的定义，打开这个文件可以看到，里面非常多的结构体以及宏定义。这个文件里面主要是系统寄存器定义申明以及包装内存操作，对于这里是怎样申明以及怎样将内存操作封装起来的，在后面的项目例程中会讲到。

在 DeviceSupport \ ST \ STM32F10x 文件夹的 \ startup \ arm 目录下，存放的是 STM32 的启动文件，不同型号的处理器用的启动文件不一样，有关每个启动文件的详细说明见表 2. 1. 1。

表 2. 1. 1 启动文件的详细说明

启动文件	区　别
startup _ STM32f10x _ ld. s	ld：low - density 小容量，FLASH 容量在 16～32KB 之间
startup _ STM32f10x _ md. s	md：medium－density 中容量，FLASH 容量在 64～128KB 之间
startup _ STM32f10x _ hd. s	hd：high－density 中容量，FLASH 容量在 256～512KB 之间
startup _ STM32f10x _ xl. s	xl：超大容量，FLASH 容量在 512～1024KB 之间
以上 4 种都属于基本型，包括 STM32F101xx、STM32F102xx、STM32F103xx 系列	
startup _ STM32f10x _ cl. s	cl：connectivity line devices 互联型，特指 STM32F105xx 和 STM32F107xx 系列
startup _ STM32f10x _ ld _ vl. s	vl：value line devices 超值型系列，特指 STM32F100xx 系列
startup _ STM32f10x _ md _ vl. s	
startup _ STM32f10x _ hd _ vl. s	

启动文件主要是进行堆栈之类的初始化，中断向量表以及中断函数定义。启动文件要引导进入 main 函数，同时在进入 main 函数之前，首先要调用 System Init()系统初始化函数。本书所有例程选择处理器型号是 STM32F103ZET6，其 FLASH 为 512KB，因此芯片启动文件选择 startup _ STM32f10x _ hd. s。

二、开发环境 RVMDK 简介

RVMDK 源自德国的 KEIL 公司，是 RealView MDK 的简称。在全球 RVMDK 被超过 10 万的嵌入式开发工程师使用，RealView MDK 集成了业内最领先的技术，包括 μVision4 集成开发环境与 RealView 编译器。支持 ARM7、ARM9 和最新的 Cortex - M3 核处理器，自动配置启动代码，集成 Flash 烧写模块，强大的 Simulation 设备模拟、性能分析等功能。与 ARM 之前的工具包 ADS1.2 相比，RealView 编译器具有代码更小、性能更高的优点，代码密度比 ADS1.2 编译的代码尺寸小 10%，代码性能比 ADS1.2 编译的代码性能提高 20%。

此外，RVMDK 编译器界面和 KEIL 十分相似，对于使用过 KEIL 的朋友来说，更容易上手。基于以上几点，本书将选择 RVMDK4.72a 版本的编译器作为学习 STM32 的软件。

运行调试

一、新建基于固件库的 RVMDK 工程模板

在前面介绍了 STM32 官方库包的一些知识，下面着重讲解建立基于固件库的工程模板的详细步骤。

1. MDK4.72a 安装步骤

（1）找到 MDK 的安装文件并单击图标 mdk4.72a ，这是 MDK 的安装文件，一直单击“Next”按钮直到出现如图 2.1.5“Customer Information”所示的界面后，随意填写好您的信息，然后单击“Next”按钮。

（2）接着出现如图 2.1.6 的界面，按图中所示选择之后单击“Finish”按钮，MDK 便安装完成。

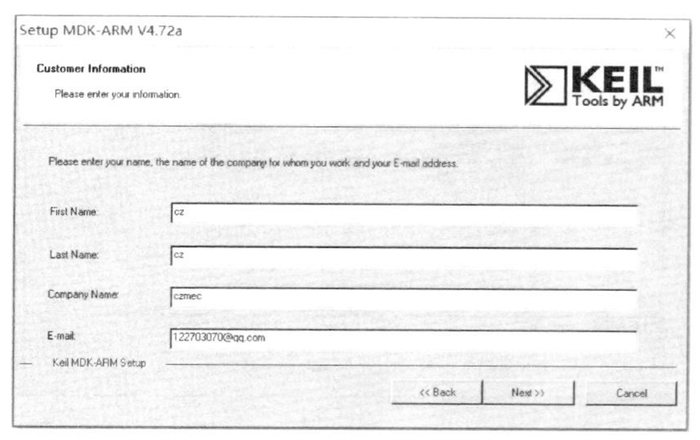

图 2.1.5　MDK 填写用户信息

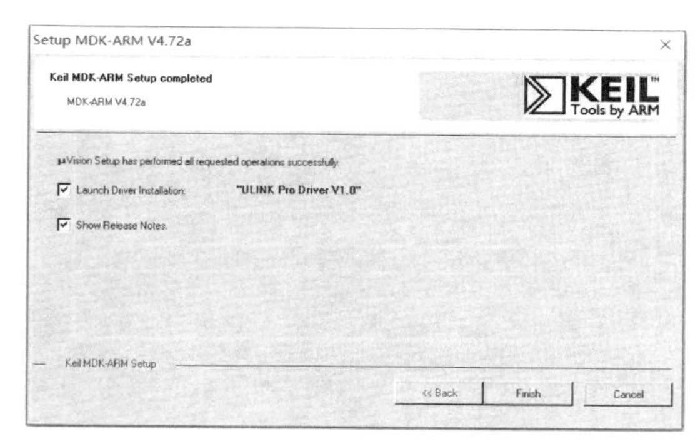

图 2.1.6　安装完成

2. 添加 License Key

MDK 针对每台机会有一个 CID，复制这个 CID 到注册机处生成 License Key，然后再将这个 License Key 添加到 MDK 里面去注册。详细步骤后面会一一介绍。

（1）打开运行 MDK。

（2）如图 2.1.7 单击：File→License Management，弹出如图 2.1.8“License Management”所示界面，复制界面中的“CID”。

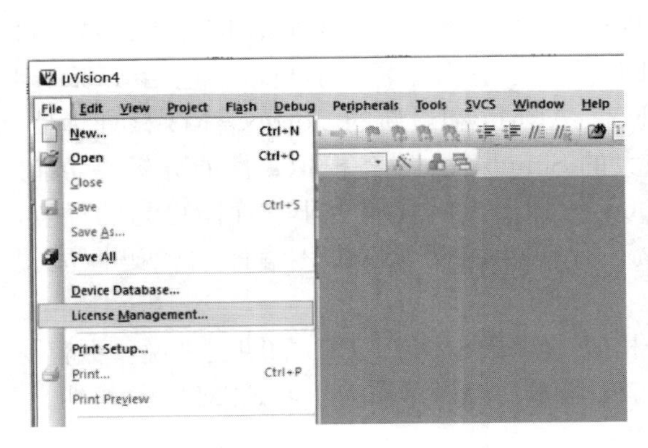

图 2.1.7 License Management 选择

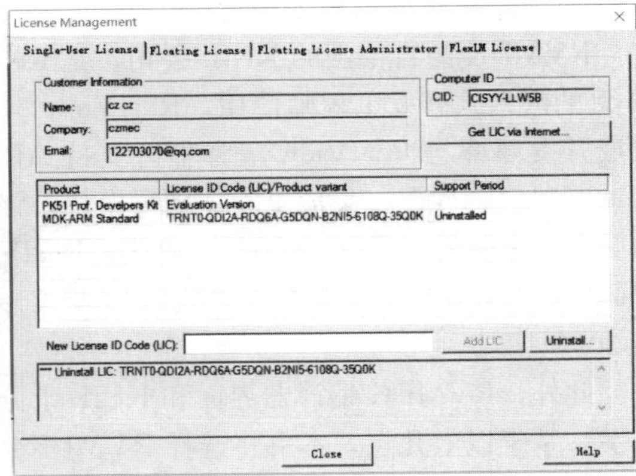

图 2.1.8 获取 CID

(3) 打开注册机 注册，注册机和 MDK 安装包位于同一目录下面。

(4) 接着会出现注册界面（见图 2.1.9），粘贴刚才复制的 CID 到 CID 输入框，然后在 Target 后选择 ARM 之后，单击“Generate”按钮，即可产生 30 位的 License Key，如图 2.1.9 所示。

(5) 如图 2.1.10 所示，将上述 License Key 粘贴到 License Management 界面的 New License ID Code 一栏，然后点击“Add LIC”，添加成功后会出现成功提示。然后单击 Close 按钮关闭这个界面，到此 License Key 便添加完成。

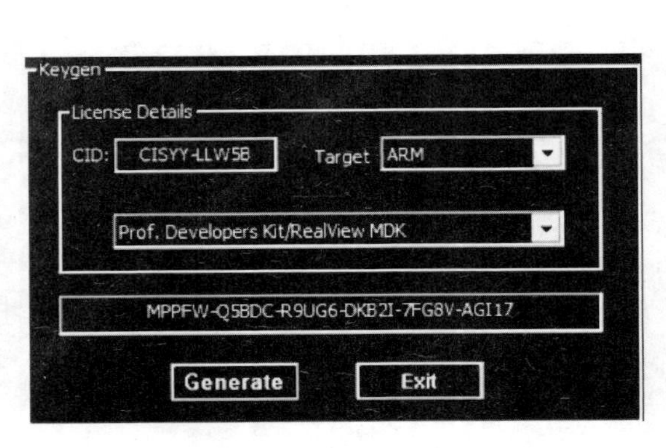

图 2.1.9 生成 LicenseKey

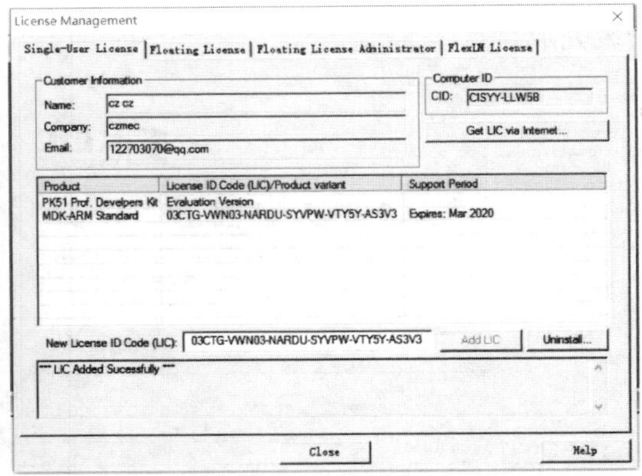

图 2.1.10 添加 LicenseKey 成功

3. 新建工程模板

(1) 如图 2.1.11 所示，首先选择计算机任意一个目录作为项目的工程目录，在该目录下面新建 4 个文件夹 USER、CMSIS、OUTPUT 以及 FWlib。其中 CMSIS 用来存放核心文件和启动文件以及 system _ STM32f10x. c，OUTPUT 用来存放编译过程文件以及输出 hex 文件，FWlib 文件夹顾名思义用来存放 ST 官方提供的库函数源码文件，USER 用来存放工程文件、主函数文件 main. c 及其他自编驱动程序文件等。

(2) 回到 MDK 主界面如图 2.1.12，单击 Keil 的菜单：Project→New μVision Project，

然后将目录定位到上面所建的工程目录 USER 之下，这样的工程文件就都保存到该 USER 文件夹下面。工程命名为 Template，单击“Save”。

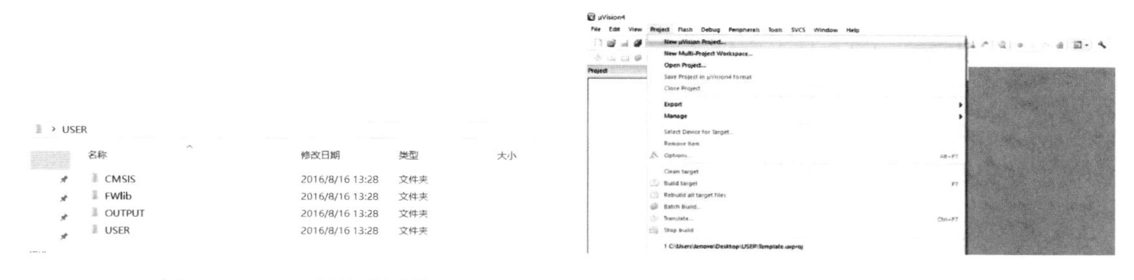

图 2.1.11　工程目录预览　　　　图 2.1.12　新建工程

(3) 接下来在图 2.1.13 所示界面选择对应的芯片型号，这里定位到 STMicroelectronics 下面的 STM32F103ZE（针对本书所述例程选择的是这个型号，如果是其他芯片，请选择对应的型号即可）。

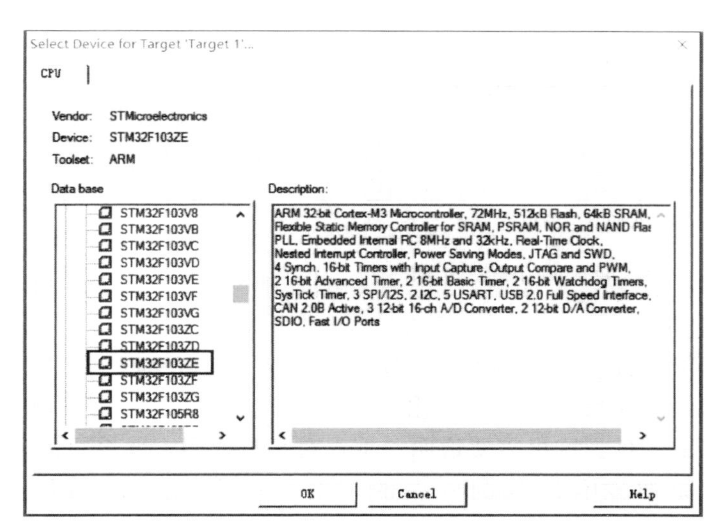

图 2.1.13　选择芯片型号

(4) 弹出对话框“Copy STM32 Startup Code to project …”，询问是否添加启动代码到我们的工程中，这里我们选择“否”，因为我们使用的 ST 固件库文件已经包含了启动文件，后面可以手动添加进去。

(5) 下面将官方的固件库包里的源码文件添加到工程目录相应的文件夹下面，步骤如下：

1) 第 1 步，打开官方固件库包，将目录 STM32F10x _ StdPeriph _ Lib _ V3.5.0 \ Libraries \ STM32F10x _ StdPeriph _ Driver 下面的 src、inc 文件夹拷贝到刚才建立的 FWlib 文件夹下面。src 存放的是固件库的 .c 文件，inc 存放的是对应的 .h 文件，打开这两个文件目录过目一下里面的文件，每个外设对应一个 .c 文件和一个 .h 头文件。

2) 第 2 步，定位到目录 STM32F10x _ StdPeriph _ Lib _ V3.5.0 \ Libraries \ CMSIS \ CM3 \ Core Support 下面，将文件 core _ cm3.c 和文件 core _ cm3.h 复制到 CMSIS 下面去。

3）第 3 步，定位到目录 STM32F10x _ StdPeriph _ Lib _ V3.5.0 \ Libraries \ CMSIS \ CM3 \ DeviceSupport \ ST \ STM32F10x \ startup \ arm 下面，将里面 startup _ STM32f10x _ hd.s 文件复制到 CMSIS 下面。之前已经讲过不同容量的芯片使用不同的启动文件，STM32F103ZET6 是大容量芯片，所以选择这个启动文件。

4）第 4 步，定位到 STM32F10x _ StdPeriph _ Lib _ V3.5.0 \ Libraries \ CMSIS \ CM3 \ DeviceSupport \ ST \ STM32F10x 下面，将里面的 3 个文件 STM32f10x.h，system _ STM32f10x.c，system _ STM32f10x.h，复制到 USER 目录之下。

5）第 5 步，定位到 STM32F10x _ StdPeriph _ Lib _ V3.5.0 \ Project \ STM32F10x _ StdPeriph _ Template 下面，将 main.c，STM32f10x _ conf.h，STM32f10x _ it.c，STM32f10x _ it.h 这 4 个文件复制到 USER 目录下。

（6）通过上述 5 个步骤，将需要的固件库相关文件复制到了工程目录下面，下面将这些文件加入刚刚新建的 Template 项目工程中去。如图 2.1.14 所示，右击 Target1，选择 Manage Components。

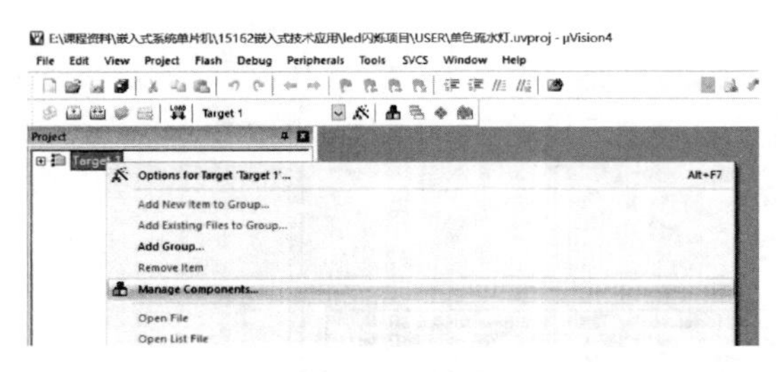

图 2.1.14　选择 Management Components

（7）Project Targets 一栏，将 Target 名字修改为 Template，然后在 Groups 一栏建立 4 个 Groups：STARTCODE、USER、FWlib、CMSIS。然后单击 OK 按钮，可以看到 Target 名字以及 Groups 情况，如图 2.1.15 所示。

（8）下面往 Group 里面添加需要的文件。如图 2.1.16 所示，按照步骤 7 的方法，右击 Template，选择 Manage Components。然后选择需要添加文件的 Group，这里第一步选择 FWlib，然后单击右边的"Add Files"，定位到刚才建立的目录 STM32F10x _ FWLib \ src 下面，将里面所有的文件选中，单击 Add 按钮，然后单击 Close 按钮。可以看到 Files 列表下面包含添加的文件。这里需要说明一下，对于写代码，如果只用到了其中的某个外设，就可以不用添加没有用到的外设的库文件。例如只用 GPIO，可以只用添加 STM32f10x _ gpio.c 而其他的可以不用添加。这里全部添加进来是为了后面方便，不用每次添加，当然这样的坏处是工程太大，编译起来速度慢，用户可以自行选择。

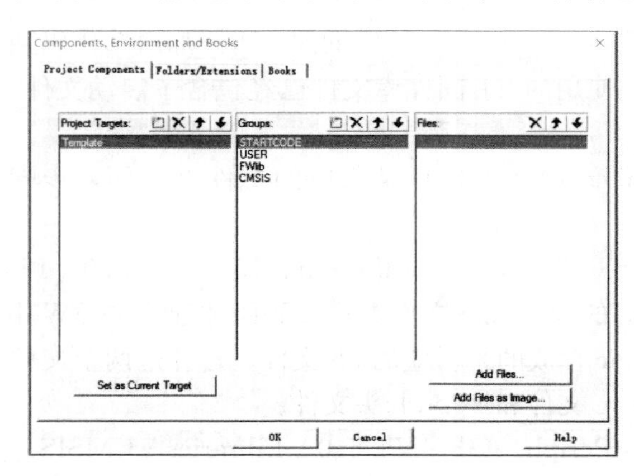

图 2.1.15　Project Targets 设置

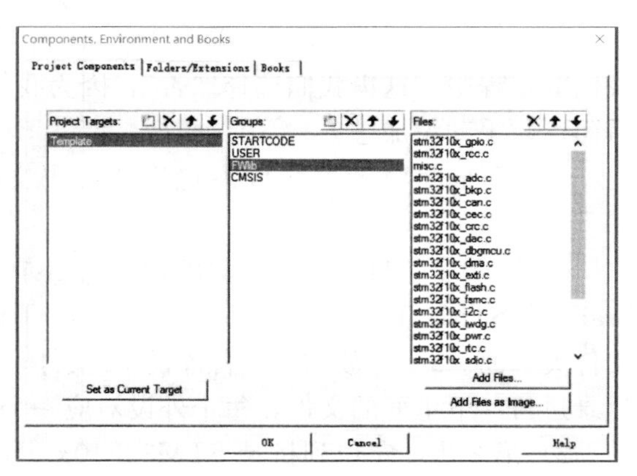

图 2.1.16　FWLIB 文件添加

（9）同样的方法，分别将 Groups 定位到 STARTCODE、USER 以及 CMSIS 下面，添加如图 2.1.15 需要的文件。这里 STARTCODE 下面需要添加的文件为 startup _ STM32f10x _ md. s，USER 目录下面需要添加的文件为 main. c，CMSIS 下面添加的文件为 system _ STM32f10x. c 这样需要添加的文件已经添加到工程中去了，最后单击 OK 按钮，回到如图 2.1.17 工程主界面。

（10）软件写好后要编译工程，将用户源程序转化为处理器可执行的文件，在编译之前首先要选择编译中间文件后的存放目录。如图 2.1.18 所示，点击魔术棒，选择“Output”选项下面的“Select folder for objects…”，然后选择目录为上面新建的 OUTPUT 目录。

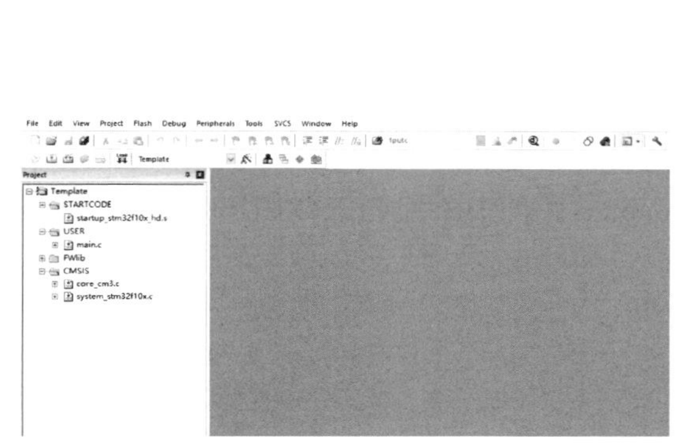

图 2.1.17　工程主界面

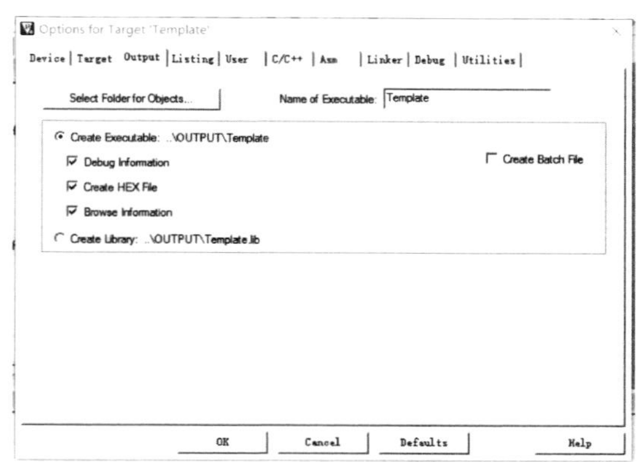

图 2.1.18　编译中间文件目录设定

（11）下面要指定头文件目录。如图 2.1.19 所示，回到工程主选单，单击魔术棒，出来一个选单，单击“c/c++”选项，然后单击“Include Paths”右边的按钮。弹出一个添加 path 的对话框，将图上面的 3 个目录添加进去。注意 Keil 只会在一级目录查找，所以如果目录下面还有子目录，记得一定要将 Path 定位到最后一级子目录。然后单击 OK 按钮。

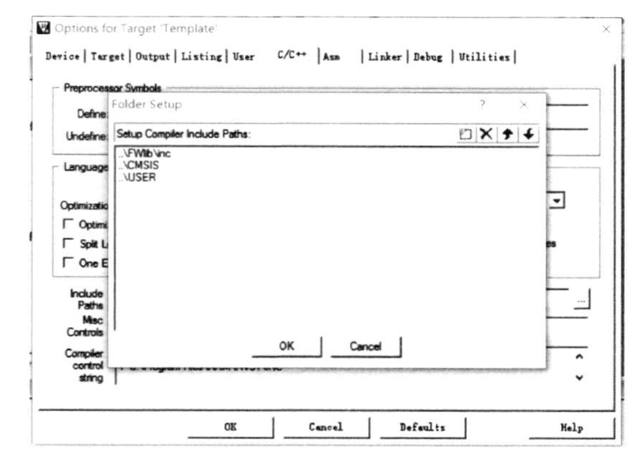

图 2.1.19　文件包含路径设定

（12）由于 3.5 版本的库函数在配置和选择外设的时候通过宏定义来选择的，所以需要配置一个全局的宏定义变量。具体方法如图 2.1.20 所示，按照步骤 11 定位到 C/C＋＋界面，然后填写“USE _ STDPERIPH _ DRIVER，STM32F10X _ HD”到 Define 输入框里面。注意，如果是中等容量那么 STM32F10X _ HD 修改为 STM32F10X _ MD，小容量修改为 STM32F10X _ LD。然后单击 OK 按钮。到此，这样工程模板就彻底完成，可以用于正常开发和编译了。

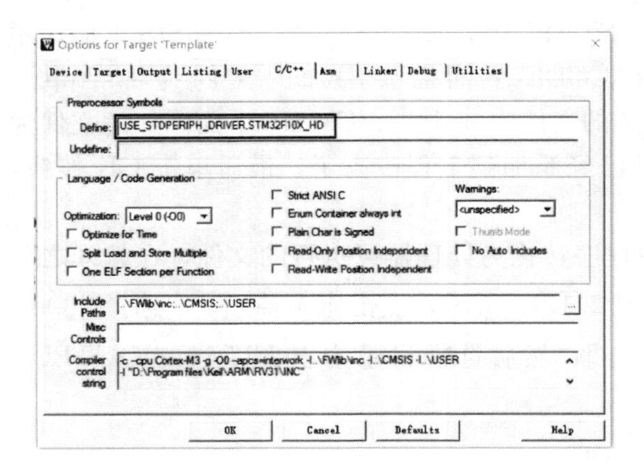

图 2.1.20　全局的宏定义变量配置

二、MDK 下程序的下载与调试

为了保证程序的语法、逻辑等功能的正确，必须对程序进行仿真调试。MDK 为开发人员提供了良好的程序仿真调试环境。MDK 下程序的调试分为软件模拟仿真和硬件在线仿真两种。

1. STM32 软件仿真

MDK 一个强大功能就是提供软件仿真，通过软件仿真，可以查看很多硬件相关的寄存器，从而知道代码是不是真正有效。由此可以发现很多将要出现的问题，避免下载到 STM32 里面来查这些错误，很方便检查程序中存在的问题，另外一个优点是不必频繁地刷机，从而延长了 STM32 的 FLASH 寿命（STM32 的 FLASH 寿命≥1W 次）。下面是软件仿真步骤。

（1）在上节内容所述 MDK 工程模板中的 main. c 文件中添加如下代码，代码功能是实现一只 LED 灯的闪烁：

```
#include "STM32f10x. h"
#include "led. h"
#include "STM32f10x_gpio. h"
void Delay(__IO u32 nCount)
{
    for(; nCount ! = 0; nCount - - );
}
int main(void)
{
    LED_GPIO_Config();
    GPIO_SetBits(GPIOA,GPIO_Pin_0);
    Delay(5000);
    GPIO_ResetBits(GPIOA,GPIO_Pin_0);
    Delay(5000);
}
```

（2）在开始软件仿真之前，先检查一下配置是不是正确，在 IDE 里面单击按钮，确定 Target 选项卡内容如图 2.1.21 所示（主要检查芯片型号和晶振频率，其他的一般默认就可以）。

（3）确认了芯片以及外部晶振频率（8.0MHz）之后，接下来，再单击 Debug 选项卡，设置为如图 2.1.22 所示。

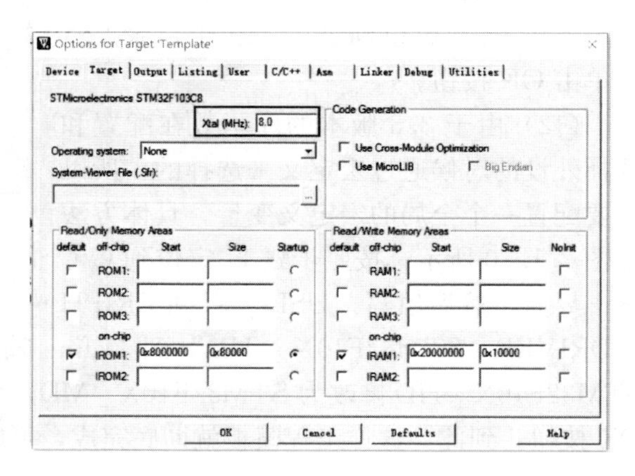

图 2.1.21　Target 选项卡

（4）如图 2.1.22 所示，选择“Use

Simulator”（因为如果选择右边的 Use，那就是用 ULINK2 进行硬件调试了，这个将在下面介绍），其他的采用默认的就可以。确认了这项之后，单击 OK 按钮，退出“Options for Target”对话框。接下来，单击 （“开始/停止仿真”按钮），开始仿真，出现如图 2.1.23 所示的界面。

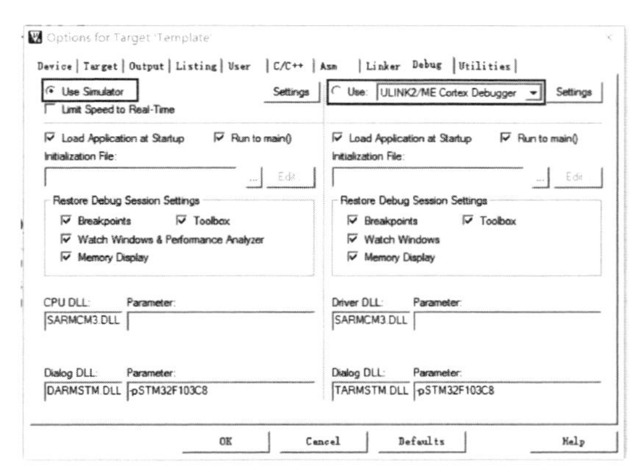

图 2.1.22　Debug 选项卡

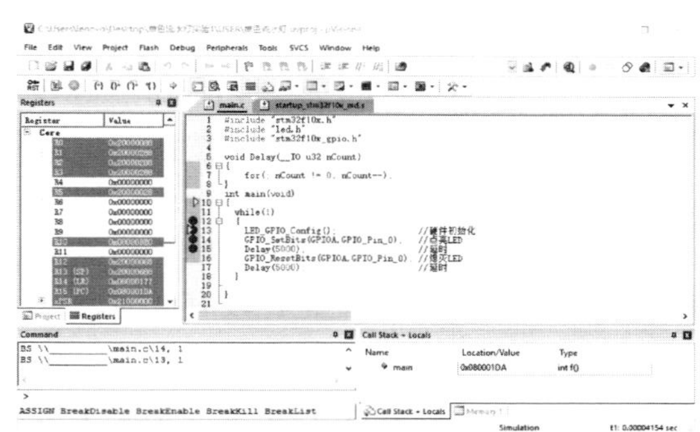

图 2.1.23　软件仿真界面

（5）和 Keil 软件仿真调试一样，MDK 软件仿真最重要的就是如图 2.1.24 所示的 Debug 工具条的使用，下面简单介绍一下工具条相关按钮的功能。

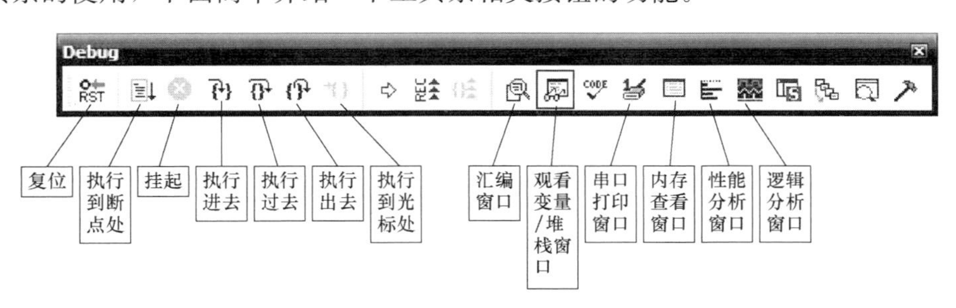

图 2.1.24　Debug 工具条

1）复位：其功能等同于硬件上按复位按钮，相当于实现了一次硬复位。按下该按钮之后，代码会重新从头开始执行。执行到断点处：该按钮用来快速执行到断点处，有时候并不需要观看每步是怎么执行的，而是想快速地执行到程序的某个地方看结果，这个按钮就可以实现这样的功能，前提是你在查看的地方设置了断点。

2）挂起：此按钮在程序一直执行的时候会变为有效，通过按该按钮，就可以使程序停下来，进入到单步调试状态。

3）执行进去：该按钮用来实现执行到某个函数里面去的功能，在没有函数的情况下，是等同于执行过去按钮的。

4）执行过去：在碰到有函数的地方，通过该按钮就可以单步执行过这个函数，而不进入这个函数单步执行。

5）执行出去：该按钮是在进入了函数单步调试的时候，有时候你可能不必再执行该函数的剩余部分了，通过该按钮就直接一步执行完函数余下地部分，并跳出函数，回到函数被调用的位置。

6）执行到光标处：该按钮可以迅速地使程序运行到光标处，其实很像执行到断点处按钮功能，但是两者是有区别的，断点可以有多个，但是光标所在处只有一个。

7）汇编窗口：通过该按钮，就可以查看汇编代码，这对分析程序很有用。

8）观看变量/堆栈窗口：按下该按钮，会弹出一个显示变量的窗口，在里面可以查看各种变量值，也是很常用的一个调试窗口。

9）串口打印窗口：按下该按钮，会弹出一个类似串口调试助手界面的窗口，用来显示从串口打印出来的内容。

10）内存查看窗口：按下该按钮，会弹出一个内存查看窗口，可以在里面输入要查看的内存地址，然后观察内存的变化情况，是很常用的一个调试窗口。

11）性能分析窗口：按下该按钮，会弹出一个观看各个函数执行时间和所占百分比的窗口，用来分析函数的性能是比较有用的。

12）逻辑分析窗口：按下该按钮，会弹出一个逻辑分析窗口，通过 SETUP 按钮新建一些 I/O 口，就可以观察这些 I/O 口的电平变化情况，以多种形式显示出来，比较直观。

（6）单击右上角按钮，将图 2.1.23 中的软件调试界面程序的第 13～16 行加上断点。然后单击按钮，执行到该断点处，如图 2.1.25 所示。

（7）如图 2.1.26 所示，单击选单栏的 Peripherals→General Purpose I/O→GPIOA，单击 GPIOA 查看 GPIOA 的情况。

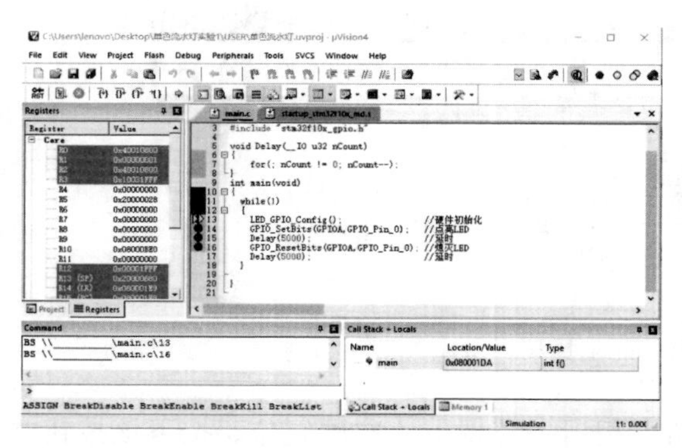

图 2.1.25　断点仿真界面

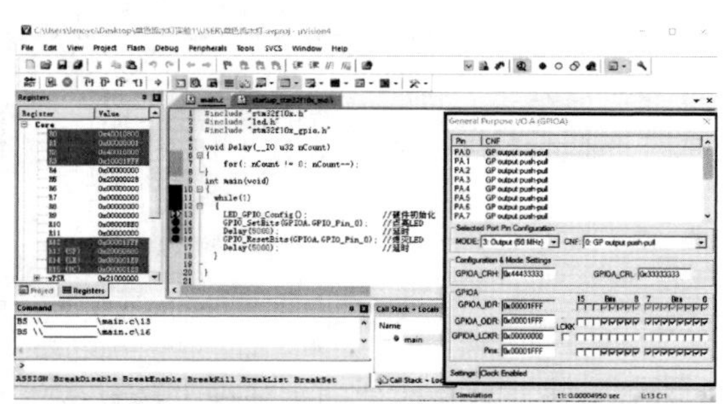

图 2.1.26　查看串口 GPIOA 相关寄存器

图 2.1.26 是 STM32 的 GPIOA 的默认设置状态，从中可以看到所有与其相关的寄存器全部在这上面表示出来，接着单击一下，在过程中注意观察 General Purpose I/O（GPIOA）内寄存器值的变化。通过单步调试中可以查看 GPIOA 的各个寄存器设置状态，从而判断写的代码是否有问题，只有这里的设置正确之后，才有可能在硬件上正确地执行。同样这样的方法也可以适用于很多其他外设。这一方法不论是在排错还是在编写代码的时候，都是非常有用的。

通过软件仿真，在 MDK4.72A 中初步验证了代码的正确性。必须指出的是，软件仿真只是在计算机上模拟底层硬件，程序纯粹地在计算机上运行，因而与实际的嵌入式系统板运行情况还是有差距的。接下来需要将代码下载到硬件上来真正验证一下代码的正确性。

2. STM32 程序下载和硬件调试

下面介绍如何下载代码并进行硬件调试。前面进行软件调试时验证了程序的正确性，由于代码比较简单，所以不需要硬件调试，直接一次成功了。可是，如果代码工程比较大，难免存在一些 bug，这时就有必要通过硬件调试来解决问题了。利用调试工具，比如 JLINK、ULINK、ULINK2、STLINK 等就可以实时跟踪程序，从而找到程序中的 bug，使开发事半功倍。

在诸多调试工具中，ULINK2 是 ARM 公司最新推出的配套 RealView MDK 使用的仿真器，是 ULink 仿真器的升级版本。ULINK2 不仅具有 ULINK 仿真器的所有功能，还增加了串行调试（SWD）支持，返回时钟支持和实时代理等功能。开发工程师通过结合 RealView MDK 的调试器和 ULINK2，可以方便地在目标硬件上进行片上调试（使用 on－chip JTAG，SWD 和 OCDS）、Flash 编程。

本书采用的是 ULINK2 仿真器对程序进行硬件调试，因此这里以 ULINK2（见图 2.1.27）为例，介绍下如何在线下载和调试 STM32，具体步骤如下：

（1）接上 ULINK2 线，并把 JTAG 口插到 STM32 开发板上，打开之前节新建的工程，点击魔术棒，打开 Options for Target 选项卡。如图 2.1.28 所示，在 Debug 栏选择仿真工具为“ULINK2/ME Cortex Debugger”，同时勾选“Run to main （）”，该选项选中后，只要点击仿真就会直接运行到 main()函数，如果没选择这个选项，则会先执行 startup _ STM32f10x _ md. s 文件的 Reset _ Handler，再跳到 main()函数。

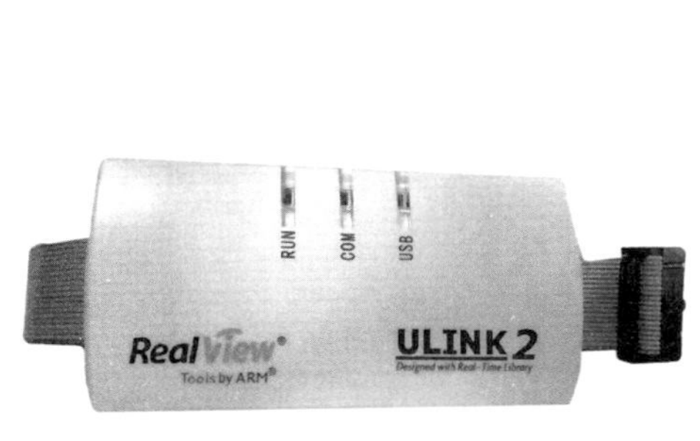

图 2.1.27　ULINK2 仿真器

图 2.1.28　Debug 选项卡设置

（2）然后点击 Settings，设置 ULINK2 的一些参数，如图 2.1.29 所示：STM32 程序下载调试方式建议使用 ULINK2 的 SW 模式调试，而尽量规避 JTAG 模式。因为与 SW 模式相比，JTAG 需要占用比 SW 模式多很多的 I/O 口，而在硬件设计时候为了让这些 I/O 口可以被其他外设用到，建议大家在调试的时候，最好要选择 SW 模式。

（3）ULINK2 模式设置完成后，单击 OK 按钮，完成此部分设置，接下来在 Utilities 选项卡里面设置下载时的目标编程器，如图 2.1.30 所示：选择 ULINK2 来调试 Cortex M3。

（4）单击“Settings”按钮，如图 2.1.31 所示：选择对应 STM32 芯片 Flash 的大小，因为本书使用的是 STM32F103ZET6，因此单击“Add”按钮，并在 Programming Algorithm 里面选择 512KB 器件容量的“STM32F10x High - density Flash”（STM32F10x 系列

大密度 Flash）。然后选中“Reset and Run”选项，以实现在编程后自动启动，其他默认设置即可。

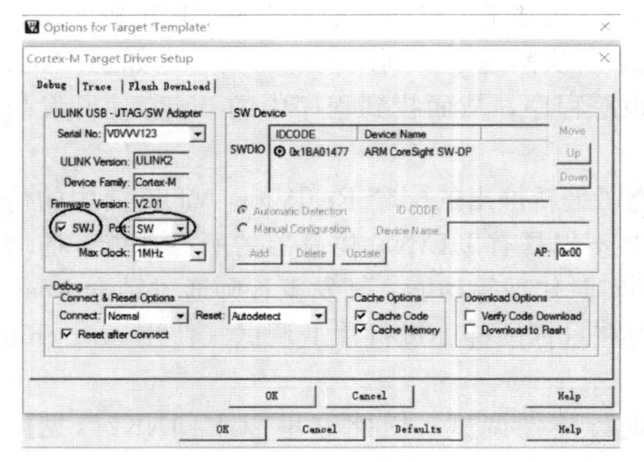

图 2.1.29 ULINK2 模式设置

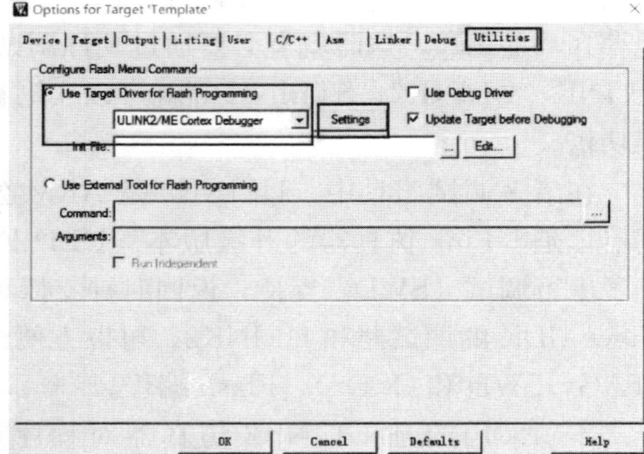

图 2.1.30 Flash 编程器选择

（5）单击 OK 按钮，回到 IDE 界面，如图 2.1.32 所示，编译工程，单击 按钮，代码便下载进入 STM32 的 Flash 了。

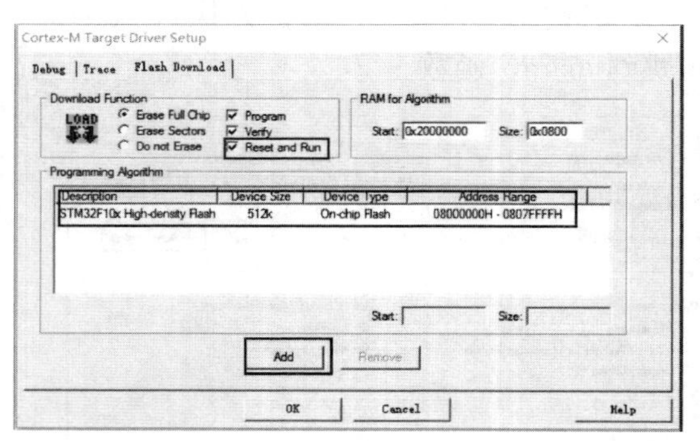

图 2.1.31 下载设置

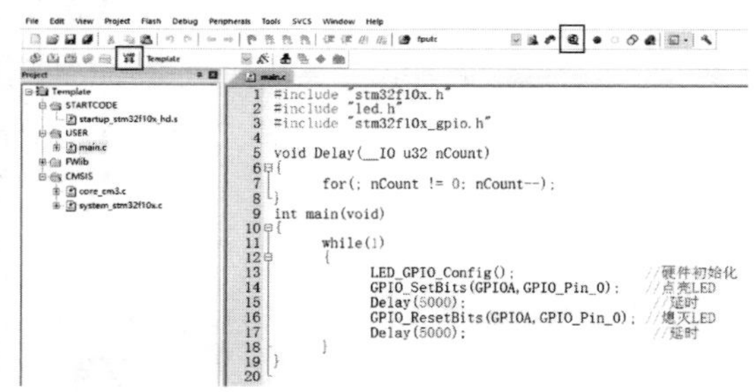

图 2.1.32 IDE 开发界面

（6）如图 2.1.32 所示，单击 按钮，可以开始在线硬件仿真了，具体操作方式和前面所述的软件仿真一样。不过这是真正在硬件上运行。不同于软件仿真，硬件仿真是利用底层系统板内运行程序，现象回读给计算机的过程，体现了程序在系统板的运行情况，与实际运行的一致性较好，是开发人员必备工具。

3. RVMDK 使用技巧

通过前面的学习，已经了解了如何在 RVMDK 里面建立属于自己的工程，并能初步正确下载和调试程序。下面，将向大家介绍 RVMDK 软件的一些使用技巧，这些技巧在程序开发过程中非常有用，能有效地加快程序开发速度，提高代码调试效率。

（1）MDK 界面文本设置。

MDK 界面文本设置其实就是 IDE 文本美化，主要是设置一些关键字、注释、数字等的颜色和字体。MDK 新建工程的界面如图 2.1.33 所示。

这是 MDK 默认的界面设置，MDK 提供了自定义字体大小和颜色等功能，可以在主选单

“Edit”栏下拉选单中选择“Configuration”（编辑配置对话框）弹出如图 2.1.34 所示界面。

图 2.1.33　新建工程界面

如图 2.1.35 所示，在该对话框中选择 Colors & Fonts 选项卡，在该选项卡内，就可以设置代码的字体和颜色了。由于使用的是 C 语言，故在 Text File Types 下面选择 ARM: Editor C Files 在右边就可以看到相应的元素了。然后单击各个元素修改为喜欢的颜色，当然也可以在 Font 栏设置字体的类型，以及字体的大小等。设置成之后，单击 OK 按钮，就可以在主界面看到修改后的结果了。

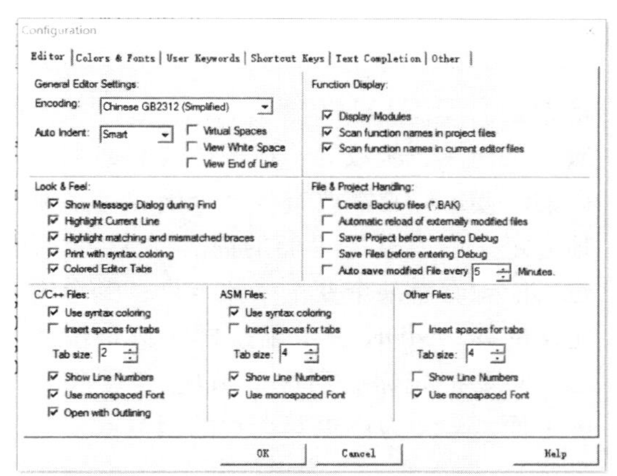

图 2.1.34　编辑配置对话框

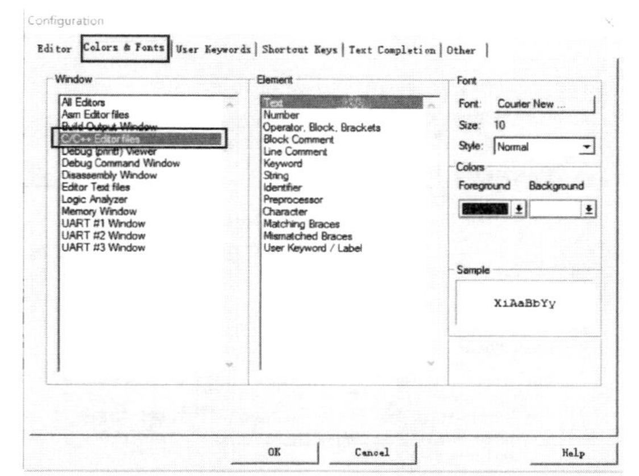

图 2.1.35　Colors & Fonts 选项卡

当然在这个编辑配置对话框里面，还可以对其他很多功能诸如快捷键、关键字、文本模板等进行设置，可以自己尝试摸索一下。

（2）代码编辑技巧 。

1）Tab 键的妙用。

首先要介绍的就是 Tab 键的使用，这个键在很多编译器里面都是用来空位的，每按一下移空几个位。如果你是经常编写程序的，对这个键一定很熟悉。但是 MDK 的 Tab 键和一般编译器的 Tab 键有不同的地方，和 C++的 Tab 键差不多。MDK 的 Tab 键支持块操作。也就是可以让一片代码整体右移固定的几个位，也可以通过 Shift+Tab 键整体左移固定的几个位。

假设前面的主函数如图 2.1.36（a）所示：主函数中短短的几行代码全部顶格编辑，没有层次感，如果代码量很大的话，会出现很大的编辑和阅读困难。看到这样的代码就可以通过 TAB 键的妙用来快速修改为比较规范的代码格式。具体方法就是，选中一块然后按 Tab 键，经过多次使用后，如图 2.1.36（b）所示：可以看到整块代码都跟着右移了一定距离，美观度和可读可编辑性都大大提高了。

2）快速定位函数/变量被定义的地方。

前面介绍了 Tab 键的功能，接下来介绍一下如何快速查看一个函数或者变量所定义的

```
1  #include "stm32f10x.h"
2  #include "led.h"
3  #include "stm32f10x_gpio.h"
4
5  void Delay(__IO u32 nCount)
6  {
7      for(; nCount != 0; nCount--);
8  }
9  int main(void)
10 {
11 while(1)
12 {
13 LED_GPIO_Config();                          //硬件初始化
14 GPIO_SetBits(GPIOA,GPIO_Pin_0);             //点亮LED
15 Delay(5000);                                //延时
16 GPIO_ResetBits(GPIOA,GPIO_Pin_0);           //熄灭LED
17 Delay(5000);                                //延时
18 }
19 }
20
```

(a)

```
1  #include "stm32f10x.h"
2  #include "led.h"
3  #include "stm32f10x_gpio.h"
4
5  void Delay(__IO u32 nCount)
6  {
7      for(; nCount != 0; nCount--);
8  }
9  int main(void)
10 {
11     while(1)
12     {
13         LED_GPIO_Config();                      //硬件初始化
14         GPIO_SetBits(GPIOA,GPIO_Pin_0);         //点亮LED
15         Delay(5000);                            //延时
16         GPIO_ResetBits(GPIOA,GPIO_Pin_0);       //熄灭LED
17         Delay(5000);                            //延时
18     }
19 }
20
```

(b)

图 2.1.36 TAB编辑的代码

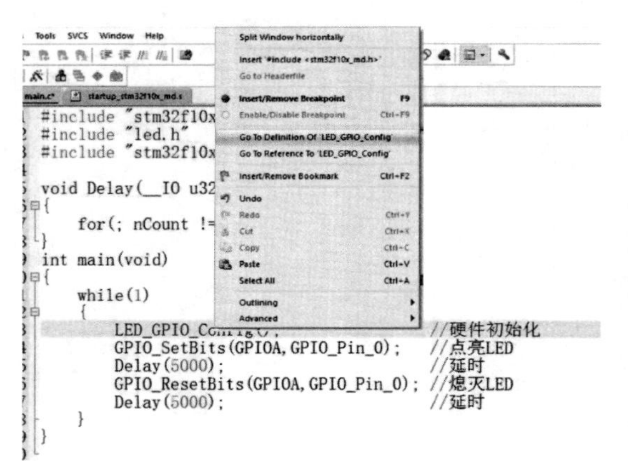

图 2.1.37 快速定位

地方。由于 STM32 官方库定义了大量的宏、结构体、函数等，在调试代码或编写代码的时候，经常需要查找某个函数是在哪个地方定义的，具体里面的内容是怎么样的，也可能想看看某个变量或数组是在哪个地方定义的等。MDK 提供了这样快速定位的功能。只要把光标放到这个函数/变量（xxx）的上面（xxx 为你想要查看的函数或变量的名字），然后右击，弹出如图 2.1.37 所示的选单栏。

在图 2.1.37 中，找到 Go to Definition Of 'LED _ GPIO _ Config' 这个地方，然后单击就可以快速跳到 LED _ GPIO _ Config 函数的定义处（注意要先在 Options for Target 的 Output 选项卡里面勾选 Browse Information 选项，再编译，再定位，否则无法定位!）。

对于变量，也可以按这样的操作快速来定位这个变量被定义的地方，大大缩短了查找代码的时间。当利用 Go to Definition/Reference 看完函数/变量的定义/申明后，又想返回之前的代码继续看，此时可以通过 IDE 上的⇦按钮（Back to previous position）快速地返回之前的位置。

3）快速注释与快速消注释。

接下来，介绍一下快速注释与快速消注释的方法。在调试代码的时候，你可能会想注释某一行或某一片的代码，MDK 提供了这样的快速注释/消注释块代码的功能：先选中要注释的代码区，然后右击，选择"Advanced→Comment Selection"就可以了；在某些时候，又希望这段注释的代码能快速地取消注释，同样方法，先选中被注释掉的地方，然后通过右击，选择"Advanced→Uncomment Selection"就可以了。

任务小结

本章主要学习如何在 RVMDK 开发环境下，建立一个基于 STM32 官方固件库 V3.5 的工程模板，下载程序到 STM32 程序存储器中，并进行相关的代码调试。通过本项目的学习，希望同学们对 STM32 官方固件库以及 RVMDK 软件有比较全面的了解。能够建立一个自己的 RVMDK 工程，掌握 MDK 下程序的下载和调试方法，为后续的学习打下一个基础。

必须强调的是，MDK 下 STM32 程序开发调试技巧的掌握是一项循序渐进的过程，需要大家在后面的学习中结合具体实例不断地反复练习体会，只有这样才能熟练使用这些技巧，在 STM32 系统开发中得心应手。

项目二　家用灯光照明系统的设计

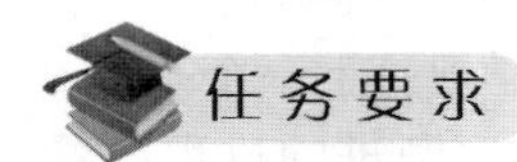

本项目设计家用灯光照明系统，使用LED发光二极管模拟家用灯光，使用独立按键模拟家用开关。任务要求通过8个按键分别控制8个LED发光二极管的亮灭。

一、具体功能

上电后，8个LED发光二极管保持熄灭状态，按下按键K1，点亮发光二极管L1，按下按键K2，点亮发光二极管L2，以此类推，每个按键控制对应的LED发光二极管。

二、学习目标

通过本项目的学习，了解STM32的芯片结构、时钟系统、GPIO引脚特性、GPIO寄存器等知识。掌握STM32的GPIO端口作为输入端口和输出端口的使用方法和程序设计。

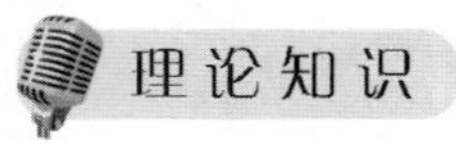

一、STM32F103XX系统简介

STM32系列处理器是基于为要求高性能、低成本、低功耗的嵌入式应用而设计的ARM Cortex - M3内核。其中STM32F系列有STM32F103“增强型”系列，STM32F101“基本型”系列，STM32F105、STM32F107“互联型”系列。STM32型号的命名有一定规则，以型号为STM32F103ZET6芯片为例，该型号的组成为7个部分，其命名规则如表2.2.1所示。

表2.2.1　　STM32系列命名规则

家族	STM32	STM32代表ARM Cortex - M内核的32位微控制器
产品类型	F	F代表芯片子系列
具体特性	103	103代表增强型系列
引脚数目	Z	代表引脚数：C代表48脚，R代表64脚，V代表100脚，Z代表144脚，I代表176脚，B表示208脚，N表示216脚
Flash大小	E	代表内嵌Flash容量：其中6代表32KB Flash，8代表64KB Flash，B代表128KB Flash，C代表256KB Flash，D代表384KB Flash，E代表512KB Flash，G代表1MB Flash
封装	T	代表封装：H代表BGA封装，T代表LQFP封装，U代表VFQFPN封装
温度	6	代表工作温度范围：其中6代表−40～85℃，7代表−40～105℃

1. STM32F103XX系列性能介绍

（1）系统内核。

1）使用ARM32位Cortex - M3内核，最高工作频率达到72MHz，代码吞吐量可达

1.25DMIPS/MHz；

2）支持单周期乘法和硬件除法。

（2）存储器。

1）片上集成 32～512KB 的 Flash 存储器；

2）片上集成 6～64KB 的 SRAM 存储器。

（3）系统时钟、复位和电源管理。

1）2.0～3.6V 的电源供电和 I/O 接口的驱动电压；

2）系统上电复位（POR）、掉电复位（PDR）和可编程的电压探测器（PVD）；

3）支持 4～16MHz 的晶振；

4）内嵌出厂前调校的 8MHz 内部振荡电路；

5）支持用于 CPU 时钟的锁相环 PLL；

6）支持带校准用于实时时钟 RTC 的 32kHz 的晶振。

（4）低功耗。

1）支持 3 种低功耗模式：休眠模式，停止模式，待机模式；

2）支持用于 RTC 和备份寄存器供电的 VBAT。

（5）调试模式。

支持串行调试（SWD）和 JTAG 接口调试。

（6）直接内存存取 DMA。

1）支持 12 通道 DMA 控制器；

2）支持如下外设：定时器 Timer，模数转换器 ADC，数模转换器 DAC，SPI 通信接口，IIC 接口和 USART 通信接口。

（7）三个 12 位的 μs 级的模数转换器 ADC。

1）模数转换器包含 16 路通道；

2）模数转换器测量范围为 0～3.6V；

3）双通道采样并支持数据保存。

（8）最多包含 112 个的快速输入/输出（I/O）端口。

1）根据型号的不同，有 26，37，51，80 和 112 的输入/输出端口，所有的端口都可以映射为 16 个外部中断向量；

2）除了模拟输入引脚之外，所有引脚都可以容忍 5V 电压的输入信号。

（9）最多支持 11 个定时器。

1）支持 4 个 16 位定时器，每个定时器有 4 个 IC/OC/PWM 或者脉冲计数器；

2）支持 2 个 16 位的 6 通道高级控制定时器，最多 6 个通道可用于 PWM 信号输出；

3）支持 2 个看门狗定时器（独立看门狗定时器和窗口看门狗定时器）；

4）支持 Systick 定时器，即 24 位倒数计数器；

5）支持 2 个 16 位基本定时器用于驱动数模转换器 DAC。

（10）最多包含 13 个通信接口。

1）支持 2 个 IIC 接口，分别为 SMBus/PMBus；

2）支持 5 个 USART 接口；

3）支持 3 个速率为 18 Mbit/s 的 SPI 接口，其中两个和 IIC 接口复用；

4）支持1个CAN接口；

5）支持1个USB 2.0全速接口；

6）支持1个SDIO接口。

2. STM32F103XX芯片总体结构

STM32F103XX系列处理器的系统主要由4个驱动单元和3个被动单元构成。

（1）4个驱动单元：分别为Cortex-M3内核指令总线I-bus、数据总线D-bus、系统总线S-bus。除此之外，还包含了一个通用DMA，即GP-DMA。

（2）3个被动单元：分别为内部SRAM、内部闪存存储器Flash，以及AHB到APB桥接器（Bridge）。桥接器主要用来连接所有的APB设备。

STM32F103XX芯片的总体结构框图如图2.2.1所示。内部总线和两条APB总线将片上系统和外部设备资源紧密连接起来，其中内部总线是主系统总线，连接CPU、存储器和系统时钟信号灯。APB1总线连接高速外设，APB2总线连接系统外设和中断控制。下面具体讲解图中的总线：

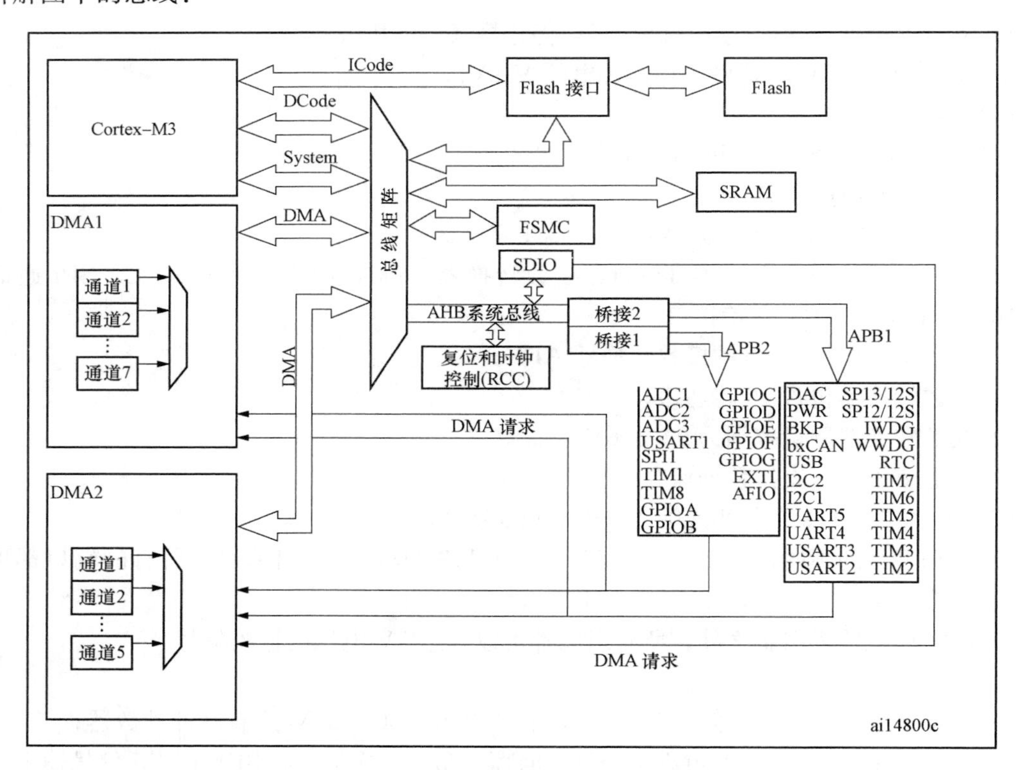

图2.2.1　STM32F103XX芯片的总体结构

1）指令总线ICode：该总线将M3内核指令总线和闪存指令接口相连，指令的预取在该总线上面完成。

2）数据总线DCode：该总线将M3内核的数据总线与闪存存储器的数据接口相连接，常量加载和调试访问在该总线上面完成。

3）系统总线System：该总线连接M3内核的系统总线到总线矩阵，总线矩阵协调内核和DMA间访问。

4）DMA 总线：该总线将 DMA 的 AHB 主控接口与总线矩阵相连，总线矩阵协调 CPU 的数据总线和 DMA 到 SRAM、Flash 和外部设备的访问。

5）总线矩阵：总线矩阵协调内核系统总线和 DMA 主控总线之间的访问仲裁，仲裁利用轮换算法。

6）AHB/APB 桥：这两个桥在 AHB 和 2 个 APB 总线间提供同步连接，APB1 操作速度限于 36MHz，APB2 操作速度全速。

3. STM32 时钟系统

计算机是一个十分复杂的电子设备，它由各种集成电路和电子器件组成，每一块集成电路中都集成了数以万计的晶体管和其他电子元件。这样一个十分庞大的系统，要使它能够正常地工作，就必须有一个指挥，对各部分的工作进行协调。各个元件的动作就是在其指挥下按不同的先后顺序完成自己的操作的，这个先后顺序称为时序。时序是计算机中一个非常重要的概念，如果时序出现错误，就会使系统发生故障，甚至死机。那么是谁来产生和控制操作时序呢？这就是“时钟”。时钟系统是 CPU 的脉搏，就像人的心跳一样。STM32 的时钟系统比较复杂，不像简单的 51 单片机只需要使用一个系统时钟。为什么 STM32 要有多个时钟源呢？首先，因为 STM32 本身非常复杂，外设非常多，但是并不是所有外设都需要系统时钟这么高的频率，比如看门狗以 RTC 只需要几十 kHz 的时钟即可。同一个电路，时钟越快功耗越大，同时抗电磁干扰能力也会越弱，所以对于较为复杂的 MCU 一般都是采取多时钟源的方法来解决这些问题的。

图 2.2.2 是 STM32 的时钟系统图，在 STM32 中，有 5 个时钟源，为 HIS、HSE、LSI、LSE、PLL。从时钟频率来分，可以分为高速时钟源和低速时钟源，在这 5 个时钟源中 HIS、HSE 以及 PLL 是高速时钟，LSI 和 LSE 是低速时钟。从来源可分为外部时钟源和内部时钟源，外部时钟源就是从外部通过接晶振的方式获取时钟源，其中 HSE 和 LSE 是外部时钟源，其他的是内部时钟源。下面讲解 STM32 的 5 个时钟源：

（1）HSI 是高速内部时钟，RC 振荡器，频率为 8MHz。

（2）HSE 是高速外部时钟，可接石英/陶瓷谐振器，或者接外部时钟源，频率范围为 4～16MHz。

（3）LSI 是低速内部时钟，RC 振荡器，频率为 40kHz。独立看门狗的时钟源只能是 LSI，同时 LSI 还可以作为 RTC 的时钟源。

（4）LSE 是低速外部时钟，接频率为 32.768kHz 的石英晶体。这个主要是 RTC 的时钟源。

（5）PLL 为锁相环倍频输出，其时钟输入源可选择为 HSI/2、HSE 或者 HSE/2。倍频可选择为 2～16 倍，但是其输出频率最大不得超过 72MHz。

那么这 5 个时钟源是怎么给各个外部设备以及系统提供时钟的呢？图 2.2.2 描述了 STM32 的时钟系统图。

（1）MCO 是 STM32 的一个时钟输出 IO（PA8），可以选择一个时钟信号输出，可以选择为 PLL 输出的 2 分频、HSI、HSE 或者系统时钟。MCO 时钟可以用来给外部其他系统提供时钟源。

（2）RTC 时钟源，可以选择 LSI，LSE，以及 HSE 的 128 分频。

（3）USB 的时钟是来自 PLL 时钟源。STM32 中有一个全速功能的 USB 模块，其串行

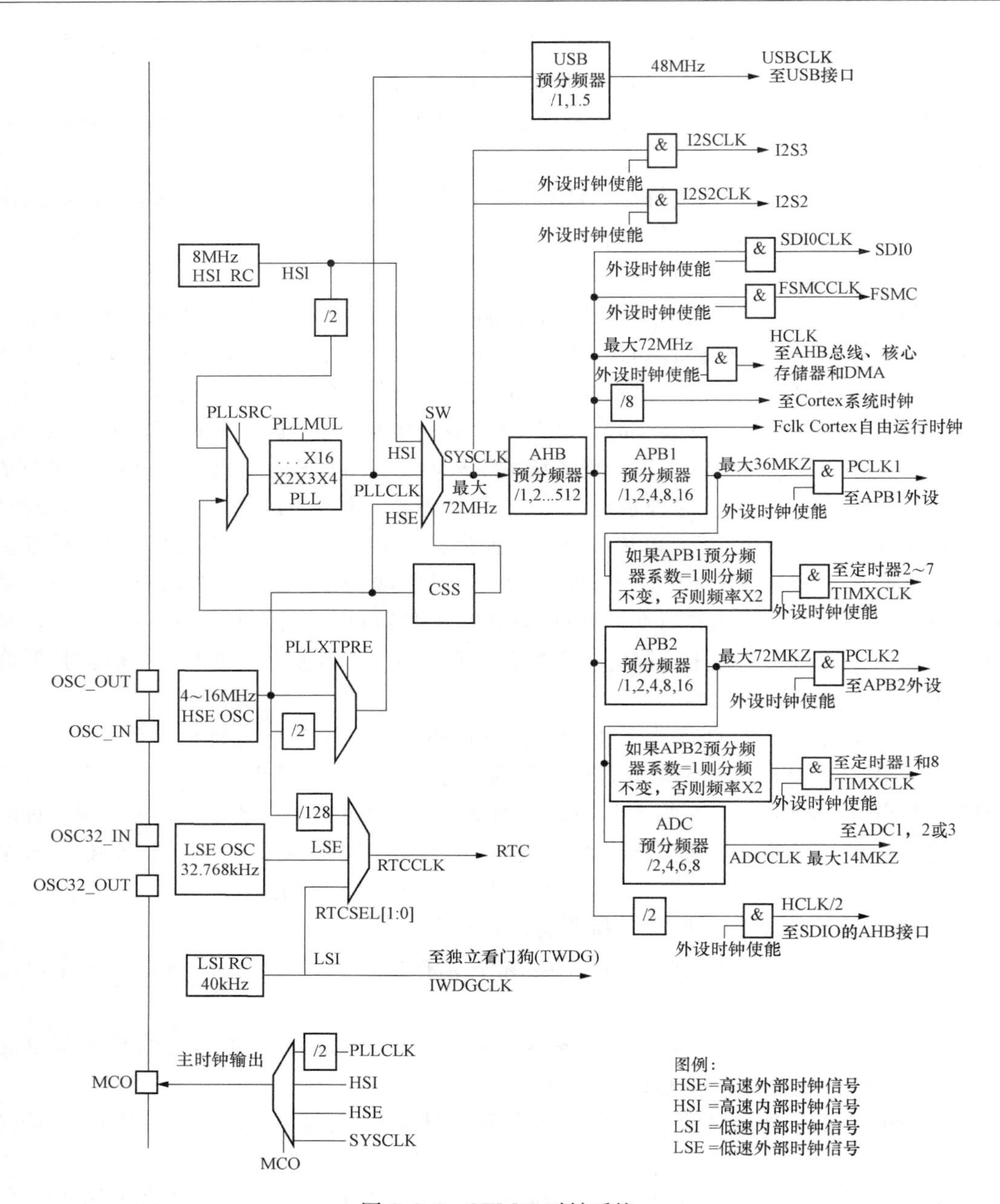

图 2.2.2　STM32 时钟系统

接口引擎需要一个频率为 48MHz 的时钟源。该时钟源只能从 PLL 输出端获取，可以选择为 1.5 分频或者 1 分频，也就是，当需要使用 USB 模块时，PLL 必须使能，并且时钟频率配置为 48MHz 或 72MHz。

（4）STM32 的系统时钟 SYSCLK，是供 STM32 中绝大部分部件工作的时钟源。系统时钟可选择为 PLL 输出、HSI 或者 HSE。系统时钟最大频率为 72MHz，也可以超频，不过一般情况为了系统稳定性是没有必要冒风险去超频的。

（5）其他所有外设的时钟最终来源都是 SYSCLK。SYSCLK 通过 AHB 分频器分频后送给各模块使用。这些模块包括：

1）AHB总线、内核、内存和DMA使用的HCLK时钟。

2）通过8分频后送给Cortex的系统定时器时钟，也就是systick。

3）直接送给Cortex的空闲运行时钟FCLK。

4）送给APB1分频器。APB1分频器输出一路供APB1外设使用（PCLK1，最大频率36MHz），另一路送给定时器（Timer）2、3、4倍频器使用。

5）送给APB2分频器。APB2分频器分频输出一路供APB2外设使用（PCLK2，最大频率72MHz），另一路送给定时器（Timer）1倍频器使用。

其中需要理解的是APB1和APB2的区别，APB1上面连接的是低速外设，包括电源接口、备份接口、CAN、USB、I2C1、I2C2、UART2、UART3等；APB2上面连接的是高速外设包括UART1、SPI1、Timer1、ADC1、ADC2、所有普通I/O口（PA～PE）、第二功能IO口等。另外，需要注意的是，定时器的时钟不是直接来自APB1或APB2，而是来自于输入为APB1或APB2的一个倍频器。以TIM2～TIM7的时钟说明倍频器的作用，当APB1的预分频系数为1时，倍频器不起作用，定时器的时钟频率等于APB1的频率；当APB1的预分频系数为其他数值（即预分频系数为2、4、8或16）时，倍频器起作用，定时器的时钟频率等于APB1的频率两倍。通过倍频器给定时器时钟的好处是，APB1不但要给TIM2～TIM7提供时钟，还要为其他的外设提供时钟；设置倍频器可以保证在其他外设使用较低时钟频率时，TIM2～TIM7仍然可以得到较高的时钟频率。

STM32时钟系统的配置除了初始化的时候在system_STM32f10x.c中的SystemInit()函数中外，其他的配置主要在STM32f10x_rcc.c文件中，里面有很多时钟设置函数，可以打开这个文件浏览。在设置时钟的时候，一定要仔细参考STM32的时钟图。这里需要指明一下，对于系统时钟，默认情况下是在SystemInit函数的SetSysClock()函数中间判断的，而设置是通过宏定义设置的。查看SetSysClock()函数体：

```
static void SetSysClock(void)
{
  #ifdef SYSCLK_FREQ_HSE
  SetSysClockToHSE();
  #elif defined SYSCLK_FREQ_24MHz
  SetSysClockTo24();
  #elif defined SYSCLK_FREQ_36MHz
  SetSysClockTo36();
  #elif defined SYSCLK_FREQ_48MHz
  SetSysClockTo48();
  #elif defined SYSCLK_FREQ_56MHz
  SetSysClockTo56();
  #elif defined SYSCLK_FREQ_72MHz
  SetSysClockTo72();
  #endif
}
```

以上代码是判断系统宏定义的时钟是多少，然后设置相应值。系统默认宏定义是 72MHz：

```
#define SYSCLK_FREQ_72MHz   72000000
```

如果要设置为 36MHz，只需要注释掉上面代码，然后加入下面代码即可：

```
#define SYSCLK_FREQ_36MHz   36000000
```

同时还要注意的是，当设置好系统时钟后，可以通过变量 SystemCoreClock 获取系统时钟值，如果系统是 72MHz 时钟，那么 SystemCoreClock＝72000000。这是在 system _ STM32f10x. c 文件中设置的：

```
#ifdef SYSCLK_FREQ_HSE
uint32_t SystemCoreClock    = SYSCLK_FREQ_HSE;
#elif defined SYSCLK_FREQ_36MHz
uint32_t SystemCoreClock    = SYSCLK_FREQ_36MHz;
#elif defined SYSCLK_FREQ_48MHz
uint32_t SystemCoreClock    = SYSCLK_FREQ_48MHz;
#elif defined SYSCLK_FREQ_56MHz
uint32_t SystemCoreClock    = SYSCLK_FREQ_56MHz;
#elif defined SYSCLK_FREQ_72MHz
uint32_t SystemCoreClock    = SYSCLK_FREQ_72MHz;
#else
uint32_t SystemCoreClock    = HSI_VALUE;
#endif
```

这里总结一下 SystemInit()函数中设置的系统时钟大小：

```
SYSCLK(系统时钟) = 72MHz
AHB 总线时钟(使用 SYSCLK) = 72MHz
APB1 总线时钟(PCLK1) = 36MHz
APB2 总线时钟(PCLK2) = 72MHz
PLL 时钟 = 72MHz
```

二、GPIO 接口模块

I/O 接口是一个微控制器必须具备的最基本的外设功能，通常在 ARM 里，所有的 I/O 都是通用的，称为 GPIO（General Purpose Input/Output）。在 STM32 中，每个 GPIO 端口包含 16 个引脚，如 PA 端口是 PA[0:15]，每个 GPIO 端口位可以自由编程。GPIO 可以作为通用 I/O 口使用，也可以驱动 LED 或其他指示器、控制片外器件或片外器件通信、检测静态输入。在 STM32F103XX 系列处理器中，芯片中的绝大部分 GPIO 引脚除了能够作为通用输入/输出端口外，还可以具有第二功能，第三功能，即 GPIO 端口的复用功能。用户可以通过引脚连接模块将引脚连接到不同的功能模块。需要注意的是，用户在使用芯片中的任何一个功能模块之前，都必须对当前功能模块的引脚进行连接配置，否则芯片将使用默认的连接。

1. GPIO 引脚特性

GPIO 端口是一个微控制器必须具备的最基本外设功能，GPIO 端口可以用作多个用途，包括引脚设置、单元设置、功能锁定机制、从 GPIO 端口引脚读入数据，以及向 GPIO 端口引脚写入数据等。在 STM32 中，用户对 GPIO 的使用相对比较灵活，具体使用方法如下：

（1）实现对单个引脚输入/输出的控制；

（2）实现对多个引脚输入/输出的控制；

（3）实现对单个或多个引脚的清零（写 0）或置位（写 1）操作。

在 STM32 系列处理器芯片所有的 GPIO 端口中，引脚的最大输入容忍电压为 5V，即当用户将 GPIO 端口作为输入端口使用的时候，其电压不能超过 5V，否则会损坏芯片。

2. GPIO 引脚模式分析

STM23 的每个 GPIO 引脚都可以由软件配置成输出（推挽或开漏），输入（带或不带上拉或下拉）或复用的外设功能端口。多数 GPIO 引脚与数字或模拟的复用外设共用，除了具有模拟输入（ADC）功能的管脚之外，其他的 GPIO 引脚都有大电流通过能力，GPIO 有如下 8 种模式：

（1）模拟输入：应用于 ADC 模拟输入；

（2）输入浮空：输入电平必须由外部电路确定，要根据具体电路加外部上拉电阻或下拉电阻，可以做按键识别；

（3）输入下拉：打开 GPIO 内部下拉电阻；

（4）输入上拉：打开 GPIO 内部上拉电阻；

（5）开漏输出：输出端相当于三极管的集电极，要得到高电平状态需要上拉电阻。适合于做电流型的驱动，其吸收电流的能力相对强（一般 20ma 以内），能驱动大电流和大电压；

（6）推挽输出：可以输出高、低电平，连接数字器件。推挽式输出输出电阻小，带负载能力强；

（7）复用功能开漏输出：复用是指该引脚打开 remap 功能；

（8）复用功能推挽输出：复用是指该引脚打开 remap 功能。

对应到 STM32 库文件中的定义如下：

```
typedef enum
{
GPIO_Mode_AIN = 0x0, //模拟输入
  GPIO_Mode_IN_FLOATING = 0x04, //输入浮空
  GPIO_Mode_IPD = 0x28, //输入下拉
  GPIO_Mode_IPU = 0x48, //输入上拉
  GPIO_Mode_Out_OD = 0x14, //开漏输出
  GPIO_Mode_Out_PP = 0x10, //推挽输出
  GPIO_Mode_AF_OD = 0x1C,//复用功能开漏输出
  GPIO_Mode_AF_PP = 0x18 //复用功能推挽输出
}GPIOMode_TypeDef;
```

3. GPIO 寄存器分析

STM32 的每个 I/O 端口都有 7 个寄存器来控制，分别是 2 个端口配置寄存器，每个端口有 0～15 总共 16 个引脚；2 个描述输入和输出的寄存器；1 个端口设置/清除寄存器，负责引脚输出高电平或低电平；1 个端口清除寄存器和 1 个端口配置锁定寄存器，在需要的情

况下，GPIO 引脚的外设功能可以通过一个特定的操作锁定，以避免意外地写入 GPIO 寄存器。在此，总结一下 STM32 的 GPIO 控制寄存器的作用：

（1）GPIOx _ CRL 和 GPIOx _ CRH 寄存器用于控制 GPIO 引脚的方向和速率以及驱动模式；

（2）GPIOx _ ODR 寄存器用于控制 GPIO 输出高电平还是低电平；

（3）GPIOx _ IDR 寄存器用于存储 GPIO 当前的输入状态（高低电平）；

（4）GPIOx _ BSRR 寄存器用于直接对 GPIO 端某一位直接进行设置和清除操作，可以方便地直接修改某一个引脚的高低电平；

（5）GPIOx _ BRR 寄存器用于清除某端口的某一位为 0，如果该寄存器某位为 0，那么它所对应的那个引脚位不产生影响；如果该寄存器某位为 1，则清除对应的引脚位；

（6）GPIOx _ LCKR 用来锁定端口的配置，当对相应的端口位执行了 LOCK 序列后，在下次系统复位之前将不能再更改端口位的配置。

下面分析常用的两个 32 位配置寄存器 GPIOx _ CRL 和 GPIOx _ CRH，CRL 和 CRH 控制着每个 GPIO 口的模式及输出速率，端口低配置寄存器 GPIOx _ CRL 的描述如表 2.2.2 所示。

表 2.2.2　　GPIOx _ CRL（x＝A～G 端口配置低寄存器 x＝A…E）寄存器描述

31	30	29	28	27	26	25	24
CNF7[1:0]		MODE7[1:0]		CNF6[1:0]		MODE6[1:0]	
23	22	21	20	19	18	17	16
CNF5[1:0]		MODE5[1:0]		CNF4[1:0]		MODE4[1:0]	
15	14	13	12	11	10	9	8
CNF3[1:0]		MODE3[1:0]		CNF2[1:0]		MODE2[1:0]	
7	6	5	4	3	2	1	0
CNF1[1:0]		MODE1[1:0]		CNF0[1:0]		MODE0[1:0]	

位 31～位 30：CNFy[1:0]，端口 x 配置位（y＝0…7）；

位 27～位 26：配置相应 I/O 端口；

位 23～位 22：在输入模式（MODE[1:0]＝00）；

位 19～位 18：设置为 00 表示模拟输入模式；

位 15～位 14：设置为 01 表示浮空输入模式；

位 11～位 10：设置为 10 表示下拉/上拉输入模式；

位 7～位 6：设置为 11，保留；

位 3～位 2：在输出模式（MODE[1:0]>00）时，设置为 00 表示通用推挽输出模式；设置为 01 表示通用开漏输出模式；设置为 10 表示复用功能推挽输出模式；设置为 11 表示复用功能开漏输出模式；

位 29～位 28：MODEy[1:0]，端口 x 的模式位（y＝0…7）；

位 25～位 24：配置相应 I/O 端口；

位 21～位 20：设置为 00 表示输入模式（复位后的状态）；

位 17～位 16：设置为 01 表示输出模式，最大速度 10MHz；

位 13～位 12：设置为 10 表示输出模式，最大速度 2MHz；

位 9～位 8，位 5～位 4：设置为 11 表示输出模式，最大速度 50MHz。

该寄存器的复位值为 0X4444 4444（4 化成二进制为 0100），复位值是配置端口为浮空输入模式。STM32 的 CRL 控制着每个 I/O 端口（A～G）的低 8 位的模式。每个 I/O 端口的位占用 CRL 的 4 个位，高两位为 CNF，低两位为 MODE。这里可以记住几个常用的配置，比如 0X0 表示模拟输入模式（ADC 用）、0X3 表示推挽输出模式（做输出端口用，50MHz 速率）、0X8 表示上/下拉输入模式（做输入端口用）、0XB 表示复用输出（使用 I/O 口的第二功能）。

STM32 的 I/O 端口位配置表如表 2.2.3 所示。

表 2.2.3　　STM32 的 I/O 端口位配置表

<table>
<tr><th colspan="2">配置模式</th><th>CNF1</th><th>CNF0</th><th>MODE1</th><th>MODE0</th><th>PxODR 寄存器</th></tr>
<tr><td rowspan="2">通用输出</td><td>推挽式（Push-Pull）</td><td rowspan="2">0</td><td>0</td><td colspan="2" rowspan="4">01
10
11</td><td>0 或 1</td></tr>
<tr><td>开漏（Open-Drain）</td><td>1</td><td>0 或 1</td></tr>
<tr><td rowspan="2">复用功能输出</td><td>推挽式（Push-Pull）</td><td rowspan="2">1</td><td>0</td><td>不适用</td></tr>
<tr><td>开漏（Open-Drain）</td><td>1</td><td>不适用</td></tr>
<tr><td rowspan="4">输入</td><td>模拟输入</td><td rowspan="2">0</td><td>0</td><td colspan="2" rowspan="4">00</td><td>不适用</td></tr>
<tr><td>浮空输入</td><td>1</td><td>不适用</td></tr>
<tr><td>下拉输入</td><td rowspan="2">1</td><td rowspan="2">0</td><td>0</td></tr>
<tr><td>上拉输入</td><td>1</td></tr>
</table>

STM32 输出模式配置如表 2.2.4 所示，GPIOx _ CRL 寄存器 MODE 配置位的选项，不同的配置就会产生不同的速率。

表 2.2.4　　STM32 输出模式配置

MODE[1:0]	意义	MODE[1:0]	意义
00	保留	10	最大输出速度为 2MHz
01	最大输出速度为 10MHz	11	最大输出速度为 50MHz

GPIOx _ CRH 的作用和 GPIOx _ CRL 完全一样，只是 GPIOx _ CRL 控制的是低 8 位输出口，而 GPIOx _ CRH 控制的是高 8 位输出口。举个例子，比如要设置 GPIOB 的第 12 位引脚为上拉输入，第 13 位引脚为推挽输出。代码如下：

```
GPIOB->CRH& = 0XFF00FFFF;  //清除 2 个位原来的设置,同时也不影响其他位的设置
GPIOB->CRH| = 0X00380000;  //设置 PB12 为输入,PB13 为输出
GPIOB->ODR = 1<<12;  //设置 PB12 为上拉输入(1 往右移 12 个位,从 PB0 开始,相当于把二进制 1
0000 0000 0000 赋值给 GPIOB_ODR,刚好对应了 PB12)
```

通过以上 3 行的配置，就可以设置 PB12 为上拉输入，PB13 为推挽输出。

GPIOx _ IDR 是端口输入数据寄存器，通过读这个寄存器可以获取某个 I/O 口的状态，

IDR寄存器只用了低16位。该寄存器为只读寄存器，并且只能以16位的形式读出。该寄存器各位的描述如表2.2.5所示。

表2.2.5 GPIO_IDR寄存器描述

15	14	13	12	11	10	9	8
IDR15	IDR14	IDR13	IDR12	IDR11	IDR10	IDR9	IDR8
7	6	5	4	3	2	1	0
IDR7	IDR6	IDR5	IDR4	IDR3	IDR2	IDR1	IDR0

GPIOx_ODR是端口输出数据寄存器，其作用就是控制端口的输出，对ODR对应寄存器位置1即对应的GPIO引脚就会输出高电平。该寄存器也只用了低16位，并且该寄存器可读可写，如果读该寄存器，读出来的数据都是0，所以读是没有意义的；只有写是有效的，该寄存器的各位描述如表2.2.6所示。

表2.2.6 GPIO_ODR寄存器描述

15	14	13	12	11	10	9	8
ODR15	ODR14	ODR13	ODR12	ODR11	ODR10	ODR9	ODR8
7	6	5	4	3	2	1	0
ODR7	ODR6	ODR5	ODR4	ODR3	ODR2	ODR1	ODR0

关于GPIO的输出模式下几种速度的区别：2、10、50MHz，可以理解为输出驱动电路的不同响应速度，芯片内部在I/O口的输出部分安排了多个响应速度不同的输出驱动电路，用户可以根据自己的需要选择合适的驱动电路，通过选择速度来选择不同的输出驱动电路模块，达到最佳的噪声控制和降低功耗的目的。

那为什么要几种速率呢？如果选择了不合适的速率会有什么影响呢？芯片引脚的速度就好比是信号收发的频率，速度快就表示信号收发的频率高；如果信号频率为10MHz，但却配置了2MHz的带宽，那么就会丢失很多数据，很多数据点截取不到，这个10MHz的方波很可能就变成了正弦波。好比是公路的设计时速，汽车速度低于设计时速时，可以平稳地运行，如果超过设计时速就会颠簸，甚至翻车。所以芯片引脚的输入输出速率可以理解为，输出驱动电路的带宽，即一个驱动电路可以不失真地通过信号的最大频率；如果一个信号的频率超过了驱动电路的响应速度，就有可能信号失真。带宽速度高的驱动器耗电大、噪声也大，带宽低的驱动器耗电小、噪声也小；比如高频的驱动电路，噪声也高，当不需要高的输出频率时，可以选用低频驱动电路，有利于提高系统的EMI性能。如果要输出较高频率的信号，但却选用了较低频率的驱动模块，很可能会得到失真的输出信号。选择合适速率的关键是GPIO的引脚速度跟应用匹配，比如：

(1) USART串口，若最大波特率只需115.2kHz，1MHz等于1000kHz，那可以设置2MHz的速度，既省电也噪声小。

(2) I^2C接口，若使用400kHz波特率，也可以选用2MHz的速度；若想把余量留大些，可以选用10MHz的引脚速度。

(3) SPI接口，若使用18MHz或9MHz波特率，需要选用50MHz的GPIO引脚速度，一定要使得 GPIO 的速度大于外部应用的速度。

上文提到了波特率，什么是波特率呢？波特率是指数据信号对载波的调制速率，它用单位时间内载波调制状态改变的次数来表示。波特率一次传输一个数据对象，而数据对象可能是几个比特（bit），所以波特率与比特率是有区别的。

比特率是数字信号的传输速率，它用单位时间内传输的二进制代码的有效位（bit）数来表示，其单位为每秒比特数 bit/s（b/s）、每秒千比特数（kb/s）或每秒兆比特数（Mb/s）来表示（此处 k 和 M 分别为 1000 和 1 000 000）。

波特率与比特率的关系为：比特率＝波特率×单个调制状态对应的二进制位数。

三、寄存器地址分析

1. MDK 中寄存器地址名称映射分析

在 51 单片机中，直接对寄存器进行操作会降低代码的可读性，一般会将变量名称和寄存器联系起来，对变量进行操作。51 单片机开发中经常会引用一个 reg51. h 的头文件，在头文件中有如下定义行：

```
sfr P0 = 0x80;
```

sfr 是一种扩充数据类型，使用一个值域为 0～255 的内存单元，利用它可以定义 51 单片机内部的所有专用寄存器，从而在程序中直接访问它们。例如：

```
sfr P0 = 0x80;//专用寄存器 P0 的地址是 0x80,对应 P0 口的 8 个 I/O 引脚
```

在接下来的程序中就可以直接使用 P0 这个专用寄存器了，例如向地址为 0x80 的寄存器写 0，可以使用如下语句：

```
P0 = 0x00;//将 P0 口的 8 位 I/O 端口全部清零
```

那么在 STM32 中，是否也可以这样做呢？答案是肯定的，也可以通过类似的方式来做，但是 STM32 因为寄存器太多，如果以这样的方式一一列出来，需要很大的篇幅，既不方便开发，也显得太杂乱无序。所以 MDK 采用的方式是通过结构体来将寄存器组织在一起。通常情况下，寄存器的定义是在 STM32f10x. h 文件中完成的，下面通过 GPIOA 的寄存器的地址进行讲解。

首先查看寄存器地址映射表如图 2. 2. 3 所示。

从图 2. 2. 3 可以看出，GPIOA 的 7 个寄存器都是 32 位的，每个寄存器占用 4 个地址，一共占用 28 个地址，地址偏移范围为（000h～01Bh）。地址偏移是相对 GPIOA 的基地址而言的。因为 GPIO 都是挂载在 APB2 总线上，所以它的基地址是由 APB2 总线的基地址加上 GPIOA 在 APB 总线上的偏移地址决定的。打开文件 STM32f10x. h 定位到 GPIO _ TypeDef 定义处：

```
typedef struct
{
    IO uint32_t CRL;
    IO uint32_t CRH;
    IO uint32_t IDR;
    IO uint32_t ODR;
    IO uint32_t BSRR;
```

偏移	寄存器	31	30	29	28	27	26	25	24	23	22	21	20	19	18	17	16	15	14	13	12	11	10	9	8	7	6	5	4	3	2	1	0
000h	GPIOx_CRL	CNF7 [1:0]		MODE7 [1:0]		CNF6 [1:0]		MODE6 [1:0]		CNF5 [1:0]		MODE5 [1:0]		CNF4 [1:0]		MODE4 [1:0]		CNF3 [1:0]		MODE3 [1:0]		CNF2 [1:0]		MODE2 [1:0]		CNF1 [1:0]		MODE1 [1:0]		CNF0 [1:0]		MODE0 [1:0]	
	复位值	0	1	0	1	0	1	0	1	0	1	0	1	0	1	0	1	0	1	0	1	0	1	0	1	0	1	0	1	0	1	0	1
004h	GPIOx_CRH	CNF15 [1:0]		MODE15 [1:0]		CNF14 [1:0]		MODE14 [1:0]		CNF13 [1:0]		MODE13 [1:0]		CNF12 [1:0]		MODE12 [1:0]		CNF11 [1:0]		MODE11 [1:0]		CNF10 [1:0]		MODE10 [1:0]		CNF9 [1:0]		MODE9 [1:0]		CNF8 [1:0]		MODE8 [1:0]	
	复位值	0	1	0	1	0	1	0	1	0	1	0	1	0	1	0	1	0	1	0	1	0	1	0	1	0	1	0	1	0	1	0	1
008h	GPIOx_IDR	保留																IDR[15:0]															
	复位值																	0	0	0	0	0	0	0	0	0	0	0	0	0	0	0	0
00Ch	GPIOx_ODR	保留																ODR[15:0]															
	复位值																	0	0	0	0	0	0	0	0	0	0	0	0	0	0	0	0
010h	GPIOx_BSRR	BR[15:0]																BSR[15:0]															
	复位值	0	0	0	0	0	0	0	0	0	0	0	0	0	0	0	0	0	0	0	0	0	0	0	0	0	0	0	0	0	0	0	0
014h	GPIOx_BRR	保留																BR[15:0]															
	复位值																	0	0	0	0	0	0	0	0	0	0	0	0	0	0	0	0
018h	GPIOx_LCKR	保留															LCKK	LCK[15:0]															
	复位值																0	0	0	0	0	0	0	0	0	0	0	0	0	0	0	0	0

图 2.2.3　GPIO 寄存器地址映射

```
    IO uint32_t BRR;
    IO uint32_t LCKR;
} GPIO_TypeDef;
```

然后定位到：

```
#defineGPIOA((GPIO_TypeDef * )GPIOA_BASE)
```

可以看出，GPIOA 是将 GPIOA _ BASE 强制转换为 GPIO _ TypeDef 指针，即 GPIOA 指向地址 GPIOA _ BASE，GPIOA _ BASE 存放的数据类型为 GPIO _ TypeDef。双击“GPIOA _ BASE”选中之后右键选中“Go to definition of”，便可查看 GPIOA _ BASE 的宏定义：

```
#define GPIOA_BASE(APB2PERIPH_BASE + 0x0800)
```

依次类推，可以找到最顶层：

```
#define APB2PERIPH_BASE(PERIPH_BASE + 0x10000)
#define PERIPH_BASE((uint32_t)0x40000000)
```

所以可以算出 GPIOA 的基地址位是 0x40000000＋0x10000＋0x0800，即 0x40010800。使用同样的方法，可以推算出其他外设的基地址。

根据 GPIOA 的各个寄存器对于 GPIOA 基地址的偏移地址，也可以算出来每个寄存器的地址。GPIOA 的寄存器的地址＝GPIOA 基地址＋寄存器相对 GPIOA 基地址的偏移地址。

那么在结构体里面寄存器又是怎么与地址一一对应的呢？这里就涉及到结构体的一个特征，那就是结构体存储的成员的地址是连续的。GPIOA 是指向 GPIO _ TypeDef 类型的指针，又由于 GPIO _ TypeDef 是结构体，所以自然而然就可以算出 GPIOA 指向的结构体成员变量对应地址。对比 GPIO _ TypeDef 定义中的成员变量的顺序和 GPIOx 寄存器地址映像可以发现，他们的顺序是一致的，如果不一致，就会导致地址混乱了。GPIOA 各寄存器实际地址表如表 2.2.7 所示。

表 2.2.7　GPIOA 各寄存器实际地址表

寄存器	偏移地址	实际地址＝基地址＋偏移地址
GPIOA－>CRL	0x00	0x40010800＋0x00
GPIOA－>CRH	0x04	0x40010800＋0x04
GPIOA－>IDR	0x08	0x40010800＋0x08
GPIOA－>ODR	0x0c	0x40010800＋0x0c
GPIOA－>BSRR	0x10	0x40010800＋0x10
GPIOA－>BRR	0x14	0x40010800＋0x14
GPIOA－>LCKR	0x18	0x40010800＋0x18

例如：

```
GPIOA - >BRR = value;//设置地址为 0x40010800 + 0x014(BRR 偏移量) = 0x40010814 的寄存器 BRR 的值
```

这句语句和 51 单片机的语句 P0＝value；是类似的。

2. 系统存储器的地址重映射

STM32 有很多的内置外设，这些外设的外部引脚都是与 GPIO 复用的。也就是说，一个 GPIO 如果可以复用为内置外设的功能引脚，那么当这个 GPIO 作为内置外设使用的时候，就叫做复用。

例如，单片机都有串口，STM32 系列的串口 1 的引脚对应的 I/O 为 PA9、PA10。PA9、PA10 默认功能是 GPIO，所以当 PA9、PA10 引脚作为串口 1 的 TX、RX 引脚使用的时候，就是端口复用。

为了使不同器件封装的外设 I/O 功能数量达到最优，可以把一些复用功能重新映射到其他一些引脚上。STM32 中有很多内置外设的输入输出引脚都具有重映射（remap）的功能。所谓存储器地址重映射的概念是，每一个存储器组在存储器映射中有一个“物理”位置，从本质上来说，它是一个地址范围，在该范围内用户可以写入程序代码，每一个存储器空间的容量都固定在同一个位置，不需要将代码设计成在不同的范围内运行。在实际的工程设计过程中，为了让用户可以更好地利用存储空间，可以修改部分寄存器的定位映射，即改变默认的存储位置，即一个外设的引脚除了具有默认的端口外，还可以通过设置重映射寄存器的方式，把外设的引脚映射到其他的端口。

下面以串口 1 为例，讲解 USART1 的重映射功能。

表 2.2.8 是 USART1 重映射引脚表，从表中可以看出，默认情况下，串口 1 复用时的引脚位 PA9、PA10，同时可以将 TX 和 RX 重新映射到引脚 PB6 和 PB7 上面去。所以在使用重映射功能时，除了要使能相应的 GPIO 时钟和 USART1 时钟以外，还要使能 AFIO 功能时钟，最后调用重映射函数。详细步骤为：

（1）使能 GPIOB 时钟：

```
RCC_APB2PeriphClockCmd(RCC_APB2Periph_GPIOB,ENABLE);
```

（2）使能串口 1 时钟：

```
RCC_APB2PeriphClockCmd(RCC_APB2Periph_USART1,ENABLE);
```

(3) 使能 AFIO 时钟:

```
RCC_APB2PeriphClockCmd(RCC_APB2Periph_AFIO,ENABLE);
```

(4) 开启重映射:

```
GPIO_PinRemapConfig(GPIO_Remap_USART1,ENABLE);
```

表 2.2.8 USART1 重映射引脚表

复用功能	USART _ REMAP=0	USART _ REMAP=1
USART1 _ TX	PA9	PB6
USART1 _ RX	PA10	PB7

通过以上 4 个步骤,就可以将串口的 TX 和 RX 重映射到引脚 PB6 和 PB7 上面了。至于有哪些功能可以重映射,除了查看 STM32 的参考手册之外,还可以查看 GPIO _ PinRemapConfig 函数的第一个入口参数的取值范围。在 STM32f10x _ gpio. h 文件中定义了取值范围为下面宏定义的标识符,例如:

```
#define GPIO_Remap_SPI1         ((uint32_t)0x00000001)
#define GPIO_Remap_I2C1         ((uint32_t)0x00000002)
#define GPIO_Remap_USART1       ((uint32_t)0x00000004)
#define GPIO_Remap_USART2       ((uint32_t)0x00000008)
#define GPIO_PartialRemap_USART3  ((uint32_t)0x00140010)
#define GPIO_FullRemap_USART3    ((uint32_t)0x00140030)
```

从上面的宏定义可以看出,USART1 只有一种重映射,而对于 USART3,存在部分重映射和完全重映射。所谓部分重映射就是部分引脚和默认的是一样的,而部分引脚是重新映射到其他引脚。而完全重映射就是所有引脚都重新映射到其他引脚。USART3 重映射表如表 2.2.9 所示。

表 2.2.9 USART3 重映射引脚对应表

复用功能	USART3_REMAP[1:0]=00 (没有重映射)	USART3_REMAP[1:0]=01 (部分重映射)	USART3_REMAP[1:0]=11 (完全重映射)
USART3 _ TX	PB10	PC10	PD8
USART3 _ RX	PB11	PC11	PD9
USART3 _ CK	PB12	PC12	PD10
USART3 _ CTS	PB13		PD11
USART3 _ RTS	PB14		PD12

部分重映射就是 PB10、PB11、PB12 重映射到 PC10、PC11、PC12 上。而 PB13、PB14 和没有重映射情况是一样的,都是 USART3 _ CTS 和 USART3 _ RTS 对应引脚。完全重映射就是将这两个脚重新映射到 PD11 和 PD12 上去。假设使用 USART3 的部分重映射,则调用函数方法为:

```
GPIO_PinRemapConfig(GPIO_PartialRemap_USART3,ENABLE);
```

四、键盘简介

键盘是人机交互中的重要输入设备，价格低廉，结构简单，使用方便，在单片机系统中得到广泛的应用。键盘是由一组常开的按键组成的开关矩阵，用户可以通过键盘向单片机输入指令、地址和数据。使用中每个按键都被赋予一个代码，称为键码。

1. 键盘的分类

(1) 按键值编码方式：编码键盘与非编码键盘。

1) 编码键盘：键盘上闭合键的识别由专用的硬件编码器实现。如 BCD 码键盘。

特点：增加了硬件开销，编码固定，编程简单。适用于规模大的键盘。

2) 非编码键盘：闭合键的识别靠软件来识别。单片机系统多采用此类键盘。

特点：编码灵活，适用于小规模的键盘。编程较复杂，占 CPU 时间，须软件“消抖”。

(2) 按键组连接方式：独立式非编码键盘和行列式非编码键盘。

1) 独立式非编码键盘：每键相互独立，各自与一条 I/O 线相连，CPU 可直接读取该 I/O 线的高/低电平状态。

特点：占 I/O 口线多，判键速度快，适用于键数少的场合。

2) 行列式非编码键盘：键按矩阵排列，各键处于矩阵行/列的结点处，CPU 通过对行(列)的 I/O 线送已知电平的信号，然后读取列(行)线的状态信息。

特点：逐线扫描，得出键码，占用 I/O 口线少，判键速度慢，适用于键数多的场合。

2. 按键处理过程

因按键的机械触点的弹性作用，按键闭合或断开瞬间均伴随一连串抖动，波形如图 2.2.4 所示。这种抖动对于人来说是感觉不到的，但对单片机来说，则是完全可以感应到的，因为单片机处理的速度是在微秒级，而机械抖动的时间至少是毫秒级，抖动时间一般为 5～10ms。消除抖动是为了防止产生误动作，保证对键闭合一次只作一次处理。消除抖动有硬件消抖和软件消抖两种方法。硬件消抖可接 RS 触发器消抖，软件消抖采用延时方法。

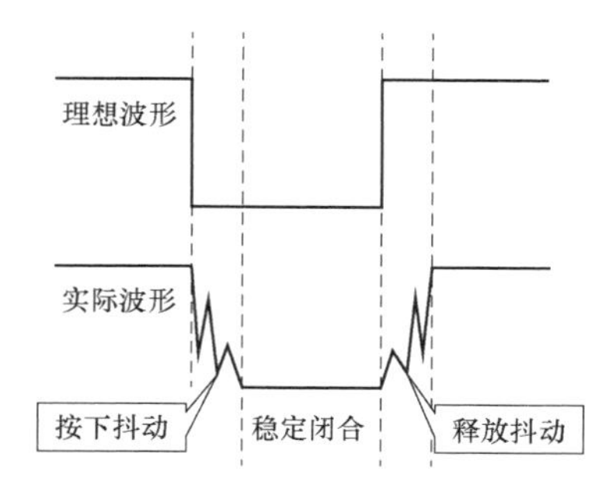

图 2.2.4　按键抖动示意图

软件消抖方法其实很简单，就是在单片机获得有效的信息后，不是立即认定按键已被按下，而是延时 10ms 或更长一些时间后再次检测口线电平，如果仍有效，说明按键的确按下了，这实际上是避开了按键按下时的抖动时间。而在检测到按键释放后再延时 5～10ms，消除后沿的抖动，然后再对键值处理。不过一般情况下，通常不对按键释放的后沿进行处理。单片机中常用软件消抖方法。

键盘处理程序通常设计成子程序或函数的形式。键盘处理一般包括以下几个部分：

(1) 判断是否有键按下。

(2) 消除按键时产生的机械抖动。

(3) 扫描键盘，得到按下键的键值。

(4) 判别闭合的键是否释放。

(5) 执行键操作功能。

（6）返回。

CPU 必须每隔一定的时间对键盘进行一次处理（扫描）。实现的方法主要有三种。

1）程控扫描法：在程序中每隔一定的距离安排一次调用键盘处理函数。

2）定时扫描法：由定时器产生定时中断，CPU 响应中断后在定时中断服务程序中执行键盘处理程序。

3）中断扫描法：当键盘上有键闭合时产生中断请求，CPU 在响应中断并执行中断服务程序时，进行键盘的处理。

3. 独立式非编码键盘

独立式非编码键盘中每个按键都独立地占用一条数据线，当一按键闭合时，相应的 I/O 线变为低电平。独立式非编码键盘的优点是电路结构简单，缺点是当键数多时占用的 I/O 线也多。

五、固件库函数

GPIO 库函数：

在嵌入式开发系统中，用户对 GPIO 端口的操作既可以通过对芯片底层的寄存器进行，也可以使用 ST 公司提供的标准函数库。对于 ARM 芯片不是特别熟悉的用户，推荐使用标准函数库对 GPIO 进行操作。STM32 标准函数库中关于 GPIO 端口函数覆盖了几乎所有对处理器引脚操作的功能。GPIO 函数库具体如表 2.2.10 所示。

表 2.2.10　GPIO 库函数

函数名称	功能描述
GPIO_DeInit	将外设 GPIOx 寄存器重新设置为默认值
GPIO_AFIODeInit	将复用功能（重映射时间控制和 EXTI 设置）重设为默认值
GPIO_Init	根据 GPIO_InitStruct 中指定的参数初始化外设 GPIOx 寄存器
GPIO_StructInit	将 GPIO_InitStruct 中每一个参数按默认值填入
GPIO_ReadInputDataBit	读取指定端口引脚的输入数据（1bit）
GPIO_ReadInputData	读取指定 GPIO 端口的输入数据（16bit）
GPIO_ReadOutputDataBit	读取指定端口引脚的输出数据（1bit）
GPIO_ReadOutputData	读取指定 GPIO 端口的输出数据（16bit）
GPIO_SetBits	设置（写 1）指定的数据端口位
GPIO_ResetBits	清除（写 0）指定的数据端口位
GPIO_WriteBits	设置（写 1）或清除（写 0）指定的数据端口位
GPIO_Write	向指定的 GPIO 数据端口写入数据
GPIO_PinLockConfig	锁定 GPIO 引脚设置寄存器
GPIO_EventOutputConfig	选择 GPIO 引脚作为事件输出
GPIO_EventOutputCmd	使能或停止事件输出
GPIO_PinRemapConfig	改变指定引脚的功能映射
GPIO_EXTILineConfig	选择 GPIO 引脚作为外部中断线路

从表 2.2.10 可以看出，STM32 标准函数库中关于 GPIO 的端口函数覆盖了几乎所有对处理器引脚操作的功能。在下面的内容中，选择上述库函数中部分常用的函数进行简单介绍，使得用户对这些函数的具体使用方法有一定的了解。

（1）函数 GPIO _ DeInit。

函数 GPIO _ DeInit 如表 2.2.11 所示。

表 2.2.11　　函数 GPIO _ DeInit

函数名	GPIO _ DeInit
函数原形	void GPIO_DeInit(GPIO_TypeDef * GPIOx)
功能描述	将外设 GPIOx 寄存器重设为默认值
输入参数	GPIOx：x 可以是 A，B，C，D 或者 E，来选择 GPIO 外设
输出参数	无
返回值	无
先决条件	无
被调用函数	RCC_APB2PeriphResetCmd()

用户可以通过下面的代码对函数 GPIO _ DeInit 的具体使用方法进行了解。该代码的主要功能是将 GPIO 引脚中的端口 A 进行初始化操作。

```
/******************以下代码用于实现 STM32 中的 GPIO_DeInit 操作******************/
GPIO_DeInit(GPIOA);
/***********************************代码行结束****************************/
```

（2）函数 GPIO _ Init。

函数 GPIO _ Init 如表 2.2.12 所示。

表 2.2.12　　函数 GPIO _ Init

函数名	GPIO _ Init
函数原形	void GPIO _ Init（GPIO _ TypeDef * GPIOx，GPIO _ InitTypeDef * GPIO _ InitStruct）
功能描述	根据 GPIO _ InitStruct 中指定的参数初始化外设 GPIOx 寄存器
输入参数 1	GPIOx：x 可以是 A，B，C，D 或者 E，来选择 GPIO 外设
输入参数 2	GPIO _ InitStruct：指向结构 GPIO _ InitTypeDef 的指针，包含了外设 GPIO 的配置信息
输出参数	无
返回值	无
先决条件	无
被调用函数	无

在函数 GPIO _ Init 的第二个参数中，涉及新的函数类型 GPIO _ InitTypeDef，该结构体中包含了有关 GPIO 端口的基本参数，如引脚名称、引脚传输速度、引脚工作模式等，其基本的语法结构如下：

```
GPIO_InitTypeDef 定义于文件"STM32f10x_gpio.h"：
```

```
typedef struct
{
    u16 GPIO_Pin;
    GPIOSpeed_TypeDef GPIO_Speed;
    GPIOMode_TypeDef GPIO_Mode;
} GPIO_InitTypeDef;
```

1）参数 GPIO_Pin 的选择。

该参数选择待设置的 GPIO 引脚，使用操作符“|”可以一次选中多个引脚。可以使用表 2.2.13 中的任意组合。

表 2.2.13　GPIO_Pin 值

GPIO_Pin	描　述	GPIO_Pin	描　述
GPIO_Pin_None	无引脚被选中	GPIO_Pin_8	选中引脚 8
GPIO_Pin_0	选中引脚 0	GPIO_Pin_9	选中引脚 9
GPIO_Pin_1	选中引脚 1	GPIO_Pin_10	选中引脚 10
GPIO_Pin_2	选中引脚 2	GPIO_Pin_11	选中引脚 11
GPIO_Pin_3	选中引脚 3	GPIO_Pin_12	选中引脚 12
GPIO_Pin_4	选中引脚 4	GPIO_Pin_13	选中引脚 13
GPIO_Pin_5	选中引脚 5	GPIO_Pin_14	选中引脚 14
GPIO_Pin_6	选中引脚 6	GPIO_Pin_15	选中引脚 15
GPIO_Pin_7	选中引脚 7	GPIO_Pin_All	选中全部引脚

2）参数 GPIO_Speed 的选择。

GPIO_Speed 用以设置选中引脚的速率。表 2.2.14 给出了该参数可取的值。为了降低 STM32 处理器的功耗，可以根据实际的需求，选择合适的时钟速率，GPIO 口支持的最大时钟速率越低，它产生的功耗越低。

表 2.2.14　GPIO_Speed 值

GPIO_Speed	描　述
GPIO_Speed_2MHz	设置引脚最高输出频率为 2MHz
GPIO_Speed_10MHz	设置引脚最高输出频率为 10MHz
GPIO_Mode_50MHz	设置引脚最高输出频率为 50MHz

3）参数 GPIO_Mode 的选择，见表 2.2.15。

表 2.2.15　GPIO_Mode 值

GPIO_Mode	描　述	GPIO_Mode	描　述
GPIO_Mode_AIN	模拟输入	GPIO_Mode_Out_OD	开漏输出
GPIO_Mode_IN_FLOATING	浮空输入	GPIO_Mode_Out_PP	推挽输出
GPIO_Mode_IPD	下拉输入	GPIO_Mode_AF_OD	复用开漏输出
GPIO_Mode_IPU	上拉输入	GPIO_Mode_AF_PP	复用推挽输出

例：

```
/********** 配置 GPIOA 的所有引脚为浮空输入,引脚最高输出频率为 10MHz **********/
GPIO_InitTypeDef GPIO_InitStructure;
GPIO_InitStructure.GPIO_Pin = GPIO_Pin_All;
GPIO_InitStructure.GPIO_Speed = GPIO_Speed_10MHz;
GPIO_InitStructure.GPIO_Mode = GPIO_Mode_IN_FLOATING;
GPIO_Init(GPIOA,&GPIO_InitStructure);
/****************************** 代码行结束 ********************************/
```

（3）函数 GPIO _ ReadInputDataBit。

函数 GPIO _ ReadInputDataBit 如表 2.2.16 所示。

表 2.2.16　　函数 GPIO _ ReadInputDataBit

函数名	GPIO _ ReadInputDataBit
函数原形	u8 GPIO_ReadInputDataBit(GPIO_TypeDef * GPIOx,u16 GPIO_Pin)
功能描述	读取指定端口引脚的输入
输入参数 1	GPIOx：x 可以是 A，B，C，D 或者 E，来选择 GPIO 外设
输入参数 2	GPIO _ Pin：待读取的端口位
输出参数	无
返回值	输入端口引脚值
先决条件	无
被调用函数	无

例：

```
/********************* 读 GPIOB 端口的第 7 号引脚的状态 ************************/
u8 ReadValue;
ReadValue = GPIO_ReadInputDataBit(GPIOB,GPIO_Pin_7);
/*************************** 代码行结束 ************************************/
```

（4）函数 GPIO _ ReadInputData。

函数 GPIO _ ReadInputData 如表 2.2.17 所示。

表 2.2.17　　函数 GPIO _ ReadInputData

函数名	GPIO _ ReadInputData
函数原形	u16 GPIO_ReadInputData(GPIO_TypeDef * GPIOx)
功能描述	读取指定的 GPIO 端口输入
输入参数	GPIOx：x 可以是 A，B，C，D 或者 E
输出参数	无
返回值	GPIO 输入数据端口值
先决条件	无
被调用函数	无

例：

```
/********* 读取 GPIOC 端口所有引脚的状态并保存在变量 ReadValue 中 *******************/
u16 ReadValue;
ReadValue = GPIO_ReadInputData(GPIOC);
/******************************** 代码行结束 **********************************/
```

（5）函数 GPIO_ReadOutputDataBit。

函数 GPIO_ReadOutputDataBit 如表 2.2.18 所示。

表 2.2.18 函数 GPIO_ReadOutputDataBit

函数名	GPIO_ReadOutputDataBit
函数原形	u8 GPIO_ReadOutputDataBit(GPIO_TypeDef * GPIOx,u16 GPIO_Pin)
功能描述	读取指定端口引脚的输出
输入参数 1	GPIOx：x 可以是 A，B，C，D 或者 E，来选择 GPIO 外设
输入参数 2	GPIO_Pin：待读取的端口位
输出参数	无
返回值	输出端口引脚值
先决条件	无
被调用函数	无

例：

```
/************ 读取 GPIOC 端口的第 7 号引脚的状态并保存在变量 ReadValue 中 **********/
u8 ReadValue;
ReadValue = GPIO_ReadOutputDataBit(GPIOB,GPIO_Pin_7);
/******************************** 代码行结束 **********************************/
```

（6）函数 GPIO_ReadOutputData。

函数 GPIO_ReadOutputData 如表 2.2.19 所示。

表 2.2.19 函数 GPIO_ReadOutputData

函数名	GPIO_ReadOutputData
函数原形	u16 GPIO_ReadOutputData(GPIO_TypeDef * GPIOx)
功能描述	读取指定的 GPIO 端口输出
输入参数	GPIOx：x 可以是 A，B，C，D 或者 E，来选择 GPIO 外设
输出参数	无
返回值	GPIO 输出数据端口值
先决条件	无
被调用函数	无

例：

```
/ *********** 读取 GPIOC 端口输出并保存在变量 ReadValue 中 ********************** /
u16 ReadValue;
ReadValue = GPIO_ReadOutputData(GPIOC);
/ ****************************** 代码行结束 ********************************* /
```

(7) 函数 GPIO _ SetBits。

函数 GPIO _ SetBits 如表 2.2.20 所示。

表 2.2.20　　函数 GPIO _ SetBits

函数名	GPIO _ SetBits
函数原形	void GPIO_SetBits(GPIO_TypeDef * GPIOx,u16 GPIO_Pin)
功能描述	设置指定的数据端口位
输入参数 1	GPIOx：x 可以是 A，B，C，D 或者 E，来选择 GPIO 外设
输入参数 2	GPIO _ Pin：待设置的端口位 该参数可以取 GPIO _ Pin _ x（x 可以是 0—15）的任意组合
输出参数	无
返回值	无
先决条件	无
被调用函数	无

例：

```
/ ************ 设置 GPIOA 端口的第 10 号引脚和第 15 号引脚为高电平 ***************** /
GPIO_SetBits(GPIOA,GPIO_Pin_10 | GPIO_Pin_15);
/ ****************************** 代码行结束 ********************************* /
```

(8) 函数 GPIO _ ResetBits。

函数 GPIO _ ResetBits 如表 2.2.21 所示。

表 2.2.21　　函数 GPIO _ ResetBits

函数名	GPIO _ ResetBits
函数原形	void GPIO_ResetBits(GPIO_TypeDef * GPIOx,u16 GPIO_Pin)
功能描述	清除指定的数据端口位
输入参数 1	GPIOx：x 可以是 A，B，C，D 或者 E，来选择 GPIO 外设
输入参数 2	GPIO _ Pin：待清除的端口位 该参数可以取 GPIO_Pin_x(x 可以是 0—15)的任意组合
输出参数	无
返回值	无
先决条件	无
被调用函数	无

例：

```
/******************清除 GPIOA 端口的第 10 号引脚和第 15 号引脚*********************/
GPIO_ResetBits(GPIOA,GPIO_Pin_10 | GPIO_Pin_15);
/***************************代码行结束************************************/
```

(9) 函数 GPIO _ WriteBit。

函数 GPIO _ WriteBit 如表 2.2.22 所示。

表 2.2.22　　函数 GPIO _ WriteBit

函数名	GPIO _ WriteBit
函数原形	void GPIO _ WriteBit (GPIO_TypeDef * GPIOx,u16 GPIO_Pin,BitAction BitVal)
功能描述	设置或者清除指定的数据端口位
输入参数 1	GPIOx：x 可以是 A，B，C，D 或者 E，来选择 GPIO 外设
输入参数 2	GPIO _ Pin：待设置或者清除指的端口位 该参数可以取 GPIO _ Pin _ x（x 可以是 0—15）的任意组合
输入参数 3	BitVal：该参数指定了待写入的值 该参数必须取枚举 BitAction 的其中一个值： Bit _ RESET：清除数据端口位 Bit _ SET：设置数据端口位
输出参数	无
返回值	无
先决条件	无
被调用函数	无

例：

```
/*****************设置 GPIOA 端口的第 15 号引脚为高电平***************************/
GPIO_WriteBit(GPIOA,GPIO_Pin_15,Bit_SET);
/***************************代码行结束************************************/
```

(10) 函数 GPIO _ Write。

函数 GPIO _ Write 如表 2.2.23 所示。

表 2.2.23　　函数 GPIO _ Write

函数名	GPIO _ Write
函数原形	void GPIO_Write(GPIO_TypeDef * GPIOx,u16 PortVal)
功能描述	向指定 GPIO 数据端口写入数据
输入参数 1	GPIOx：x 可以是 A，B，C，D 或者 E，来选择 GPIO 外设
输入参数 2	PortVal：待写入端口数据寄存器的值
输出参数	无
返回值	无
先决条件	无
被调用函数	无

例：

```
/ ******************** 向 GPIOA 端口高 8 位写 1,低八位写 0 ************************* /
GPIO_Write(GPIOA,0xFF00);
/ ************************** 代码行结束 ************************************* /
```

（11）函数 GPIO _ PinLockConfig。

函数 GPIO _ PinLockConfig 如表 2.2.24 所示。

表 2.2.24　　函数 GPIO _ PinLockConfig

函数名	GPIO _ PinLockConfig
函数原形	void GPIO_PinLockConfig(GPIO_TypeDef * GPIOx,u16 GPIO_Pin)
功能描述	锁定 GPIO 引脚设置寄存器
输入参数 1	GPIOx：x 可以是 A，B，C，D 或者 E，来选择 GPIO 外设
输入参数 2	GPIO _ Pin：待锁定的端口位 该参数可以取 GPIO _ Pin _ x（x 可以是 0—15）的任意组合
输出参数	无
返回值	无
先决条件	无
被调用函数	无

例：

```
/ ************** 锁定 GPIOA 端口的第 0 号引脚和第 1 号引脚设置寄存器 **************** /
GPIO_PinLockConfig(GPIOA,GPIO_Pin_0 | GPIO_Pin_1);
/ ************************** 代码行结束 ************************************* /
```

（12）函数 GPIO _ EventOutputConfig。

函数 GPIO _ EventOutputConfig 如表 2.2.25 所示。

表 2.2.25　　函数 GPIO _ EventOutputConfig

函数名	GPIO _ EventOutputConfig
函数原形	void GPIO_EventOutputConfig(u8 GPIO_PortSource,u8 GPIO_PinSource)
功能描述	选择 GPIO 管脚用作事件输出
输入参数 1	GPIO _ PortSource：选择用作事件输出的 GPIO 端口
输入参数 2	GPIO _ PinSource：事件输出的管脚 该参数可以取 GPIO _ PinSourcex（x 可以是 0—15）
输出参数	无
返回值	无
先决条件	无
被调用函数	无

GPIO _ PortSource 用以选择用作事件输出的 GPIO 端口。表 2.2.26 给出了该参数可取的值。

表 2.2.26 GPIO _ PortSource 值

GPIO _ PortSource	描 述	GPIO _ PortSource	描 述
GPIO _ PortSourceGPIOA	选择 GPIOA	GPIO _ PortSourceGPIOD	选择 GPIOD
GPIO _ PortSourceGPIOB	选择 GPIOB	GPIO _ PortSourceGPIOE	选择 GPIOE
GPIO _ PortSourceGPIOC	选择 GPIOC		

例：

```
/****************** 选择 GPIOE 端口的第 5 号引脚为事件输出 ************************/
GPIO_EventOutputConfig(GPIO_PortSourceGPIOE,GPIO_PinSource5);
/*************************** 代码行结束 *************************************/
```

(13) 函数 GPIO _ EventOutputCmd。

函数 GPIO _ EventOutputCmd 如表 2.2.27 所示。

表 2.2.27 函数 GPIO _ EventOutputCmd

函数名	GPIO _ EventOutputCmd
函数原形	void GPIO_EventOutputCmd(FunctionalState NewState)
功能描述	使能或者失能事件输出
输入参数 1	NewState：事件输出的新状态 参数可以取：ENABLE 或者 DISABLE
输出参数	无
返回值	无
先决条件	无
被调用函数	无

例：

```
/***************** 使能 GPIOE 端口的第 6 号引脚的事件输出 ************************/
GPIO_EventOutputConfig(GPIO_PortSourceGPIOC,GPIO_PinSource6);
GPIO_EventOutputCmd(ENABLE);
/*************************** 代码行结束 *************************************/
```

(14) 函数 GPIO _ PinRemapConfig。

函数 GPIO _ PinRemapConfig 如表 2.2.28 所示。

表 2.2.28 函数 GPIO _ PinRemapConfig

函数名	GPIO _ PinRemapConfig
函数原形	void GPIO _ PinRemapConfig (u32 GPIO_Remap,FunctionalState NewState)

续表

函数名	GPIO _ PinRemapConfig
功能描述	改变指定引脚的映射
输入参数 1	GPIO _ Remap：选择重映射的引脚
输入参数 2	NewState：引脚重映射的新状态 参数可以取：ENABLE 或者 DISABLE
输出参数	无
返回值	无
先决条件	无
被调用函数	无

GPIO _ Remap 用以选择用作事件输出的 GPIO 端口。表 2.2.29 给出了该参数可取的值。

表 2.2.29　GPIO _ Remap 值

GPIO _ Remap	描　述
GPIO _ Remap _ SPI1	SPI1 复用功能映射
GPIO _ Remap _ I2C1	I2C1 复用功能映射
GPIO _ Remap _ USART1	USART1 复用功能映射
GPIO _ PartialRemap _ USART3	USART2 复用功能映射
GPIO _ FullRemap _ USART3	USART3 复用功能完全映射
GPIO _ PartialRemap _ TIM1	USART3 复用功能部分映射
GPIO _ FullRemap _ TIM1	TIM1 复用功能完全映射
GPIO _ PartialRemap1 _ TIM2	TIM2 复用功能部分映射 1
GPIO _ PartialRemap2 _ TIM2	TIM2 复用功能部分映射 2
GPIO _ FullRemap _ TIM2	TIM2 复用功能完全映射
GPIO _ PartialRemap _ TIM3	TIM3 复用功能部分映射
GPIO _ FullRemap _ TIM3	TIM3 复用功能完全映射
GPIO _ Remap _ TIM4	TIM4 复用功能映射
GPIO _ Remap1 _ CAN	CAN 复用功能映射 1
GPIO _ Remap2 _ CAN	CAN 复用功能映射 2
GPIO _ Remap _ PD01	PD01 复用功能映射
GPIO _ Remap _ SWJ _ NoJTRST	除 JTRST 外 SWJ 完全使能（JTAG+SW−DP）
GPIO _ Remap _ SWJ _ JTAGDisable	JTAG−DP 失能+SW−DP 使能
GPIO _ Remap _ SWJ _ Disable	SWJ 完全失能（JTAG+SW−DP）

例：

```
/************* 将 PB08 映射为 I2C1_SCL,PB09 映射为 I2C1_SDA **********************/
GPIO_PinRemapConfig(GPIO_Remap_I2C1,ENABLE);
/************************** 代码行结束 *************************************/
```

（15）函数 GPIO _ EXTILineConfig。

函数 GPIO _ EXTILineConfig 如表 2.2.30 所示。

表 2.2.30 函数 GPIO _ EXTILineConfig

函数名	GPIO _ EXTILineConfig
函数原形	void GPIO_EXTILineConfig(u8 GPIO_PortSource，u8 GPIO_PinSource)
功能描述	选择 GPIO 引脚用作外部中断线路
输入参数 1	GPIO _ PortSource：选择用作外部中断线源的 GPIO 端口
输入参数 2	GPIO _ PinSource：待设置的外部中断线路 该参数可以取 GPIO _ PinSourcex（x 可以是 0—15）
输出参数	无
返回值	无
先决条件	无
被调用函数	无

例：

```
/************************* 选择 PB8 为外部中断线路 ************************/
GPIO_EXTILineConfig(GPIO_PortSource_GPIOB,GPIO_PinSource8);
/************************** 代码行结束 *************************************/
```

硬件设计

一、硬件设计思路

在本项目中，使用按键模拟家用开关，使用 LED 发光二极管模拟家用灯光。从项目的需求功能来看，可以通过 STM32 的 GPIO 端口控制相应的 LED 发光二极管。其各自对应的功能关系如表 2.2.31 所示。

表 2.2.31 家用灯光照明系统需求分析

家用灯光照明系统	LED 灯端口	家用灯光照明系统	LED 灯端口
按键 K_x 闭合，发光二极管 L_x 点亮（x=1…8）	低电平	按键 K_x 断开，发光二极管 L_x 熄灭（x=1…8）	高电平

在该项目的电路设计中，所用到的基本元件如表 2.2.32 所示。

表 2.2.32 家用灯光照明系统所用硬件清单

序号	器件名称	数量	功能说明	序号	器件名称	数量	功能说明
1	STM32F103ZET6	1	主控单元	3	按键	8	模拟家用开关
2	发光二极管	8	模拟家用灯光				

8 个发光二极管 L1～L8 分别接在 PA0～PA7。其连接电路图如图 2.2.5 所示，其中 GPIO 引脚上串联的电阻，主要起限流作用，防止电流过大损坏 GPIO 口和 LED。串联电阻的阻值要计算好，使得在恒定电压的情况下，电流的大小刚好足够驱动 LED 灯点亮，点亮 LED 灯大概需要 10～20mA 的电流。从图 2.2.5 中可以看出，LED 灯的正极接 3.3V 电源，所以当 GPIO 引脚输出低电平的时候，LED 指示灯亮。反之，当 GPIO 引脚输出高电平的时候，LED 指示灯灭。使用 STM32 的引脚 PA0 去驱动 L1 灯亮时，只要使 PA0 输出低电平。

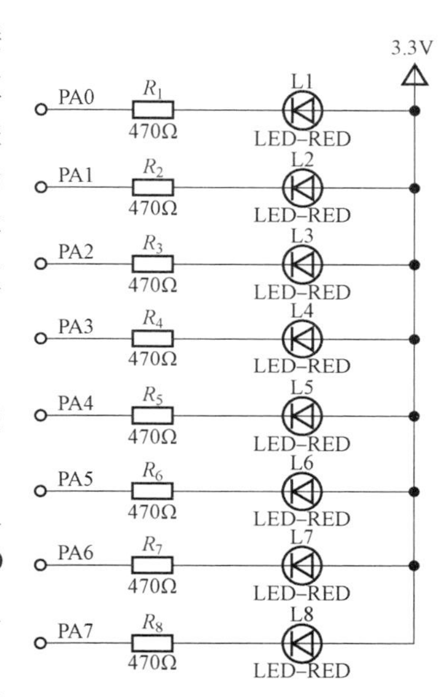

图 2.2.5　LED 发光二极管电路

通常情况下，采取共阳极的方法连接 LED，而不采取共阴极的方法（即 STM32 的相应引脚接 LED 正极，LED 负极接 GND）。这是因为共阳极的接法有利于芯片的长久使用，芯片的总驱动能力是有限的，可以驱动 1 个 LED，但是无法驱动 100 个甚至更多。不同的 LED 的额定电压和额定电流不同，一般而言，红或绿色的 LED 的工作电压为 1.7～2.4V，蓝或白色的 LED 工作电压为 2.7～4.2V，直径为 3mm LED 的工作电流为 2～10mA。STM32 的 I/O 口作为输出口时，向外输出电流的能力是 25mA 左右，可以点亮一个 LED，但如果用 STM32 点亮很多个 LED 的时候，就有可能造成芯片本身输出电流不足。

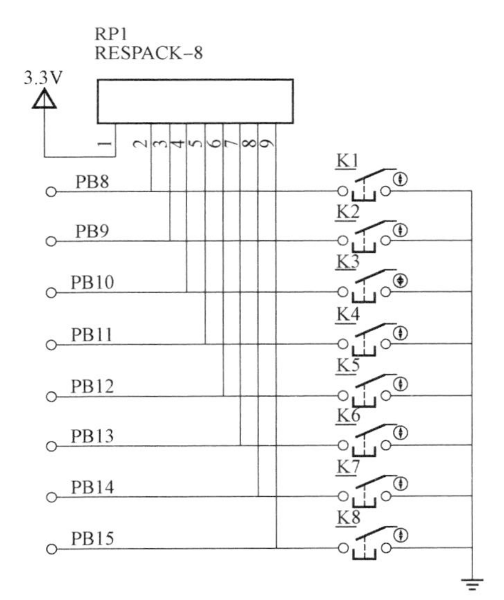

图 2.2.6　按键输入电路

这种共阳极的接法其实是一种灌电流的方式，这种方式使得 STM32 的芯片引脚可以轻松点亮一个 LED。现在有一些增强型单片机，采用拉电流输出，只要单片机的输出电流足够强即可，不过接多了也是不可取的，单片机的总体驱动电流是有限的。

8 个独立按键 K1～K8 分别接在 PB8～PB15 上，如图 2.2.6 所示，当按键按下时，对应的 GPIO 引脚为低电平；反之，当没有按键按下时，对应的 GPIO 引脚为高电平。

二、硬件电路设计

硬件电路原理图如图 2.2.5、图 2.2.6 所示。

在硬件电路图中，STM32 中的 GPIO 端口分别与 LED 发光二极管和按键相连接，具体的引脚分配如表 2.2.33 所示。

表 2.2.33　家用灯光照明系统的引脚分配

序号	引脚分配	功能说明	序号	引脚分配	功能说明
1	PA0～PA7	控制 LED 发光二极管	2	PB8～PB15	控制按键开光

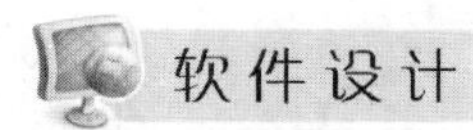

软件设计

一、软件设计思路

在嵌入式系统中，一个外设在使用前必须先配置和激活启动该外设的时钟，比如 GPIO 端口 B，需要激活 GPIOB 的时钟，只有启动时钟后，相应的外设才变得激活可用。时钟被启动之后，再根据具体功能，对外设进行配置，这样的好处是可以降低 STM32 芯片的内部功耗，因为只激活了需要用到的外设，激活的外设会消耗芯片比较多的功耗，而不需要使用的外设无需进行初始化，可以降低芯片的功耗。需要注意的是，如果把端口配置成复用输出功能，则该引脚与它当前连的信号电路断开，和复用功能信号电路连接，所以将引脚配置成复用输出功能后，如果只激活了该引脚的 GPIO 端口的时钟，而忘记激活复用功能的时钟，那么它的输出会不确定，出现异常现象。

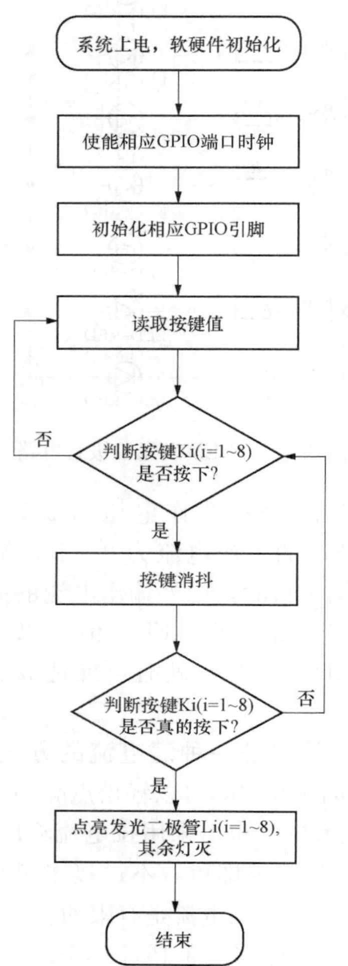

图 2.2.7　系统软件流程

本项目的软件设计思路（见图 2.2.7）如下：

（1）使能相应 GPIO 端口时钟；

（2）初始化相应 GPIO 引脚；

（3）主函数编写，如果按下按键 K1，发光二极管 L1 亮，其余灯灭；如果按下按键 K2，发光二极管 L2 亮，其余灯灭，以此类推。

二、软件程序设计

1. LED 初始化程序设计

系统使用 8 路 LED 作为输出，函数 LED _ GPIO _ Config 的作用是初始化 PA0～PA7。

```
void LED_GPIO_Config(void)
{
  GPIO_InitTypeDef GPIO_InitStructure; //定义结构体变量 GPIO_InitStructure
  RCC_APB2PeriphClockCmd( RCC_APB2Periph_GPIOA, ENABLE); //使能 PA 端口时钟
GPIO_InitStructure.GPIO_Pin = GPIO_Pin_0 | GPIO_Pin_1 | GPIO_Pin_2 | GPIO_Pin_3 | GPIO_Pin_4 | GPIO_Pin_5 | GPIO_Pin_6 | GPIO_Pin_7;  //L1～L7 端口配置
  GPIO_InitStructure.GPIO_Mode = GPIO_Mode_Out_PP; //推挽输出模式
  GPIO_InitStructure.GPIO_Speed = GPIO_Speed_50MHz; //IO 口速度为 50MHz
  GPIO_Init(GPIOA, &GPIO_InitStructure);
GPIO_SetBits(GPIOA, GPIO_Pin_0 | GPIO_Pin_1 | GPIO_Pin_2 | GPIO_Pin_3 | GPIO_Pin_4 | GPIO_Pin_5 | GPIO_Pin_6 | GPIO_Pin_7);  //PA0～PA7 输出高
}
```

2. 按键初始化程序设计

系统使用 8 个独立按键 K1～K8 作为输入，函数 KEY _ GPIO _ Config 的作用是初始化

PB8～PB15。因为在本系统中，PB端口的低8位不做其他用途，所以在以下代码中，是将PB端口的所有引脚进行了初始化，配置为输入模式。由于按键按下后相应的GPIO引脚变为低电平，因此在这里配置相应GPIO引脚为上拉输入模式，没有收到有效信号，保持GPIO口为高电平。

```
void KEY_GPIO_Config(void)
{
    GPIO_InitTypeDef GPIO_InitStructure;//定义结构体变量 GPIO_InitStructure
    RCC_APB2PeriphClockCmd( RCC_APB2Periph_GPIOB, ENABLE); //使能 PB 端口时钟
    GPIO_InitStructure.GPIO_Pin = GPIO_Pin_All;  //定义了 PB 端口的所有引脚
    GPIO_InitStructure.GPIO_Mode = GPIO_Mode_IPU; //上拉输入模式
    GPIO_InitStructure.GPIO_Speed = GPIO_Speed_50MHz; //IO 口速度为 50MHz
    GPIO_Init(GPIOB, &GPIO_InitStructure);
    GPIO_ResetBits(GPIOB, GPIO_Pin_All);    //PB 端口所有引脚输出低电平
}
```

3. 主函数编写

主函数实现的功能是按下按键K1，发光二极管L1亮，其余灯灭；按下按键K2，发光二极管L2亮，其余灯灭，以此类推，一个独立按键控制一个发光二极管。连接按键的GPIO引脚已被配置为输入模式，所以程序中通过while循环不断检测PB端口，看看是否有按键按下，GPIO电平是否有变化。对于LED，可以调用函数GPIO _ ResetBits点亮一个LED，或调用GPIO _ SetBits熄灭一个LED。

程序编写有两种方法，一种是使用if…else…语句，另一种是使用switch语句。两种方法的源代码如下。

(1) 方法一：

```
int main(void)
{
    uint16_t key_value; //变量 key_value 用来存储按键状态
    SystemInit();//设置系统时钟
    LED_GPIO_Config();
    KEY_GPIO_Config();
    while(1)
    {
      /*读取 PB 端口的状态,并存入变量 key_value */
      key_value = GPIO_ReadInputData(GPIOB);
      key_value& = 0xff00; //屏蔽 PB 端口的低 8 位
      if(key_value = = 0xfe00)
      {
        Delay(0xfffff); //按键去抖动
        /*如果按键 K1(连接在 PB8)按下,L1(连接在 PA0)亮 */
        if(key_value = = 0xfe00)
          GPIO_ResetBits(GPIOA,GPIO_Pin_0);
      /*否则 L1 灭 */
```

```
  else
      GPIO_SetBits(GPIOA,GPIO_Pin_0);
}
if(key_value= =0xfd00)
{
    Delay(0xfffff);
    if(key_value= =0xfd00)
      GPIO_ResetBits(GPIOA,GPIO_Pin_1);
  else
      GPIO_SetBits(GPIOA,GPIO_Pin_1);
}
if(key_value= =0xfb00)
{
    Delay(0xfffff);
    if(key_value= =0xfb00)
      GPIO_ResetBits(GPIOA,GPIO_Pin_2);
    else
      GPIO_SetBits(GPIOA,GPIO_Pin_2);
}
if(key_value= =0xf700)
{
      Delay(0xfffff);
      if(key_value= =0xf700)
        GPIO_ResetBits(GPIOA,GPIO_Pin_3);
      else
        GPIO_SetBits(GPIOA,GPIO_Pin_3);
}
if(key_value= =0xef00)
{
    Delay(0xfffff);
    if(key_value= =0xef00)
      GPIO_ResetBits(GPIOA,GPIO_Pin_4);
    else
      GPIO_SetBits(GPIOA,GPIO_Pin_4);
}
if(key_value= =0xdf00)
{
    Delay(0xfffff);
    if(key_value= =0xdf00)
      GPIO_ResetBits(GPIOA,GPIO_Pin_5);
  else
      GPIO_SetBits(GPIOA,GPIO_Pin_5);
}
```

```
    if(key_value = = 0xbf00)
    {
        Delay(0xfffff);
        if(key_value = = 0xbf00)
          GPIO_ResetBits(GPIOA,GPIO_Pin_6);
      else
          GPIO_SetBits(GPIOA,GPIO_Pin_6);
    }
    if(key_value = = 0x7f00)
    {
        Delay(0xfffff);
        if(key_value = = 0x7f00)
          GPIO_ResetBits(GPIOA,GPIO_Pin_7);
      else
          GPIO_SetBits(GPIOA,GPIO_Pin_7);
    }
  }
}
```

（2）方法二：

```
int main(void)
{
    uint16_t key_value;
    SystemInit();
    LED_GPIO_Config();
    KEY_GPIO_Config();
    while(1)
    {
      /* 读取PB端口的状态,并存入变量key_value */
      key_value = GPIO_ReadInputData(GPIOB);
      key_value& = 0xff00; //屏蔽PB端口的低8位
      switch(key_value)
      {
        case 0xfe00:GPIO_ResetBits(GPIOA,GPIO_Pin_0);break;
        case 0xfd00:GPIO_ResetBits(GPIOA,GPIO_Pin_1);break;
        case 0xfb00:GPIO_ResetBits(GPIOA,GPIO_Pin_2);break;
        case 0xf700:GPIO_ResetBits(GPIOA,GPIO_Pin_3);break;
        case 0xef00:GPIO_ResetBits(GPIOA,GPIO_Pin_4);break;
        case 0xdf00:GPIO_ResetBits(GPIOA,GPIO_Pin_5);break;
        case 0xbf00:GPIO_ResetBits(GPIOA,GPIO_Pin_6);break;
        case 0x7f00:GPIO_ResetBits(GPIOA,GPIO_Pin_7);break;
        default: GPIO_SetBits(GPIOA,GPIO_Pin_All);
    }
```

```
    }
}
```

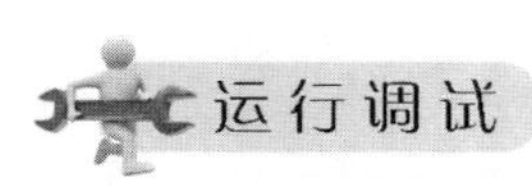

运行调试

在代码编译成功之后，下载代码到 STM32 上，按下按键 K1 点亮 L1，按下按键 K2 点亮 L2，以此类推。完成家用灯光照明系统的设计。

下面介绍一些在使用 MDK 固件库开发时的一些小技巧。在调试代码或编写代码时，有时想看某个函数是在哪个地方定义的，里面的具体内容是怎么样的，也可能想看看某个变量或数组是在哪个地方定义的。或者想编写 GPIO 初始化函数，在不参考其他代码的前提下，应该怎样快速组织代码呢？MDK 软件提供了快速定位的功能。只要把光标放到想要查询的函数/变量上面，然后单击右键选择 Go to Definition Of“…”，即可快速定位到查询的函数/变量的定义程序行上。MDK 软件快速定位如图 2.2.8 所示。

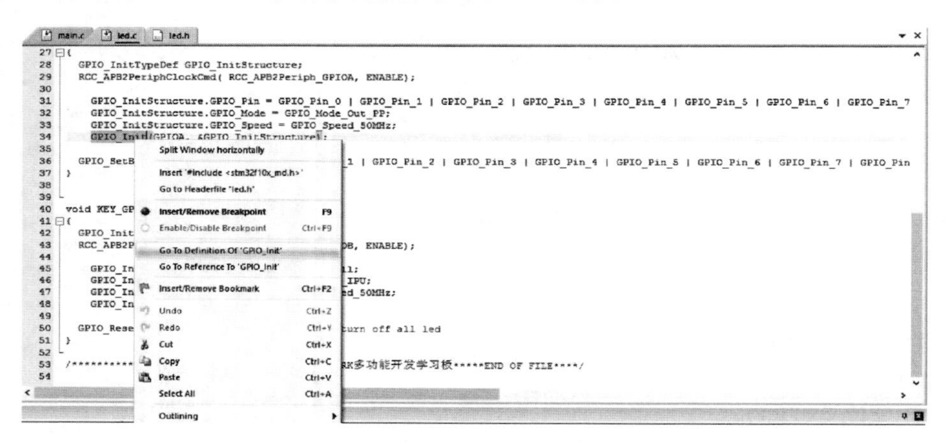

图 2.2.8　MDK 软件快速定位

例如在图 2.2.9 中，查找 GPIO _ Init 库函数的定义，需要将鼠标光标放在 GPIO _ Init 上，单击右键找到 Go to Definition Of“GPIO _ Init”，然后单击左键就可以快速跳到 GPIO

```
173 void GPIO_Init(GPIO_TypeDef* GPIOx, GPIO_InitTypeDef* GPIO_InitStruct)
174 {
175     uint32_t currentmode = 0x00, currentpin = 0x00, pinpos = 0x00, pos = 0x00;
176     uint32_t tmpreg = 0x00, pinmask = 0x00;
177     /* Check the parameters */
178     assert_param(IS_GPIO_ALL_PERIPH(GPIOx));
179     assert_param(IS_GPIO_MODE(GPIO_InitStruct->GPIO_Mode));
180     assert_param(IS_GPIO_PIN(GPIO_InitStruct->GPIO_Pin));
181
182 /*---------------------------- GPIO Mode Configuration -----------------------*/
183     currentmode = ((uint32_t)GPIO_InitStruct->GPIO_Mode) & ((uint32_t)0x0F);
184     if ((((uint32_t)GPIO_InitStruct->GPIO_Mode) & ((uint32_t)0x10)) != 0x00)
185     {
186       /* Check the parameters */
187       assert_param(IS_GPIO_SPEED(GPIO_InitStruct->GPIO_Speed));
188       /* Output mode */
189       currentmode |= (uint32_t)GPIO_InitStruct->GPIO_Speed;
190     }
191 /*---------------------------- GPIO CRL Configuration ------------------------*/
192     /* Configure the eight low port pins */
193     if (((uint32_t)GPIO_InitStruct->GPIO_Pin & ((uint32_t)0x00FF)) != 0x00)
194     {
195       tmpreg = GPIOx->CRL;
196       for (pinpos = 0x00; pinpos < 0x08; pinpos++)
197       {
198         pos = ((uint32_t)0x01) << pinpos;
199         /* Get the port pins position */
200         currentpin = (GPIO_InitStruct->GPIO_Pin) & pos;
```

图 2.2.9　GPIO _ Init 库函数的定义

_ Init 函数的定义处（注意要先在 Options for Target 的 Output 选项卡里面勾选 Browse Information 选项，再编译，再定位，否则无法定位）。

如图 2.2.9 所示，可以看出，函数的入口参数是 GPIO _ TypeDef 类型指针和 GPIO _ InitTypeDef 类型指针，因为 GPIO _ TypeDef 入口参数比较简单，所以通过第二个入口参数 GPIO _ InitTypeDef 类型指针来讲解。双击 GPIO _ InitTypeDef 后右键选择“Go to definition…”，定位到 STM32f10x _ gpio. h 中 GPIO _ InitTypeDef 的定义处：

```
typedef struct
{
    uint16_t GPIO_Pin;
    GPIOSpeed_TypeDef GPIO_Speed;
    GPIOMode_TypeDef GPIO_Mode;
}GPIO_InitTypeDef;
```

可以看到这个结构体有 3 个成员变量，也得到一个信息，一个 GPIO 口的状态是由速度（Speed）和模式（Mode）来决定的。在给成员变量赋值之前，首先要定义一个结构体变量：

```
GPIO_InitTypeDefGPIO_InitStructure;
```

接着要初始化结构体变量 GPIO _ InitStructure。首先要初始化成员变量 GPIO _ Pin，这个变量值通过键盘输入容易出错，这里需要找到 GPIO _ Init（）函数的定义处，同样，双击 GPIO _ Init，右键点击“Go to definition of …”，光标定位到 STM32f10x _ gpio. c 文件中的 GPIO _ Init 函数体开始处，在函数的开始处有如下几行：

```
void GPIO_Init(GPIO_TypeDef * GPIOx, GPIO_InitTypeDef * GPIO_InitStruct)
{
    ……
    assert_param(IS_GPIO_ALL_PERIPH(GPIOx));
    assert_param(IS_GPIO_MODE(GPIO_InitStruct - >GPIO_Mode));
    assert_param(IS_GPIO_PIN(GPIO_InitStruct - >GPIO_Pin));
    ……
    assert_param(IS_GPIO_SPEED(GPIO_InitStruct - >GPIO_Speed));
    ……
}
```

顾名思义，assert _ param 函数是对入口参数的有效性进行判断，从这个函数入手，确定入口参数的范围。第一行是对第一个参数 GPIOx 进行有效性判断，双击“IS _ GPIO _ ALL _ PERIPH”右键点击“go to defition of...”定位到了下面的定义：

```
#define IS_GPIO_ALL_PERIPH(PERIPH) (((PERIPH) = = GPIOA) || \
                                    ((PERIPH) = = GPIOB) || \
                                    ((PERIPH) = = GPIOC) || \
                                    ((PERIPH) = = GPIOD) || \
                                    ((PERIPH) = = GPIOE) || \
                                    ((PERIPH) = = GPIOF) || \
                                    ((PERIPH) = = GPIOG))
```

很明显可以看出，GPIOx 的取值规定只允许是 GPIOA～GPIOG。同样的办法，双击“IS _ GPIO _ MODE”右键点击“go to defition of…”，定位到下面的定义：

```
typedef enum
{ GPIO_Mode_AIN = 0x0,
GPIO_Mode_IN_FLOATING = 0x04,
GPIO_Mode_IPD = 0x28,
GPIO_Mode_IPU = 0x48,
  GPIO_Mode_Out_OD = 0x14,
GPIO_Mode_Out_PP = 0x10,
  GPIO_Mode_AF_OD = 0x1C,
GPIO_Mode_AF_PP = 0x18
}GPIOMode_TypeDef;
#define IS_GPIO_MODE(MODE) (
((MODE) = = GPIO_Mode_AIN) || ((MODE) = = GPIO_Mode_IN_FLOATING) || \
((MODE) = = GPIO_Mode_IPD) || ((MODE) = = GPIO_Mode_IPU) || \
((MODE) = = GPIO_Mode_Out_OD) || ((MODE) = = GPIO_Mode_Out_PP) || \
((MODE) = = GPIO_Mode_AF_OD) || ((MODE) = = GPIO_Mode_AF_PP))
```

所以 GPIO _ InitStruct－>GPIO _ Mode 成员的取值范围只能是上面定义的 8 种。8 种模式是通过一个枚举类型组织在一起的。

同样的方法可以找出 GPIO _ Speed 的参数限制：

```
typedef enum
{
  GPIO_Speed_10MHz = 1,
  GPIO_Speed_2MHz,
  GPIO_Speed_50MHz,
}GPIOSpeed_TypeDef;
#define IS_GPIO_SPEED(SPEED)(((SPEED) = = GPIO_Speed_10MHz) ||
((SPEED) = = GPIO_Speed_2MHz) || \
((SPEED) = = GPIO_Speed_50MHz))
```

相似的，双击“IS _ GPIO _ PIN”右键点击“go to defition of…”，定位到下面的定义：

```
#define IS_GPIO_PIN(PIN)((((PIN)&(uint16_t)0x00) = = 0x00)&&((PIN)! = (uint16_t)0x00))
```

可以看出，GPIO _ Pin 成员变量的取值范围为 0x0000 到 0xffff，那么是不是说明写代码初始化就是直接给一个 16 位的数字呢？也是可以的，但是大多数情况下，MDK 软件不会允许直接在入口参数处设置一个简单的数字，因为这样代码的可读性太差，MDK 软件会将数字的意思通过宏定义定义出来，可读性大大增强。在 IS _ GPIO _ PIN（PIN）宏定义的上面还有数行宏定义：

```
#define IS_GET_GPIO_PIN(PIN)(((PIN) = = GPIO_Pin_0)|| \
                            ((PIN) = = GPIO_Pin_1)|| \
                            ((PIN) = = GPIO_Pin_2)|| \
```

```
((PIN) = = GPIO_Pin_3)|| \
((PIN) = = GPIO_Pin_4)|| \
((PIN) = = GPIO_Pin_5)|| \
((PIN) = = GPIO_Pin_6)|| \
((PIN) = = GPIO_Pin_7)|| \
((PIN) = = GPIO_Pin_8)|| \
((PIN) = = GPIO_Pin_9)|| \
((PIN) = = GPIO_Pin_10)|| \
((PIN) = = GPIO_Pin_11)|| \
((PIN) = = GPIO_Pin_12)|| \
((PIN) = = GPIO_Pin_13)|| \
((PIN) = = GPIO_Pin_14)|| \
((PIN) = = GPIO_Pin_15))
```

宏定义 GPIO _ Pin _ 0～GPIO _ Pin _ 15 是 MDK 事先定义好的，初始化代码 GPIO _ Pin 的入口参数可以是这些宏定义。为了方便查找，MDK 一般把取值范围的宏定义放在判断有效性语句的上方。

通过上述方法，可以快速准确的组织 GPIO 初始化代码如下：

```
GPIO_InitTypeDef  GPIO_InitStructure;
GPIO_InitStructure.GPIO_Pin = GPIO_Pin_5;  //指定端口
GPIO_InitStructure.GPIO_Mode = GPIO_Mode_Out_PP;  //推挽输出
GPIO_InitStructure.GPIO_Speed = GPIO_Speed_50MHz; //指定速度
GPIO_Init(GPIOB, &GPIO_InitStructure);//初始化
```

接着又有一个问题会被提出来，初始化函数一次只能初始化一个 GPIO 口吗？如果同时初始化多个 IO 口，是不是要复制很多次初始化代码呢？

有一个小技巧，从上面的 GPIO _ Pin _ x 的宏定义可以看出，这些值是 0，1，2，4 这样的数字，所以每个 IO 口选定都是对应着一个位，16 位的数据一共对应 16 个 I/O 口。如果某位为 0，那么对应的 IO 口不选定；如果某位为 1，对应的 IO 口选定。如果多个 IO 口，都是对应同一个 GPIOx，那么可以通过“｜”（或）的方式同时初始化多个 IO 口。这样操作的前提是，这些 GPIO 引脚的 Mode 和 Speed 参数相同，因为 Mode 和 Speed 参数并不能一次定义多种。所以初始化多个 GPIO 口的方式可以通过｜（或）的方式连接，如下：

```
GPIO_InitTypeDef  GPIO_InitStructure;
GPIO_InitStructure.GPIO_Pin = GPIO_Pin_5| GPIO_Pin_6| GPIO_Pin_7; //指定端口
GPIO_InitStructure.GPIO_Mode = GPIO_Mode_Out_PP;  //推挽输出
GPIO_InitStructure.GPIO_Speed = GPIO_Speed_50MHz;  //指定速度
GPIO_Init(GPIOB, &GPIO_InitStructure);  //初始化
```

在使用外设的时候需要使能时钟，不同的外设是挂在不同的总线之下的，如果每次使能的时候都去查看时钟树就比较麻烦。同样的，可以在系统文件夹中查找到每个外设对应的总线。在 STM32f10x. h 文件里面可以看到如下的宏定义：

```
#define RCC_APB2Periph_GPIOA  ((uint32_t)0x00000004)
```

```
#define RCC_APB2Periph_GPIOB  ((uint32_t)0x00000008)
#define RCC_APB2Periph_GPIOC  ((uint32_t)0x00000010)
#define RCC_APB1Periph_TIM2 ((uint32_t)0x00000001)
#define RCC_APB1Periph_TIM3 ((uint32_t)0x00000002)
#define RCC_APB1Periph_TIM4 ((uint32_t)0x00000004)
#define RCC_AHBPeriph_DMA1 ((uint32_t)0x00000001)
#define RCC_AHBPeriph_DMA2 ((uint32_t)0x00000002)
```

从以上宏定义可以很明显看出 GPIOA～GPIOC 是挂载在 APB2 下面，TIM2～TIM4 是挂载在 APB1 下 面，DMA 是挂载在 AHB 下面。所以在使能 DMA 的时候记住要调用的是 RCC_AHBPeriphClock() 函数使能，在使能 GPIO 的时候调用的是 RCC_APB2PeriphResetCmd()函数使能。

对于变量，也可以按照这样的操作快速定位变量被定义的地方，大大缩短了查找代码的时间。

任务小结

本项目主要设计了家用灯光照明系统，并进行了相关的代码调试。在项目任务的实施过程中，学习了 STM32F103XX 系列芯片的基础知识，综合应用了 GPIO 输入/输出接口和键盘等知识，是一个相对基础性的项目。

通过项目二的学习，对 STM32 系列芯片的性能、结构、时钟系统有了系统的了解。能在 STM32 中编写 GPIO 输入/输出程序，同时掌握一些 RVMDK 环境下编程和调试的小技巧，为今后的学习打下基础。

项目三　家用门禁报警系统的设计

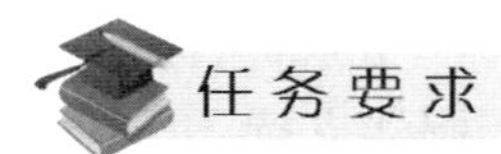

任务要求

家用门禁报警系统是一种用在需要进行安全防护或需要提醒有外来人员接近房屋的场所，通过声音或各种光来向人们发出示警信号的报警信号的装置。系统以 STM32 为控制核心，利用传感器感知是否有外来人员接近，并使用 LED 发光二极管模拟报警灯，在有外来人员接近房屋时发出警报。

一、具体功能

本项目采用热释电红外传感模块作为传感器，当人或物体进入报警系统感应区域，传感器感知后发出警报，打开报警灯。报警系统处于感应状态下，报警灯持续点亮。当人或物体离开感应区域后，报警灯即刻自动关闭。

二、学习目标

通过本项目的学习，了解 STM32 内部中断系统的基础知识，深入学习中断系统的结构和编程技巧，并能了解热释电红外传感模块的内部结构和使用方法。

理论知识

一、嵌入式中断模块

1. 嵌入式中断的概念

在生活中，处处可见中断的事例。比如你在家看书，突然电话响了，你立即放下书本去接电话，等电话挂断后，再回来继续看书，这个过程就是中断。那么，什么是嵌入式的中断呢？当 CPU 正在执行一个任务 A 时，突然又发生了一个更高级的任务 B，CPU 必须立即中断当前的任务 A，并保存该任务已经执行的状态和相关信息，然后转去执行任务 B，任务 B 被称为中断处理程序，等到任务 B 处理结束后，程序将返回任务 A 被中断的地方继续执行，这个过程就是嵌入式中断的概念。

对于整个系统而言，中断有如下优点：

（1）提高 CPU 的效率。

CPU 是系统的核心，它与外围设备（如按键、显示器等）通信的方法有查询和中断两种，查询的方法是无论 GPIO 是否需要服务，CPU 每隔一段时间都要依次查询一遍，这种方法将占用 CPU 一些时间去做查询工作。

中断则是在外围设备需要通信时主动告诉 CPU，然后 CPU 再停下当前工作去处理中断程序，不需占用 CPU 去做查询工作，CPU 可以在没有中断请求来临前一直处理自己的工作，从而提高 CPU 效率。

（2）可以实现实时处理。

外设任何时刻都可能发出请求中断信号，CPU 接到请求后及时处理，以满足实时系统的需求。

（3）可以及时处理故障。

计算机系统运行过程中难免会出现故障，有许多事情是无法预料的，如电源掉电、存储器出错、外设工作不正常等，这时可以通过中断系统向CPU发送中断请求，由CPU及时转到相应的出错处理程序，从而提高计算机的可靠性。

2. EXTI中断模块

在STM32系列处理器中，每个GPIO都可以作为外部中断的输入。STM32的中断控制器支持19个外部中断/事件请求。每个中断设有状态位，每个中断/事件都有独立的触发和屏蔽设置。STM32的19个外部中断为：

线0～15：对应外部IO口的输入中断。

线16：连接到PVD输出。

线17：连接到RTC闹钟事件。

线18：连接到USB唤醒事件。

从上面可以看出，STM32供IO口使用的中断线只有16个，但是STM32的GPIO口却远远不止16个，那么STM32是怎么把16个中断线和IO口一一对应起来的呢？STM32使用了复用的方式，具体一点来说，GPIO的引脚Px0～Px15（x＝A，B，C，D，E，F，G）分别对应中断线0～15。每个中断线对应最多7个GPIO口，以线0为例：它对应了PA0、PB0、PC0、PD0、PE0、PF0、PG0。但是，中断线每次只能连接到1个IO口上，需要通过配置来决定对应的中断线配置到哪个GPIO上了。下面查看GPIO和中断线的映射关系如图2.3.1所示。

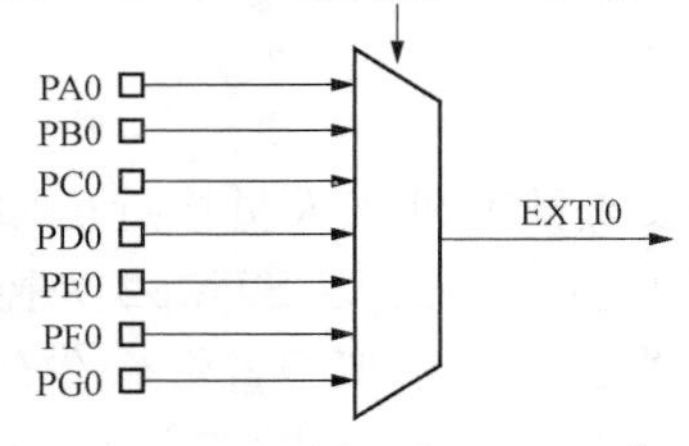

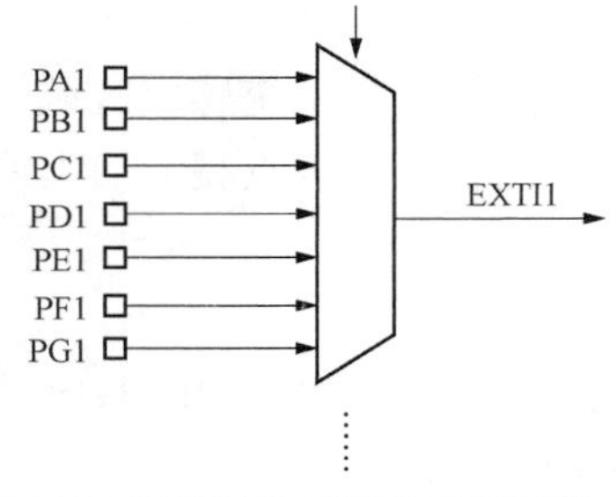

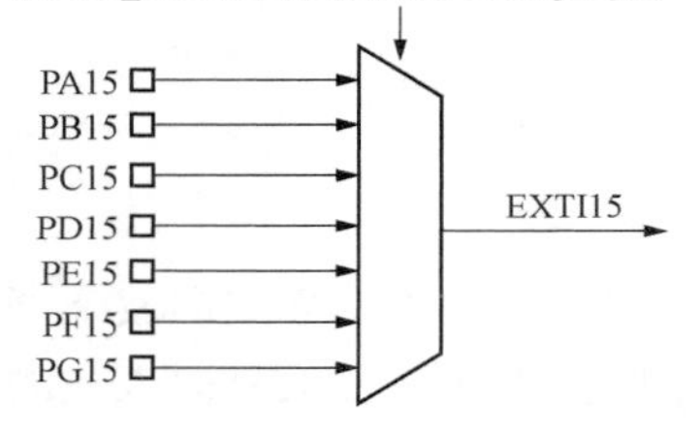

图2.3.1 GPIO和中断线的映射关系

所以，在硬件设计时要注意，不要将多个外部中断同时连接在不同端口的同一序号的引脚上，比如不能同时连接到PA0、PB0、PC0、PD0、PE0、PF0、PG0，因为此时CPU只能选择一个作为中断源，其他的中断将无法到达处理器。

在中断服务程序中，需要通过设置相应的参数寄存器来判别中断的来源，触发方式，是否允许或屏蔽等，STM32的中断寄存器如表2.3.1所示。

表2.3.1 STM32处理器中的中断寄存器

中断寄存器	寄存器描述	寄存器功能描述
AFIO_EXTICR1	外部中断配置寄存器1	用于配置外部中断寄存器1的输入源
AFIO_EXTICR2	外部中断配置寄存器2	用于配置外部中断寄存器2的输入源
AFIO_EXTICR3	外部中断配置寄存器3	用于配置外部中断寄存器3的输入源
AFIO_EXTICR4	外部中断配置寄存器4	用于配置外部中断寄存器4的输入源

续表

中断寄存器	寄存器描述	寄存器功能描述
EXTI _ IMR	中断屏蔽寄存器	屏蔽中断线上的中断请求
EXTI _ EMR	事件屏蔽寄存器	屏蔽中断线上的事件请求
EXTI _ RTSR	上升沿触发选择寄存器	用于配置中断线上的上升沿触发事件
EXTI _ FTSR	下降沿触发选择寄存器	用于配置中断线上的下降沿触发事件
EXTI _ SWIER	软件中断事件寄存器	用于配置中断线上的软件中断
EXTI _ PR	中断挂起寄存器	当外部中断发生了选择的边沿事件时，寄存器对应操作位将被置 1。在该操作位写 1 可以清除当前标志位，也可以通过改变边沿检测的极性进行清除

STM32 的外部中断/事件控制器由用于产生事件/中断请求的 19 个边沿检测器组成。每根外部中断输入线也均可以被单独屏蔽，并且处理器通过一个挂起寄存器保存中断请求的状态。外部中断/事件控制器 EXTI 的主要特性如下所示：

(1) 每根外部中断/事件输入线上均可独立触发和屏蔽；

(2) 每根外部中断/事件输入线都具有专门的状态标志位；

(3) 最多可产生 19 个软件事件/中断请求；

(4) 可捕获脉宽低于 APB 时钟的外部信号。

图 2.3.2 给出了 STM32 处理器中某一条外部中断线或外部事件线的信号结构图。图中虚线标出了外部中断/事件信号的传输路径。外部中断/事件信号从芯片引脚 1 输入，经过编号 2 的边沿检测电路，用户可以选择上升沿触发、下降沿触发或双边沿触发。信号经过编号 3 的或门，软件可以优先于外部信号请求一个中断或事件，然后，信号进入挂起请求寄存器。对于外部中断信号而言，外部中断请求信号最后经过编号 4 的与门到达编号 5 的 NVIC 中断控制器。对于外部事件来说，请求信号经过编号 3 的或门后，进入编号 6 的与门。最后进入编号 7 的脉冲发生器，将一个跳变的信号转变为单脉冲，输出到芯片中的其他功能模块。

从外部激励信号看，中断和事件是没有分别的，只是在芯片内部分开，中断信号向 CPU 产生中断请求，而另一路事件信号向其他功能模块发送脉冲触发信号，其他的功能模块如何响应触发信号，则由对应的模块自己决定，例如 DMA 中断，USART 中断等都可以使用事件进行触发和控制。

需要说明的是，在通道上有 4 个控制寄存器，外部的信号首先经过边沿检测电路，边沿检测电路受上升沿或下降沿选择寄存器控制，用户可以使用这两个寄存器控制需要哪一个边沿产生中断，因为选择上升沿或下降沿是分别受 2 个平行的寄存器控制，所以用户可以同时选择上升沿或下降沿，而如果只有一个寄存器控制，那么只能选择一个边沿了。

编号 3 的或门除了接收来自外部中断的信号外，另一个输入是“软件中断事件寄存器”，从这里可以看出，软件可以优先于外部信号请求一个中断或事件，既当“软件中断事件寄存器”的对应位为“1”时，不管外部信号如何，编号 3 的或门都会输出有效信号。

一个中断或事件请求信号经过编号 3 的或门后，进入挂起请求寄存器，到此之前，中断和事件的信号传输通路都是一致的，也就是说，挂起请求寄存器中记录了外部信号的电平变化。

外部请求信号最后经过编号 4 的与门，向 NVIC 中断控制器发出一个中断请求，如果中断屏蔽寄存器的对应位为“0”，则该请求信号不能传输到与门的另一端，实现了中断的屏蔽。

图 2.3.2 中下面的一条线标出了外部事件信号的传输路径，外部请求信号经过编号 3 的或门后，进入编号 6 的与门，这个与门的作用与编号 4 的与门类似，用于引入事件屏蔽寄存器的控制；最后脉冲发生器把一个跳变的信号转变为一个单脉冲，输出到芯片中的其他功能模块。从外部激励信号来看，中断和事件是没有分别的，只是在芯片内部分开，一路信号会向 CPU 产生中断请求，另一路信号会向其他功能模块发送脉冲触发信号，其他功能模块如何响应触发信号，则由对应的模块自己决定。

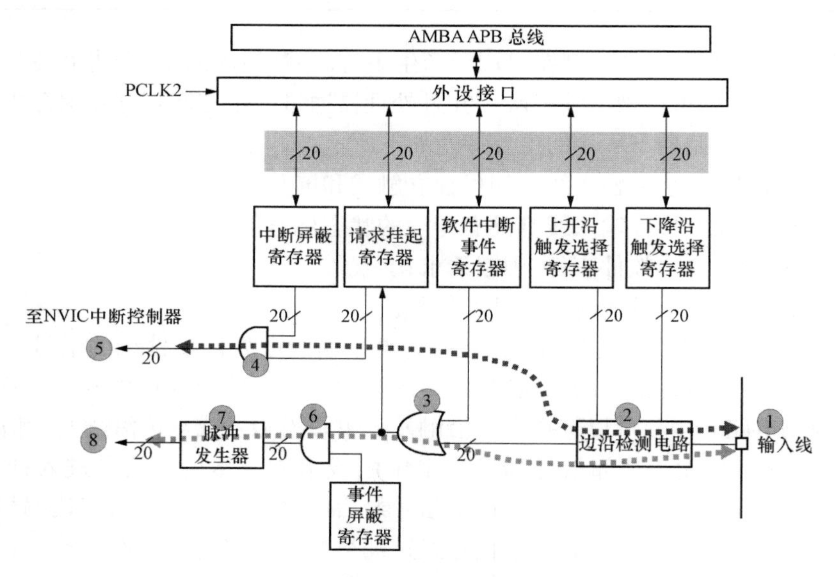

图 2.3.2 外部中断/事件控制器的信号结构

3. 向量中断控制器 NVIC

Cortex - M3 内核支持 256 个中断，其中包含了 16 个内核中断和 240 个外部中断，并且具有 256 级的可编程中断设置。但 STM32 并没有使用 Cortex - M3 内核的全部东西，而是只用了它的一部分。STM32 有 84 个中断，包括 16 个内核中断和 68 个可屏蔽中断，具有 16 级可编程的中断优先级。而常用的就是这 68 个可屏蔽中断，但是 STM32 的 68 个可屏蔽中断，在 STM32F103 系列上面，又只有 60 个（在 107 系列才有 68 个）。向量中断控制器 NVIC 是 ARM 嵌入式系统中不可分割的一部分，它与系统 ARM 内核的逻辑紧密耦合在一起，共同完成对系统中断的响应，用户可以通过存储器映射的方式实现对 NVIC 寄存器的访问操作。在 ARM 系统中，NVIC 除了包含控制寄存器和中断处理的控制逻辑外，还包括 MPU、SysTick 定时器及与调试控制相关的寄存器。下面选取 STM32F103XX 系列的可屏蔽中断进行介绍。在 MDK 内，与 NVIC 相关的寄存器，MDK 为其定义了如下的结构体：

```
typedef struct
{
```

```
    vu32 ISER[2];
    u32  RESERVED0[30];
    vu32 ICER[2];
    u32  RSERVED1[30];
    vu32 ISPR[2];
    u32  RESERVED2[30];
    vu32 ICPR[2];
    u32  RESERVED3[30];
    vu32 IABR[2];
    u32  RESERVED4[62];
    vu32 IPR[15];
} NVIC_TypeDef;
```

STM32 的中断在这些寄存器的控制下有序地执行。

ISER[2]：ISER 全称是 Interrupt Set - Enable Registers，是一个中断使能寄存器组。STM32F103XX 的可屏蔽中断只有 60 个，这里用了 2 个 32 位的寄存器，总共可以表示 64 个中断。而 STM32F103XX 系列只用了其中的前 60 位。ISER[0]的位 0～位 31 分别对应中断 0～31。ISER[1]的位 0～位 27 对应中断 32～59。使能某个中断，必须设置相应的 ISER 位为 1，使该中断被使能（这里仅仅是使能，还要配合中断分组、屏蔽、IO 口映射等设置才算是一个完整的中断设置）。

ICER[2]：全称是 Interrupt Clear - Enable Registers，是一个中断失能寄存器组。该寄存器组与 ISER 的作用恰好相反，是用来清除某个中断的使能的。其对应位的功能，也和 ICER 一样。这里要专门设置一个 ICER 来清除中断位，而不是向 ISER 写 0 来清除，是因为 NVIC 的这些寄存器都是写 1 有效的，写 0 是无效的。

ISPR[2]：全称是：Interrupt Set - Pending Registers，是一个中断挂起控制寄存器组。每个位对应的中断和 ISER 是一样的。通过置 1，可以将正在进行的中断挂起，而执行同级或更高级别的中断。写 0 是无效的。

ICPR[2]：全称是：Interrupt Clear - Pending Registers，是一个中断解挂控制寄存器组。其作用与 ISPR 相反，对应位也和 ISER 是一样的。通过设置 1，可以将挂起的中断接挂。写 0 无效。

IABR[2]：全称是：Interrupt Active Bit Registers，是一个中断激活标志位寄存器组。这是一个只读寄存器，通过它可以知道当前在执行的中断是哪一个。在中断执行完后由硬件自动清零。对应位所代表的中断和 ISER 一样，如果为 1，则表示该位所对应的中断正在被执行。

IPR[15]：全称是：Interrupt Priority Registers，是一个中断优先级控制的寄存器组。STM32 的中断分组与这个寄存器组密切相关。因为 STM32 的中断多达 60 多 个，所以 STM32 采用中断分组的办法来确定中断的优先级。IPR 寄存器组由 15 个 32bit 的寄存 器组成，每个可屏蔽中断占用 8 bit，这样总共可以表示 15×4＝60 个可屏蔽中断。刚好和 STM32 的可屏蔽中断数相等。IPR [0] 的 [31～24]，[23～16]，[15～8]，[7～0] 分别对应中断 3～0，依次类推，总共对应 60 个外部中断。而每个可屏蔽中断占用的 8 bit 并没有全部使用，而是只用了高 4 位。这 4 位，又分为抢占优先级和子优先级。抢占优先级在前，子优先级在后。而这两个优先级各占几个位又要根据 SCB－>AIRCR 中的中断断分组设置来决定。

这里简单介绍一下 STM32 的中断分组：STM32 将中断分为 5 个组，组 0～4。该分组的设置是由 SCB－>AIRCR 寄存器的 bit10～8 来定义的。具体的分配关系如表 2.3.2 所示。

表 2.3.2　AIRCR 中断分组设置表

组	AIRCR[10:8]	bit[7:4]分配情况	分配结果
0	111	0：4	0 位抢占优先级，4 位响应优先级
1	110	1：3	1 位抢占优先级，3 位响应优先级
2	101	2：2	2 位抢占优先级，2 位响应优先级
3	100	3：1	3 位抢占优先级，1 位响应优先级
4	011	4：0	4 位抢占优先级，0 位响应优先级

通过表 2.3.2，可以清楚地看到组 0～4 对应的配置关系，例如组设置为 3，那么此时所有的 60 个中断，每个中断的中断优先寄存器的高 4 位中的最高 3 位是抢占优先级，低 1 位是响应优先级。每个中断，可以设置抢占优先级为 0～7，响应优先级为 1 或 0。抢占优先级的级别高于响应优先级。而数值越小所代表的优先级就越高。需要注意两点：第一，如果两个中断的抢占优先级和响应优先级都是一样的话，则看哪个中断先发生就先执行；第二，高优先级的抢占优先级是可以打断正在进行的低抢占优先级中断的。而抢占优先级相同的中断，高优先级的响应优先级不可以打断低响应优先级的中断。结合实例说明：假定设置中断优先级组为 2，然后设置中断 3（RTC 中断）的抢占优先级为 2，响应优先级为 1。中断 6（外部中断 0）的抢占优先级为 3，响应优先级 0。中断 7（外部中断 1）的抢占优先级为 2，响应优先级为 0。那么这 3 个中断的优先级顺序为：中断 7>中断 3>中断 6。

上面例子中的中断 3 和中断 7 都可以打断中断 6 的中断。而中断 7 和中断 3 却不可以相互打断。

上文介绍了 STM32 中断设置的大致过程。接下来介绍如何使用库函数实现以上中断分组设置以及中断优先级管理，使得以后的中断设置简单化。NVIC 中断管理函数主要在 misc.c 文件里面。

首先要讲解的是中断优先级分组函数 NVIC_PriorityGroupConfig，其函数申明如下：

```
void NVIC_PriorityGroupConfig(uint32_t NVIC_PriorityGroup);
```

这个函数的作用是对中断的优先级进行分组，这个函数在系统中只能被调用一次，一旦分组确定就最好不要更改。函数原型如下：

```
void NVIC_PriorityGroupConfig(uint32_t NVIC_PriorityGroup)
{
    assert_param(IS_NVIC_PRIORITY_GROUP(NVIC_PriorityGroup));
    SCB->AIRCR = AIRCR_VECTKEY_MASK | NVIC_PriorityGroup;
}
```

从函数体可以看出，这个函数唯一目的就是通过设置 SCB－>AIRCR 寄存器来设置中断优先级分组，在前面寄存器讲解的过程中已经讲到。而其入口参数通过双击选中函数体里面的“IS _ NVIC _ PRIORITY _ GROUP”然后右键“Go to defition of ...”可以查看到为：

```
#define IS_NVIC_PRIORITY_GROUP(GROUP)
(((GROUP) = = NVIC_PriorityGroup_0)||
((GROUP) = = NVIC_PriorityGroup_1)|| \
((GROUP) = = NVIC_PriorityGroup_2)|| \
((GROUP) = = NVIC_PriorityGroup_3)|| \
((GROUP) = = NVIC_PriorityGroup_4))
```

这也是上面表中讲解的，分组范围为 0-4。例如设置整个系统的中断优先级分组值为 2，那么方法是：

```
NVIC_PriorityGroupConfig(NVIC_PriorityGroup_2);
```

这样就确定了一共为“2 位抢占优先级，2 位响应优先级”。设置好了系统中断分组，那么对于每个中断又怎么确定抢占优先级和响应优先级呢？下面讲解一个重要的函数为中断初始化函数 NVIC _ Init，其函数申明为：

```
void NVIC_Init(NVIC_InitTypeDef * NVIC_InitStruct)
```

其中 NVIC _ InitTypeDef 是一个结构体，查看结构体的成员变量

```
typedef struct
{
    uint8_t NVIC_IRQChannel;
    uint8_t NVIC_IRQChannelPreemptionPriority;
    uint8_t NVIC_IRQChannelSubPriority; FunctionalState NVIC_IRQChannelCmd;
} NVIC_InitTypeDef;
```

NVIC _ InitTypeDef 结构体中间有三个成员变量，三个成员变量的作用是：

NVIC _ IRQChannel：定义初始化的目标中断，可以在 STM32f10x. h 中找到每个中断对应的名字。例如 USART1 _ IRQn。

NVIC _ IRQChannelPreemptionPriority：定义中断的抢占优先级别。

NVIC _ IRQChannelSubPriority：定义中断的子优先级别。

NVIC _ IRQChannelCmd：该中断是否使能。

比如要使能串口 1 的中断，同时设置抢占优先级为 1，子优先级位 2，初始化的方法是：

```
NVIC_InitTypeDef NVIC_InitStructure;
NVIC_InitStructure. NVIC_IRQChannel = USART1_IRQn;  //定义串口 1 中断
NVIC_InitStructure. NVIC_IRQChannelPreemptionPriority = 1;//抢占优先级为 1
NVIC_InitStructure. NVIC_IRQChannelSubPriority = 2;  //子优先级为 2
NVIC_InitStructure. NVIC_IRQChannelCmd = ENABLE;  //IRQ 通道使能
NVIC_Init(&NVIC_InitStructure);  //根据上面指定的参数初始化 NVIC 寄存器
```

这里讲解了中断分组的概念以及设定优先级值的方法，至于每种优先级还有一些关于清

除中断，查看中断状态，在下文会详细讲解到。最后总结一下中断优先级设置的步骤：

(1) 系统运行开始的时候设置中断分组。确定组号，也就是确定抢占优先级和子优先级的分配位数。调用函数为 NVIC_PriorityGroupConfig()；

(2) 设置所用到的中断的中断优先级别。对每个中断调用函数为 NVIC_Init()；

二、热释电红外传感模块

测试人体接近某一物体的方法通常采用人体传感器，它是一种能够感应到人体接近并给出电信号的器件。这种传感器有接触式和非接触式两种形式。接触式测量方法可以使用触摸传感器、电容式传感器、指纹传感器等器件来实现；非接触式测量方法则可采用红外传感器、热释电红外传感器、微波传感器、超声传感器、电磁传感器等器件来实现。考虑到家用门禁报警系统的使用功能和特点，可以采用热释电红外传感模块作为感应部件。

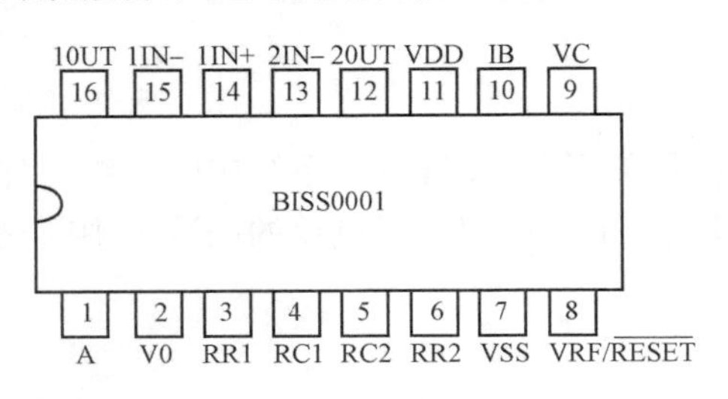

图 2.3.3　BISS0001 引脚

热释电红外传感模块是热释电红外传感器 RE20HDB、热释电红外传感器信号处理芯片 BISS0001 和少量外接元器件构成的被动式红外开关。热释电红外传感器信号处理芯片 BISS0001 是 CMOS 类具有独立的高输入阻抗运算放大器，其引脚图如图 2.3.3 所示，可以与多种传感器匹配，进行信号处理，能有效地抑制其他信号的干扰，稳定性高，调节范围广。若有人进入热释电红外传感器的扫描范围内，RE200B 产生微弱的电压变化使得芯片被触发，经过 BISS0001 芯片的两级放大后，在 VO 信号输出端产生 3.3 V 左右的电压；当没有人经过时，VO 端输出 0 V，输出电压送入单片机进行判断和处理，从而实现了人体检测。

热释电红外传感器模块有三个引脚，如图 2.3.4 所示，其中“+”端连接正电源、“−”端接地、“OUT”端是输出引脚。当有人靠近时，输出 U_{out}=3.3V；当无人靠近时输出 U_{out}=0V。电源工作电压为 DC4.5～20.0V，感应角度为 110°，静态电流小于 40μA，感应距离为 1～5m。只要有人进入感应区域内，人体的红外辐射就会被探测出来。这种检测模块的优点是本身不发出任何类型的辐射，一般情况下手机辐射、照明不会引起误动作，器件功耗小，价格低廉。缺点是只能测试运动的人体，且容易受较强热源、光源、射频辐射干扰，当环境温度和人体温度接近时灵敏度会下降。

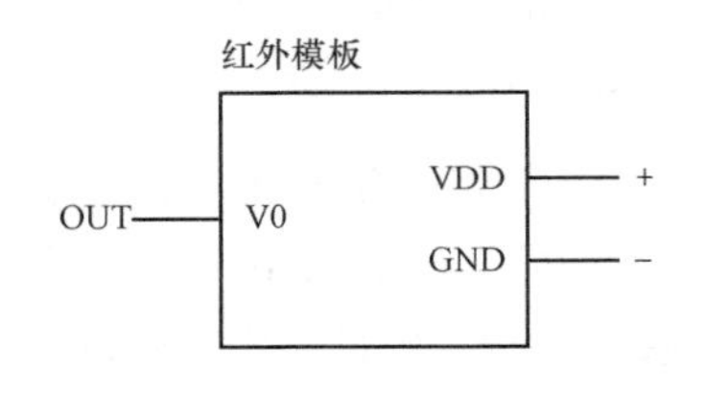

图 2.3.4　热释电红外传感器模块

三、固件库函数

1. EXTI 库函数

表 2.3.3 列举了部分 EXTI 库函数。

表 2.3.3　　EXTI 库函数

函数名	描述
EXTI_DeInit	将外设 EXTI 寄存器重设为缺省值
EXTI_Init	根据 EXTI_InitStruct 中指定的参数初始化外设 EXTI 寄存器
EXTI_StructInit	把 EXTI_InitStruct 中的每一个参数按缺省值填入

续表

函　数　名	描　　述
EXTI _ GenerateSWInterrupt	产生一个软件中断
EXTI _ GetFlagStatus	检查指定的 EXTI 线路标志位设置与否
EXTI _ ClearFlag	清除 EXTI 线路挂起标志位
EXTI _ GetITStatus	检查指定的 EXTI 线路触发请求发生与否
EXTI _ ClearITPendingBit	清除 EXTI 线路挂起位

表 2.3.4 列举了两个常用的 NVIC 库函数

表 2.3.4　NVIC　库　函　数

函　数　名	描　　述
NVIC _ PriorityGroupConfig	设置优先级分组：先占优先级和从优先级
NVIC _ Init	根据 NVIC _ InitStruct 中指定的参数初始化外设 NVIC 寄存器

(1) 函数 EXTI _ DeInit。

表 2.3.5 所示为函数 EXTI _ DeInit。

表 2.3.5　函数 EXTI _ DeInit

函　数　名	EXTI _ DeInit	函　数　名	EXTI _ DeInit
函数原形	void EXTI _ DeInit (void)	返回值	无
功能描述	将外设 EXTI 寄存器重设为默认值	先决条件	无
输入参数	无	被调用函数	无
输出参数	无		

例：

```
/*******************************复位 EXTI 寄存器*****************************/
EXTI_DeInit();
/**************************代码行结束*************************************/
```

(2) 函数 EXTI _ Init。

函数 EXTI _ Init 如表 2.3.6 所示。

表 2.3.6　函数 EXTI _ Init

函数名	EXTI _ Init
函数原形	void EXTI_Init(EXTI_InitTypeDef * EXTI_InitStruct)
功能描述	根据 EXTI _ InitStruct 中指定的参数初始化外设 EXTI 寄存器
输入参数	EXTI _ InitStruct：指向结构 EXTI _ InitTypeDef 的指针包含了外设 EXTI 的配置信息
输出参数	无
返回值	无
先决条件	无
被调用函数	无

EXTI _ InitTypeDef 定义于文件“STM32f10x _ exti. h”：

```
typedef struct
{
  u32 EXTI_Line;
  EXTIMode_TypeDef EXTI_Mode;
  EXTIrigger_TypeDef EXTI_Trigger;
  FunctionalState EXTI_LineCmd;
} EXTI_InitTypeDef;
```

1）EXTI _ Line。

参数 EXTI _ Line 是中断线的标号，表 2.3.7 给出了该参数可取的值。

表 2.3.7　　EXTI _ Line 值

EXTI _ Line	描　　述	EXTI _ Line	描　　述
EXTI _ Line0	外部中断线 0	EXTI _ Line10	外部中断线 10
EXTI _ Line1	外部中断线 1	EXTI _ Line11	外部中断线 11
EXTI _ Line2	外部中断线 2	EXTI _ Line12	外部中断线 12
EXTI _ Line3	外部中断线 3	EXTI _ Line13	外部中断线 13
EXTI _ Line4	外部中断线 4	EXTI _ Line14	外部中断线 14
EXTI _ Line5	外部中断线 5	EXTI _ Line15	外部中断线 15
EXTI _ Line6	外部中断线 6	EXTI _ Line16	外部中断线 16
EXTI _ Line7	外部中断线 7	EXTI _ Line17	外部中断线 17
EXTI _ Line8	外部中断线 8	EXTI _ Line18	外部中断线 18
EXTI _ Line9	外部中断线 9		

2）EXTI _ Mode。

参数 EXTI _ Mode 设置中断模式，可选择是事件还是中断。表 2.3.8 给出了该参数可取的值。

表 2.3.8　　EXTI _ Mode 值

EXTI _ Mode	描　　述	EXTI _ Mode	描　　述
EXTI _ Mode _ Event	设置 EXTI 线路为事件请求	EXTI _ Mode _ Interrupt	设置 EXTI 线路为中断请求

3）EXTI _ Trigger。

参数 EXTI _ Trigger 设置了中断的触发方式，可选择下降沿触发或上升沿触发或任意电平触发，触发方式的概念在上文硬件设计中已描述过。表 2.3.9 给出了该参数可取的值。

表 2.3.9　　EXTI _ Trigger 值

EXTI _ Trigger	描　　述
EXTI _ Trigger _ Falling	设置输入线路下降沿为中断请求

续表

EXTI _ Trigger	描　　述
EXTI _ Trigger _ Rising	设置输入线路上升沿为中断请求
EXTI _ Trigger _ Rising _ Falling	设置输入线路上升沿和下降沿为中断请求

4）EXTI _ LineCmd。

参数 EXTI _ LineCmd 用来使能或失能中断，它可以被设为 ENABLE 或者 DISABLE。例：

```
/************** 设置线 12 和线 14 上的下降沿作为外部中断触发的方式 ******************/
EXTI_InitTypeDef EXTI_InitStructure;
EXTI_InitStructure.EXTI_Line = EXTI_Line12 | EXTI_Line14;
EXTI_InitStructure.EXTI_Mode = EXTI_Mode_Interrupt;
EXTI_InitStructure.EXTI_Trigger = EXTI_Trigger_Falling;
EXTI_InitStructure.EXTI_LineCmd = ENABLE;
EXTI_Init(&EXTI_InitStructure);
/************************** 代码行结束 ************************************/
```

（3）函数 EXTI _ StructInit。

函数 EXTI _ StructInit 如表 2.3.10 所示。

表 2.3.10　函数 EXTI _ StructInit

函　数　名	EXTI _ StructInit
函数原形	void EXTI _ StructInit (EXTI _ InitTypeDef * EXTI _ InitStruct)
功能描述	把 EXTI _ InitStruct 中的每一个参数按缺省值填入
输入参数	EXTI _ InitStruct：指向结构 EXTI _ InitTypeDef 的指针，待初始化
输出参数	无
返回值	无
先决条件	无
被调用函数	无

表 2.3.11 给出了 EXTI _ InitStruct 各个成员的默认值。

表 2.3.11　EXTI _ InitStruct 默认值

成　员	默　认　值	成　员	默　认　值
EXTI _ Line	EXTI _ LineNone	EXTI _ Trigger	EXTI _ Trigger _ Falling
EXTI _ Mode	EXTI _ Mode _ Interrupt	EXTI _ LineCmd	DISABLE

例：

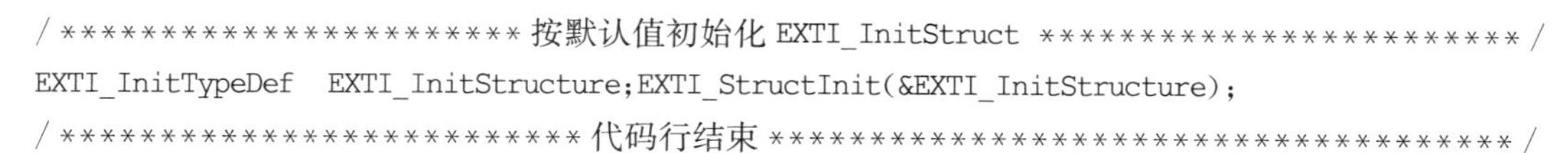

```
/************************ 按默认值初始化 EXTI_InitStruct ************************/
EXTI_InitTypeDef   EXTI_InitStructure;EXTI_StructInit(&EXTI_InitStructure);
/************************** 代码行结束 **************************************/
```

(4) 函数 EXTI _ GenerateSWInterrupt。

函数 EXTI _ GenerateSWInterrupt 如表 2.3.12 所示。

表 2.3.12 函数 EXTI _ GenerateSWInterrupt

函数名	EXTI _ GenerateSWInterrupt
函数原形	void EXTI _ GenerateSWInterrupt (u32 EXTI _ Line)
功能描述	产生一个软件中断
输入参数	EXTI _ Line：待使能或者失能的 EXTI 线路
输出参数	无
返回值	无
先决条件	无
被调用函数	无

例：

```
/********************** 使用软件的方法产生一个中断请求 **********************/
EXTI_GenerateSWInterrupt(EXTI_Line6);
/************************** 代码行结束 ************************************/
```

(5) 函数 EXTI _ GetFlagStatus。

函数 EXTI _ GetFlagStatus 如表 2.3.13 所示。

表 2.3.13 函数 EXTI _ GetFlagStatus

函数名	EXTI _ GetFlagStatus
函数原形	FlagStatus EXTI _ GetFlagStatus (u32 EXTI _ Line)
功能描述	检查指定的 EXTI 线路标志位设置与否
输入参数	EXTI _ Line：待检查的 EXTI 线路标志位
输出参数	无
返回值	EXTI _ Line 的新状态 (SET 或者 RESET)
先决条件	无
被调用函数	无

例：

```
/************************** 检查 8 号中断线上的状态 ************************/
FlagStatus EXTIStatus;
EXTIStatus = EXTI_GetFlagStatus(EXTI_Line8);
/************************** 代码行结束 ************************************/
```

(6) 函数 EXTI _ ClearFlag。

函数 EXTI _ ClearFlag 如表 2.3.14 所示。

表 2.3.14　**函数 EXTI _ ClearFlag**

函数名	EXTI _ ClearFlag
函数原形	void EXTI _ ClearFlag（u32 EXTI _ Line）
功能描述	清除 EXTI 线路挂起标志位
输入参数	EXTI _ Line：待清除标志位的 EXTI 线路
输出参数	无
返回值	无
先决条件	无
被调用函数	无

例：

```
/**************************清除2号中断线上的状态***************************/
  EXTI_ClearFlag(EXTI_Line2);
/**************************代码行结束***********************************/
```

（7）函数 EXTI _ GetITStatus。

函数 EXTI _ GetITStatus 如表 2.3.15 所示。

表 2.3.15　**函数 EXTI _ GetITStatus**

函数名	EXTI _ GetITStatus
函数原形	ITStatus EXTI _ GetITStatus（u32 EXTI _ Line）
功能描述	检查指定的 EXTI 线路触发请求发生与否
输入参数	EXTI _ Line：待检查 EXTI 线路的挂起位
输出参数	无
返回值	EXTI _ Line 的新状态（SET 或者 RESET）
先决条件	无
被调用函数	无

例：

```
/**************************查询EXTI line 8的状态***************************/
ITStatus EXTIStatus;
EXTIStatus = EXTI_GetITStatus(EXTI_Line8);
/**************************代码行结束***********************************/
```

（8）函数 EXTI _ ClearITPendingBit。

函数 EXTI _ ClearITPendingBit 如表 2.3.16 所示。

表 2.3.16　**函数 EXTI _ ClearITPendingBit**

函数名	EXTI _ ClearITPendingBit
函数原形	void EXTI _ ClearITPendingBit（u32 EXTI _ Line）
功能描述	清除 EXTI 线路挂起位

续表

函数名	EXTI _ ClearITPendingBit
输入参数	EXTI _ Line：待清除 EXTI 线路的挂起位
输出参数	无
返回值	无
先决条件	无
被调用函数	无

例：

```
/************************清除 EXTI line 2 的中断挂起位************************/
EXTI_ClearITpendingBit(EXTI_Line2);
/*************************代码行结束*************************************/
```

(9) 函数 GPIO _ EXTILineConfig。

在库函数中，配置 GPIO 与中断线的映射关系的函数 GPIO_EXTILineConfig()来实现的：

```
void GPIO_EXTILineConfig(uint8_t GPIO_PortSource,uint8_t GPIO_PinSource)
该函数将 GPIO 端口与中断线映射起来,使用范例是:
/*************************将 PE2 引脚映射到中断线 2************************/
GPIO_EXTILineConfig(GPIO_PortSourceGPIOE,GPIO_PinSource2);
/*************************代码行结束*************************************/
```

2. NVIC 库函数

(1) 函数 NVIC _ PriorityGroupConfig。

函数 NVIC _ PriorityGroupConfig 如表 2.3.17 所示。

表 2.3.17 函数 NVIC _ PriorityGroupConfig

函数名	NVIC _ PriorityGroupConfig
函数原形	void NVIC _ PriorityGroupConfig（u32 NVIC _ PriorityGroup）
功能描述	设置优先级分组：先占优先级和从优先级
输入参数	NVIC _ PriorityGroup：优先级分组位长度
输出参数	无
返回值	无
先决条件	优先级分组只能设置一次
被调用函数	无

参数 NVIC _ PriorityGroup 用来设置优先级分组位长度，具体取值及描述如表 2.3.18 所示。

表 2.3.18　**NVIC _ PriorityGroup 值**

NVIC _ PriorityGroup	描　　述	NVIC _ PriorityGroup	描　　述
NVIC _ PriorityGroup _ 0	抢占式优先级 0 位 从优先级 4 位	NVIC _ PriorityGroup _ 3	抢占式优先级 3 位 从优先级 1 位
NVIC _ PriorityGroup _ 1	抢占式优先级 1 位 从优先级 3 位	NVIC _ PriorityGroup _ 4	抢占式优先级 4 位 从优先级 0 位
NVIC _ PriorityGroup _ 2	抢占式优先级 2 位 从优先级 2 位		

```
/ ***************************** 配置抢占式优先级占 1 位 ************************* /
NVIC_PriorityGroupConfig(NVIC_PriorityGroup_1);
/ ************************* 代码行结束 ************************************ /
```

(2) 函数 NVIC _ Init。

函数 NVIC _ Init 如表 2.3.19 所示。

表 2.3.19　**函数 NVIC _ Init**

函数名	NVIC _ Init
函数原形	void NVIC_Init(NVIC_InitTypeDef * NVIC_InitStruct)
功能描述	根据 NVIC _ InitStruct 中指定的参数初始化外设 NVIC 寄存器
输入参数	NVIC _ InitStruct：指向结构 NVIC _ InitTypeDef 的指针，包含了外设 GPIO 的配置信息
输出参数	无
返回值	无
先决条件	无
被调用函数	无

NVIC _ InitTypeDef 定义于文件“misc. h”：

```
typedef struct
{
    u8 NVIC_IRQChannel;
    u8 NVIC_IRQChannelPreemptionPriority;
    u8 NVIC_IRQChannelSubPriority;
    FunctionalState NVIC_IRQChannelCmd;
} NVIC_InitTypeDef;
```

1) 成员 NVIC _ IRQChannel。

该成员可以指定需要配置的中断向量。

2) 成员 NVIC _ IRQChannelPreemptionPriority

配置相应中断向量抢占式优先级。表 2.3.20 列举了该参数的取值，数字越小，优先级别越高。

3）成员 NVIC_IRQChannelSubPriority。

配置相应中断向量子优先级。表 2.3.20 列举了该参数的取值，数字越小，优先级别越高。

表 2.3.20 抢占式优先级和从优先级值

NVIC_PriorityGroup	抢占式优先级范围	从优先级范围	描述
NVIC_PriorityGroup_0	0	0～15	抢占式优先级 0 位 从优先级 4 位
NVIC_PriorityGroup_1	0～1	0～7	抢占式优先级 1 位 从优先级 3 位
NVIC_PriorityGroup_2	0～3	0～3	抢占式优先级 2 位 从优先级 2 位
NVIC_PriorityGroup_3	0～7	0～1	抢占式优先级 3 位 从优先级 1 位
NVIC_PriorityGroup_4	0～15	0	抢占式优先级 4 位 从优先级 0 位

4）成员 NVIC_IRQChannelCmd。

使能或关闭相应中断向量的中断响应，参数取值为 ENABLE 或者 DISABLE。

例：

```
/*************** 配置中断线 0 通道使能,抢占式优先级为 0,从优先级为 0 ****************/
NVIC_InitTypeDef NVIC_InitStructure;
NVIC_InitStructure.NVIC_IRQChannel = EXTI0_IRQn;
NVIC_InitStructure.NVIC_IRQChannelPreemptionPriority = 0;
NVIC_InitStructure.NVIC_IRQChannelSubPriority = 0;
NVIC_InitStructure.NVIC_IRQChannelCmd = ENABLE;
NVIC_Init(&NVIC_InitStructure);
/************************** 代码行结束 ***************************************/
```

硬件设计

一、硬件设计思路

对于 STM32 系列 ARM 处理器而言，外部中断/事件都可以通过 GPIO 端口中的引脚进行输入，为了确保外部中断/事件能够产生严格的触发波形，一般使用按键的方式产生相应的外部中断；而对于系统内部中断/事件而言，如定时器中断、软件中断等，不需要任何引脚进行接收中断信号。

对于外部中断/事件的输入信号而言，大致可以分为 2 种不同类型的外部中断/事件的触发形式，即上升沿（高电平）触发和下降沿（低电平）触发。在特殊情况下，用户还可以将 2 种触发法式融合在一起，即双边沿触发。

通常而言，外部中断/事件的输入信号可以分为电平触发和边沿触发。所谓边沿触发，是指电平从高到低跳变（下降沿）或从低到高跳变（上升沿）时才发生触发；电平触发是指只有高电平（或者低电平）的时候才产生。

在图 2.3.5（a）中，电阻与电容串联，按键跨接在电容的两端。在按键没有被按下时，Interrupt 引脚通过电阻与电源相连，呈高电平状态；当用户按下按键时，电容被短路，电源通过电阻和按键与低信号短接，此时 Interrupt 引脚呈低电平状态；当用户再次松开按键时，Interrupt 引脚则恢复高电平；这样就形成了一个外部低电平（下降沿）中断/事件信号。

在图 2.3.5（b）中，电阻与电容串联，按键跨接在电容的两端。在按键没有被按下时，Interrupt 引脚通过电阻与低信号相连，呈低电平状态；当用户按下按键时，电容被短路，电源通过电阻和按键与地信号短接，此时 Interrupt 引脚呈高电平状态；当用户再次松开按键时，Interrupt 引脚则恢复低电平；这样就形成了一个外部高电平（上升沿）中断/事件信号。

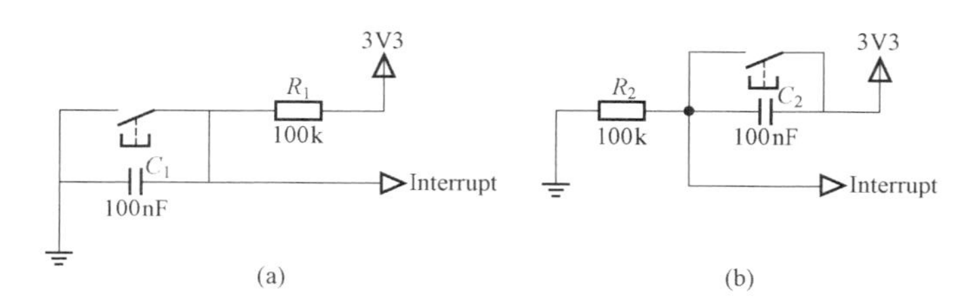

图 2.3.5　低电平（下降沿）触发与高电平（上升沿）触发电路

外部中断的硬件电路需要通过 GPIO 引脚加上相应的中断信号触发电路，本项目的外部中断触发电路是热释电红外传感器模块，当有人经过时，传感器的输出信号由 0 变为 1，通过上升沿触发中断信号。对应的功能关系如表 2.3.21 所示。

表 2.3.21　家用门禁报警系统的需求分析

家用门禁报警系统	中断触发方式	家用门禁报警系统	中断触发方式
报警状态，报警灯点亮	上升沿触发	非报警状态，报警灯熄灭	不触发中断

本项目的电路设计所用到的基本元件如表 2.3.22 所示。

表 2.3.22　家用门禁报警系统的硬件清单

序号	器材名称	数量	功能说明	序号	器材名称	数量	功能说明
1	STM32F103ZET6	1	主控单元	3	热释电红外传感器模块	1	检测是否有人经过
2	发光二极管	1	模拟灯光报警				

二、硬件电路设计

硬件电路原理图如图 2.3.6 所示，发光二极管 VD1 的阴极接在 PA0 上。红外模块的 V0 引脚接在 PB0 引脚上。

在硬件电路图中，GPIO 端口 PA0 与 LED 发光二极管相连，PB0 口是外部中断输入端口，具体的引脚分配如表 2.3.33 所示。在上述硬件电路图中，PB0 引脚接收的外部中断信号为上升沿触发。当无人经过时，PB0 引脚一直保持低电平；当有人经过时，PB0 引脚则会

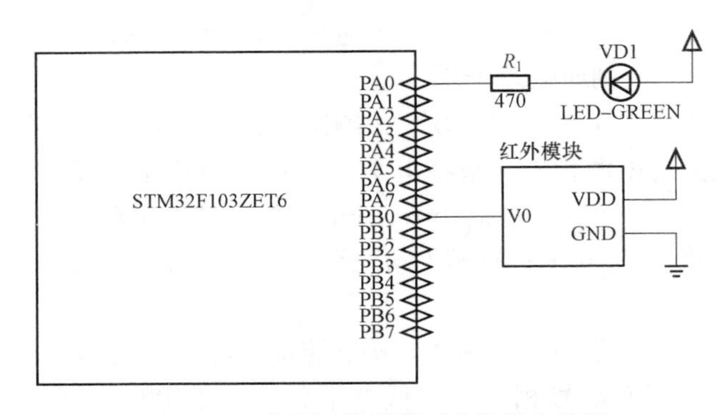

图 2.3.6 家用门禁报警系统硬件电路图

出现一个上升沿跳变，进行中断处理子程序。

表 2.3.23 家用门禁报警系统引脚分配

序号	引脚分配	功能说明	序号	引脚分配	功能说明
1	PA0	控制 LED 发光二极管	2	PB0	外部中断信号输入

软件设计

一、软件设计思路

系统软件设计的流程图如图 2.3.7 所示，左图是初始化函数和主函数的流程图，右图是外部中断处理函数的流程图。当热释电红外传感模块发出信号，触发外部中断时，程序自动跳转到中断处理函数。

STM32 的外部中断初始化一般需要经过以下五个步骤：

(1) 初始化 GPIO 口为输入。

(2) 开启 GPIO 复用时钟，设置 GPIO 与中断线的映射关系。

(3) 初始化中断线上的中断，设置触发条件等。

(4) 配置中断分组 (NVIC)，设置中断优先级，并使能中断。

(5) 编写中断服务函数。

下面将对以上五个步骤的程序编写进行详细说明。

第一步初始化 GPIO 口为输入的方法同项目二中初始化 GPIO 口，目的是配置使用的 GPIO 引脚为输入模式。

第二步开启 GPIO 复用时钟的代码如下：

```
RCC_APB2PeriphClockCmd(RCC_APB2Periph_AFIO,ENABLE);
```

设置 GPIO 与中断线的映射关系的原因及原理在前面已经介绍过了，使用的库函数是 GPIO_EXTILineConfig，其函数原型如下：

```
void GPIO_EXTILineConfig(uint8_t GPIO_PortSource,uint8_t GPIO_PinSource)
```

该函数将 GPIO 端口与中断线映射起来，使用范例是：

```
GPIO_EXTILineConfig(GPIO_PortSourceGPIOB,GPIO_PinSource0);
```

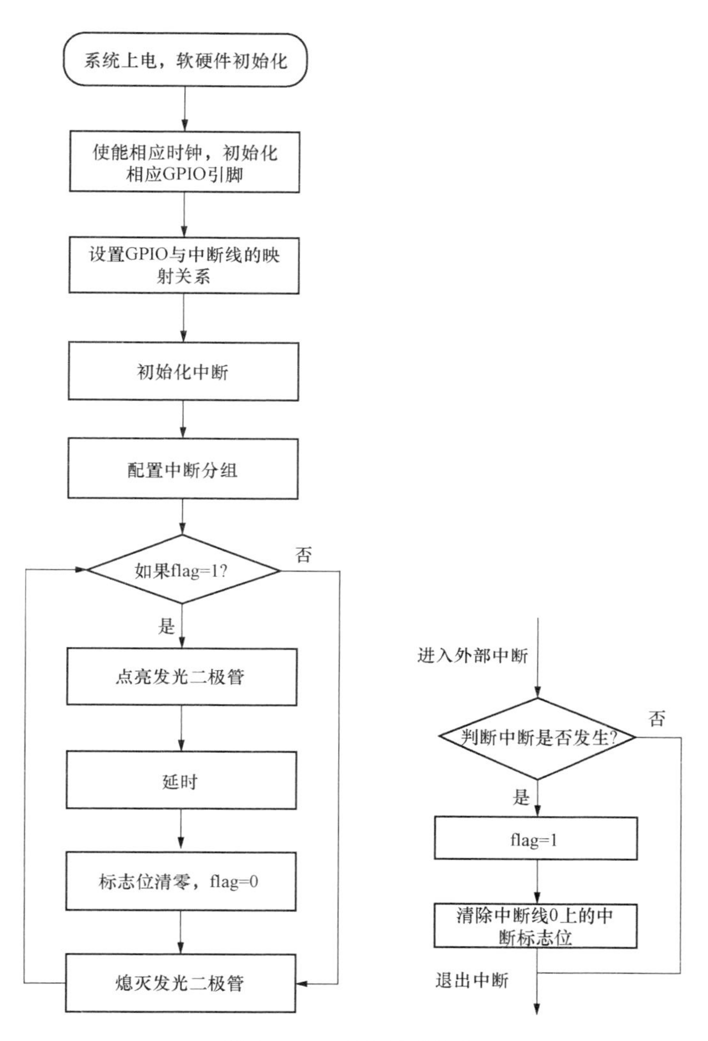

图 2.3.7　系统软件流程

通过以上语句将中断线 0 与 GPIOB 映射起来，那么很显然是 PB0 与 EXTI0 中断线连接了。

设置好中断线映射之后，大家会思考，外部中断是如何进行出发的呢？这就要进行初始化的第三步，初始化中断线上的中断，也就是对中断的一些属性进行设置，比如触发方式等，使用到的库函数是 EXTI_Init()，EXTI_Init()函数的定义是：

```
void EXTI_Init(EXTI_InitTypeDef * EXTI_InitStruct);
```

结构体 EXTI_InitTypeDef 的成员变量定义为：

```
typedef struct
{
    uint32_t EXTI_Line;
    EXTIMode_TypeDef EXTI_Mode;
    EXTITrigger_TypeDef EXTI_Trigger;
```

```
    FunctionalState EXTI_LineCmd;
}EXTI_InitTypeDef;
```

从定义可以看出，有4个参数需要设置。第一个参数是中断线的标号，取值范围为EXTI_Line0～EXTI_Line15。也就是说，这个函数配置的是某个中断线上的中断参数。第二个参数是中断模式，可选值为中断EXTI_Mode_Interrupt和事件EXTI_Mode_Event。第三个参数是触发方式，可以是下降沿触发EXTI_Trigger_Falling，上升沿触发EXTI_Trigger_Rising，或者任意电平（上升沿和下降沿）触发EXTI_Trigger_Rising_Falling。最后一个参数就是使能中断线了。

本项目使用PB0作为外部中断输入口，所以EXTI_Init()函数的初始化语句为：

```
EXTI_InitTypeDefEXTI_InitStructure;//定义结构体变量
EXTI_InitStructure.EXTI_Line = EXTI_Line0;//设置中断线标号为线0
EXTI_InitStructure.EXTI_Mode = EXTI_Mode_Interrupt;//设置中断模式
EXTI_InitStructure.EXTI_Trigger = EXTI_Trigger_Falling;//设置中断触发方式为下降沿触发
EXTI_InitStructure.EXTI_LineCmd = ENABLE;//使能中断线
EXTI_Init(&EXTI_InitStructure);//根据EXTI_InitStruct中指定的参数初始化外设EXTI寄存器
```

第四步配置中断分组，设置中断优先级。NVIC的中断优先级分为抢占式优先级（组优先级）和从优先级（子优先级），每个中断源都需要被指定这两种优先级。具有高抢占式优先级的中断可以在具有低抢占式优先级的中断处理过程中被响应，即中断嵌套，或者说高抢占式优先级的中断可以嵌套低抢占式优先级的中断。当两个中断源的抢占式优先级相同时，这两个中断将没有嵌套关系，当一个中断到来后，如果正在处理另一个中断，后到来的中断就要等到前一个中断处理完之后才能被处理。如果两个中断同时到达，则中断控制器根据他们的从优先级高低来决定先处理哪一个；如果他们的抢占式优先级和从优先级都相等，则根据他们在中断表中的排位顺序决定先处理哪一个。

在配置外部中断时，应该先配置NVIC中的优先级分组，然后再配置优先级的大小，因为只有这样配置的优先级大小才有意义，即优先级分组决定优先级配置格式，格式确定后才能设置优先级。设置中断分组实质上就是确定抢占式优先级和从优先级的分配位数。在程序中需要调用库函数NVIC_PriorityGroupConfig()来配置NVIC中断优先级分组，该函数的函数原型如下：

```
void NVIC_PriorityGroupConfig(uint32_t NVIC_PriorityGroup)
```

参数NVIC_PriorityGroup用来设置优先级分组位长度。

完成中断分组之后，需要设置中断优先级别。STM32的中断如此之多，配置起来并不容易，因此，需要一个强大而方便的中断控制器NVIC（Nested Vectored Interrupt Controller）。NVIC是属于Cortex内核的器件，不可屏蔽中断和外部中断都由它来处理。设置中断优先级别需要调用有关NVIC的库函数NVIC_Init()。在上文中已对该函数的使用做了详细说明。在本项目中，设置中断线0的中断优先级代码如下：

```
NVIC_InitTypeDef NVIC_InitStructure;
NVIC_InitStructure.NVIC_IRQChannel = EXTI0_IRQn;   //中断线0中断
NVIC_InitStructure.NVIC_IRQChannelPreemptionPriority = 0x02;   //抢占优先级为1
```

```
NVIC_InitStructure.NVIC_IRQChannelSubPriority = 0x02;  //子优先级位 2
NVIC_InitStructure.NVIC_IRQChannelCmd = ENABLE;  //IRQ 通道使能
NVIC_Init(&NVIC_InitStructure);//根据上面指定的参数初始化 NVIC 寄存器
```

最后一个步骤是编写中断服务函数。需要说明一下，STM32 的 GPIO 外部中断函数只有 7 个，分别为：

```
EXPORT  EXTI0_IRQHandler
EXPORT  EXTI1_IRQHandler
EXPORT  EXTI2_IRQHandler
EXPORT  EXTI3_IRQHandler
EXPORT  EXTI4_IRQHandler
EXPORT  EXTI9_5_IRQHandler
EXPORT  EXTI15_10_IRQHandler
```

中断线 0～4 每个中断线对应一个中断函数，中断线 5～9 共用中断函数 EXTI9_5_IRQHandler，中断线 10～15 共用中断函数 EXTI15_10_IRQHandler。

在编写中断服务函数时，经常会用到两个函数，第一个函数是判断某个中断线上的中断是否发生（即标志位是否置位）：

```
ITStatus EXTI_GetITStatus(u32 EXTI_Line)
```

EXTI_GetITStatus()函数一般使用在中断服务函数的开头判断中断是否发生。另一个函数是清除某个中断线上的中断标志位：

```
void EXTI_ClearITPendingBit(u32 EXTI_Line)
```

EXTI_ClearITPendingBit()函数一般应用在中断服务函数结束之前，清除中断标志位。

常见的中断服务函数格式为（以中断线 0 为例）：

```
void EXTI0_IRQHandler(void)
{
  if(EXTI_GetITStatus(EXTI_Line0) ! = RESET) //判断中断线 0 上的中断是否发生
  {
    //中断逻辑
    EXTI_ClearITPendingBit(EXTI_Line0); //      清除中断线 0 上的中断标志位
  }
}
```

在这里需要说明一下，固件库中还有两个函数可以用来判断外部中断状态以及清除外部状态标志位的函数 EXTI_GetFlagStatus 和 EXTI_ClearFlag，它们的作用和前面两个函数的作用类似。区别在于，函数 EXTI_GetITStatus 中会先判断中断是否使能，确定使能了，再判断中断标志位，而 EXTI_GetFlagStatus 直接判断状态标志位。

二、软件程序设计

1. LED 初始化程序设计

```
void LED_GPIO_Config(void)

{
```

```
  GPIO_InitTypeDef GPIO_InitStructure;
  RCC_APB2PeriphClockCmd( RCC_APB2Periph_GPIOA, ENABLE); //使能 PA 端口时钟
  GPIO_InitStructure.GPIO_Pin = GPIO_Pin_0;  //GPIO 引脚配置
  GPIO_InitStructure.GPIO_Mode = GPIO_Mode_Out_PP; //推挽输出模式
  GPIO_InitStructure.GPIO_Speed = GPIO_Speed_50MHz; //IO 口速度为 50MHz
  GPIO_Init(GPIOA, &GPIO_InitStructure); //根据设定参数初始化 GPIOA0
  GPIO_ResetBits(GPIOA, GPIO_Pin_0);  //PA0 输出低
}
```

2. NVIC 初始化程序设计

```
static void NVIC_Configuration(void)
{
    NVIC_InitTypeDef NVIC_InitStructure;
    NVIC_PriorityGroupConfig(NVIC_PriorityGroup_1); //抢占式优先级占 1 位
    NVIC_InitStructure.NVIC_IRQChannel = EXTI0_IRQn; //选通 EXTI0 所在的外部中断通道
    NVIC_InitStructure.NVIC_IRQChannelPreemptionPriority = 0; //设置抢占式优先级级别为 0
    NVIC_InitStructure.NVIC_IRQChannelSubPriority = 0; //设置子优先级级别为 0
    NVIC_InitStructure.NVIC_IRQChannelCmd = ENABLE; //使能外部中断通道
    NVIC_Init(&NVIC_InitStructure);
}
```

3. 中断初始化程序设计

```
void EXTI_PB0_Config(void)
{
    GPIO_InitTypeDef GPIO_InitStructure;
    EXTI_InitTypeDef EXTI_InitStructure;
    /* 使能 GPIOB 时钟与复用功能时钟 */
    RCC_APB2PeriphClockCmd(RCC_APB2Periph_GPIOB | RCC_APB2Periph_AFIO,ENABLE);
    /* 调用 NVIC 初始化程序 */
    NVIC_Configuration();
    /* 外部中断线的 GPIO 初始化 */
    GPIO_InitStructure.GPIO_Pin = GPIO_Pin_0;
    GPIO_InitStructure.GPIO_Mode = GPIO_Mode_IPD;
    GPIO_Init(GPIOB, &GPIO_InitStructure);
    /* 配置 PB0 中断线 */
    GPIO_EXTILineConfig(GPIO_PortSourceGPIOB, GPIO_PinSource0);
    /* 中断初始化配置 */
  EXTI_InitStructure.EXTI_Line = EXTI_Line0;                 //中断线 0
    EXTI_InitStructure.EXTI_Mode = EXTI_Mode_Interrupt;      //中断模式
    EXTI_InitStructure.EXTI_Trigger = EXTI_Trigger_Rising; //上升沿触发
    EXTI_InitStructure.EXTI_LineCmd = ENABLE;                //使能中断线
    EXTI_Init(&EXTI_InitStructure);
}
```

上述的3个子函数都是在main函数中需要调用的函数，分别实现芯片引脚的配置和中断参数的配置。当系统接收到外部中断时，系统会自动切换到中断处理状态，即执行中断处理函数中的代码。

4. 中断处理程序设计

```
void EXTI0_IRQHandler(void)
{
    if(EXTI_GetITStatus(EXTI_Line0) ! = RESET) //确保是否产生 EXTI_Line0 中断
    {
        flag = 1;                                //标志位置 1
        EXTI_ClearITPendingBit(EXTI_Line0);      //清除中断标志位
    }
}
```

一般情况下，用户可以在对应中断处理子函数中进行自定义操作。需要注意的是，中断处理子函数必须与中断的配置一一对应。例如，在本项目中，配置PB0为中断触发信号线，因此中断处理函数必须在子函数EXTI0 _ IRQHandler（）中实现。在系统函数库中，为每一个中断信号线都预留了各自对应的中断处理子函数，用户只需要根据中断配置的参数一对一填入相应的处理函数就可以了。中断处理子函数一般只适用于执行少量的程序代码，例如，状态标记的设置、全局变量的更新等。由于中断处理子函数要求尽量占用较少的系统资源，因此在代码中应该避免冗长，防止在当前中断尚未处理结束的过程中又出现其他中断，影响代码的执行效率。

5. 主函数编写

```
int main(void)
{
    /* 配置系统时钟为 72MHz */
    SystemInit();
    /* LED 初始化 */
    LED_GPIO_Config();
    /* 外部中断初始化 */
    EXTI_PB0_Config();
    /* 等待中断 */
    while(1)
    {
      if(flag = = 1)
      {
        GPIO_SetBits(GPIOA, GPIO_Pin_0);   //点亮 LED
        Delay(0xfffffe);
        flag = 0; //标志位清零
      }
      GPIO_ResetBits(GPIOA, GPIO_Pin_0);   //熄灭 LED
  }
}
```

运行调试

程序经下载，可实现家用门禁报警系统的功能。当人或物体进入报警系统感应区域，传感器感知后点亮 LED 发光二极管，实现报警功能。报警系统处于感应状态下，报警灯持续点亮。当人或物体离开感应区域后，报警灯自动关闭。

任务小结

本项目主要设计了家用门禁报警系统，并进行了相关的代码调试。在项目任务的实施过程中，学习了嵌入式中断的基础知识，掌握了热释电红外传感器模块的使用方法，是一个相对基础性的项目。

通过项目三的学习，对 STM32 的外部中断有了初步的认识。能在 STM32 中编写 EXTI 外部中断程序，同时学习了 NVIC 向量中断控制器，为今后学习其他类型中断打下基础。

项目四　家用通风系统的设计

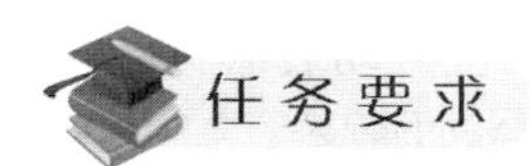

任务要求

设计家用通风系统，使用直流电机模拟排风扇，以 STM32 为主控芯片，利用 STM32 的通用定时器 TIMx 输出可控制的 PWM（Pulse Width Modulation）信号，改变直流电机的转速，实现可调速的家用通风系统。

一、具体功能

系统要求实现通过 3 个按键控制直流电机的转速。系统上电时，直流电机保持静止状态，按键 key1 按下，直流电机高速运转；按键 key2 按下，直流电机低速运转；按键 key3 按下，直流电机停止运转。

二、学习目标

通过家用通风系统的设计，了解 STM32 内部通用定时器 TIMx 的基础知识，掌握使用通用定时器 TIMx 输出可控制的 PWM 信号的方法，深入学习通用定时器 TIMx 的结构和编程技巧，并能了解电机驱动芯片 L298N 的内部结构和使用方法。

理论知识

一、通用定时器（TIM）模块

1. 通用定时器（TIM）概念

STM32F103XX 系列产品内部有多达 10 个定时器，按照功能可分为：

（1）2 个高级控制定时器（TIM1 和 TIM8）。

（2）4 个通用定时器（TIM2、TIM3、TIM4 和 TIM5）。

（3）2 个基本定时器（主要用于产生 DAC 触发信号，也可当成通用的 16 位时基计数器）。

（4）2 个看门狗定时器。

表 2. 4. 1 列出了高级定时器，通用定时器和基本定时器的功能比较。

表 2. 4. 1　　定时器功能比较

定时器	计数器分辨率	计数器类型	预分频系数	产生 DMA 请求	捕获/比较通道	互补输出
TIM1 TIM8	16 位	向上，向下，向上/下	1～65 536 之间的任意整数	可以	4	有
TIM2 TIM3 TIM4 TIM5	16 位	向上，向下，向上/下	1～65 536 之间的任意整数	可以	4	没有
TIM6 TIM7	16 位	向上	1～65 536 之间的任意整数	可以	0	没有

本项目以通用定时器 TIM3 为例来完成家用通风系统的设计。通用定时器是一个通过可编程预分频器驱动的 16 位自动装载计数器。它适用于多种场合，包括测量输入信号的脉冲长度（输入采集）或者产生输出波形（输出比较和 PWM）。使用定时器预分频器和 RCC 时钟控制器预分频器，脉冲长度和波形周期可以在几个微秒到几个毫秒间调整。STM32 的每个通用定时器都是完全独立的，没有互相共享的任何资源。

STM32 的通用定时器是一个通过可编程预分频器（PSC）驱动的 16 位自动装载计数器（CNT）构成。每一个通用定时器都集成了一个 16 位的自动加载递加/递减计数器、一个 16 位预分频器和 4 个独立的通道，每个通道都可以用于输入捕获、输出比较、PWM 和单脉冲模式输出，在最大的封装配置中可以提供最多 12 个输入捕获、输出比较或 PWM 通道。

对于 STM32 系列处理器而言，通用定时器 TIMx 的主要功能特性如下所示：

（1）16 位向上、向下、向上/向下自动装载计数器；

（2）16 位可编程预分频器，计数器时钟频率的分频系统为 1～65 536 之间的任意数值；

（3）具有 4 个独立的数据通道，分别为：

1）输入捕获；

2）输出比较；

3）PWM 生成；

4）单脉冲模式输出。

（4）使用外部信号控制定时器和定时器互联的同步电路；

（5）如下 TIMx 事件发生时产生中断/DMA：

1）计数器向上/向下溢出，计数器初始化（通过软件或者内部/外部触发）；

2）触发事件（计数器启动、停止、初始化或者由内部/外部触发计数）；

3）输入捕获；

4）输出比较；

（6）支持针对定位的增量（正交）编码器和霍尔传感器电路；

（7）触发输入作为外部时钟或者按周期的电流管理。

2. TIMx 的功能

（1）TIMx 的时基单元。

通用定时器 TIMx 由一个 16 位的计数器和与其相关的自动装载寄存器组成。时基单元主要包括以下三个寄存器：

1）计数器寄存器 TIMx _ CNT

2）预分频器 TIMx _ PSC

3）自动重载寄存器 TIMx _ ARR

自动重载寄存器是预装载的，对自动重载寄存器执行写入或读取操作时会访问预装载寄存器。预装载寄存器的内容既可以直接传送到影子寄存器，也可以在每次发生更新事件（UEV）时传送到影子寄存器，取决于 TIMx _ CR1 寄存器中的自动重载预装载使能位（ARPE）。当计数器达到上溢值（或者在递减计数时达到下溢值）并且 TIMx _ CR1 寄存器中的 UDIS 位为 0 时，将发送更新事件。该更新事件也可由软件产生。

在通用定时器 TIMx 中，计数器由预分频器的时钟输出 CK _ CNT 进行驱动，仅当用户设置了计数器 TIMx _ CR1 寄存器中的计数器使能标志位 CEN 时，时钟输出信号 CK _

CNT 才有效。

通用定时器 TIMx 中的预分频器可以将计数器的时钟频率在 1～65 536 之间任意分频，该功能基于 16 位寄存器预分频器 TIMx _ PSC 控制的 16 位计数器。TIMx _ PSC 控制寄存器中附带了缓冲器，用户可以在计数器工作的过程中对计数值进行修改。修改后的新参数在下一次更新时间发生的时候有效。

（2）计数器模式。

通用定时器可以由向上计数、向下计数、向上向下双向计数。向上计数模式中，计数器从 0 计数到自动加载值（TIMx _ ARR 计数器内容），然后重新从 0 开始计数并且产生一个计数器溢出事件。在向下模式中，计数器从自动装入的值（TIMx _ ARR 计数器内容）开始向下计数到 0，然后从自动装入的值重新开始，并产生一个计数器向下溢出事件。而中央对齐模式（向上/向下计数）是计数器从 0 开始计数到自动装入的值−1，产生一个计数器溢出事件，然后向下计数到 1 并且再次产生一个计数器溢出事件，然后再从 0 开始重新计数。

（3）时钟来源。

对于 ARM 处理器中的计数器而言，工作时钟可以由下列时钟源提供：

1）内部时钟（CK _ INT）；

2）外部时钟模式 1：外部输入脚（TIx）；

3）外部时钟模式 2：外部触发输入（ETR）；

4）内部触发输入（ITRx）：使用一个定时器作为另一个定时器的预分频器，如可以配置一个定时器 Timer1 而作为另一个定时器 Timer2 的预分频器。

二、PWM 调速系统的基本原理

电机分为交流电机和直流电机两大类。直流电机以其良好的线性特性、优异的控制性能、较强的过载能力成为大多数变速运动控制和闭环位置伺服控制系统的最佳选择，一直处在调速领域主导地位。传统的直流电机调速方法很多，如调压调速、弱磁调速等，它们存在着调速响应慢、精度差、调速装置复杂等缺点。随着全控式电力电子器件技术的发展，以大功率晶体管作为开关器件的直流脉宽调制（PWM）调速系统已成为直流调速系统的主要发展方向。

脉冲宽度调制（PWM），是英文“Pulse Width Modulation”的缩写，简称脉宽调制，是利用微处理器的数字输出来对模拟电路进行控制的一种非常有效的技术。简单一点来说，就是对脉冲宽度的控制。STM32 的定时器除了 TIM6 和 TIM7，其他的定时器都可以用来产生 PWM 输出。其中高级定时器 TIM1 和 TIM8 可以同时产生多达 7 路的 PWM 输出。而通用定时器也能同时产生多达 4 路的 PWM 输出，这样，STM32 最多可以同时产生 30 路 PWM 输出。这里仅使用 TIM3 的 CH1 产生一路 PWM 输出。

在 PWM 调速系统中，一般可以采用定宽调频、调宽调频、定频调宽 3 种方法改变控制脉冲的占空比，占空比是指一个脉冲循环内通电时间所占的比例，一般用 D 表示，如图 2.4.1 所示，$D=t_1/T$。

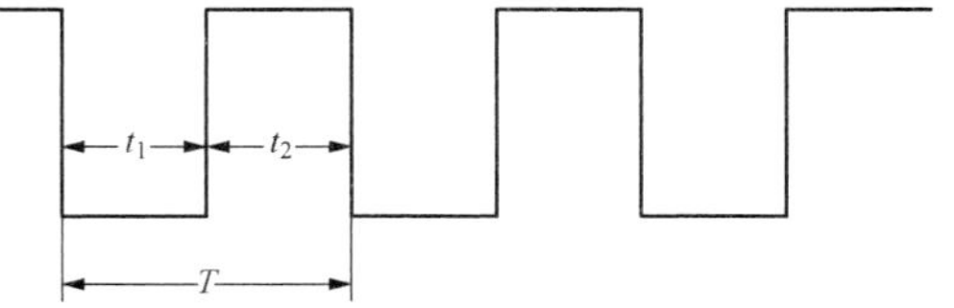

图 2.4.1　占空比示意

（1）定宽调频法：这种方法是保持 t_1 不变，只改变 t_2，使周期 T（或频率）也随之改变。

（2）调频调宽法：这种方法是保持 t_2

不变，只改变 t_1，使周期 T（或频率）也随之改变。

（3）定频调宽法：这种方法是使周期 T（或频率）保持不变，而同时改变 t_1 和 t_2。

前两种方法由于在调速时改变了控制脉冲的周期（或频率），当控制脉冲的频率与系统的固有频率接近时，将会引起振荡，因此前两种方法用得很少。目前，在直流电动机的控制中，主要使用定频调宽法。

定频调宽法的基本原理是按一个固定频率来接通和断开电源，并根据需要改变一个周期内接通和断开的时间比来改变直流电机电枢上电压的占空比，从而改变平均电压，控制电机的转速。在 PWM 调速系统中，当电机通电时其速度增加，电机断电时其速度减低。只要按照一定的规律改变通、断电的时间，即可控制电机转速。而且采用 PWM 技术构成的无级调速系统，启停时对直流系统无冲击，具有启动功耗小、运行稳定的优点。

现假定电机始终接通电源时，电机最大转速为 V_{max}，占空比为 $D=t_1/T$，则电机的平均速度 $V_d=DV_{max}$，由公式可知，当改变占空比 $D=t_1/T$ 时，就可以得到不同的电机平均速度 V_d，从而达到调速的目的。在一般应用中，可将平均速度与占空比 D 近似地看成线性关系。

三、TIMx 控制寄存器

首先介绍 TIMx 控制寄存器在固件函数库中所用到的数据结构，TIMx 寄存器的结构是通过结构体的方式来描述的，具体如下：

```
typedef struct
{
  __IO uint16_t CR1;
  uint16_t RESERVED0;
  __IO uint16_t CR2;
  uint16_t RESERVED1;
  __IO uint16_t SMCR;
  uint16_t RESERVED2;
  __IO uint16_t DIER;
  uint16_t RESERVED3;
  __IO uint16_t SR;
  uint16_t RESERVED4;
  __IO uint16_t EGR;
  uint16_t RESERVED5;
  __IO uint16_t CCMR1;
  uint16_t RESERVED6;
  __IO uint16_t CCMR2;
  uint16_t RESERVED7;
  __IO uint16_t CCER;
  uint16_t RESERVED8;
  __IO uint16_t CNT;
  uint16_t RESERVED9;
  __IO uint16_t PSC;
  uint16_t RESERVED10;
  __IO uint16_t ARR;
```

```
    uint16_t RESERVED11;
    __IO uint16_t RCR;
    uint16_t RESERVED12;
    __IO uint16_t CCR1;
    uint16_t RESERVED13;
    __IO uint16_t CCR2;
    uint16_t RESERVED14;
    __IO uint16_t CCR3;
    uint16_t RESERVED15;
    __IO uint16_t CCR4;
    uint16_t RESERVED16;
    __IO uint16_t BDTR;
    uint16_t RESERVED17;
    __IO uint16_t DCR;
    uint16_t RESERVED18;
    __IO uint16_t DMAR;
    uint16_t RESERVED19;
} TIM_TypeDef;
```

下面介绍与本项目密切相关的几个通用定时器的寄存器，TIMx 寄存器如表 2.4.2 所示，TIMx 中部分寄存器及其功能描述如下：

表 2.4.2　TIMx 寄存器

寄存器	描述	寄存器	描述
CR1	控制寄存器 1	PSC	预分频寄存器
CR2	控制寄存器 2	ARR	自动重装载寄存器
DIER	DMA/中断使能寄存器	RCR	周期计数寄存器
SR	状态寄存器	CCR1	捕获/比较寄存器 1
CCMR1	捕获/比较模式寄存器 1	CCR2	捕获/比较寄存器 2
CCMR2	捕获/比较模式寄存器 2	CCR3	捕获/比较寄存器 3
CCER	捕获/比较使能寄存器	CCR4	捕获/比较寄存器 4
CNT	计数器寄存器		

1. 控制寄存器 1（TIMx _ CR1）

位 15～位 19：保留，始终读为 0。

位 9～位 8：CKD（时钟分频因子），定义在定时器时钟（CK _ INT）频率与数字滤波器（ETR，TIx）使用的采样频率之间的分频比例。设为 00 时，表示 $t_{DTS}=t_{CK\_INT}$；设为 01 时，表示 $t_{DTS}=2\ t_{CK\_INT}$，设为 10 时，表示 $t_{DTS}=t_{CK\_INT}$；设为 11 时，表示保留。

位 7：ARPE（自动重装载预装载允许位），设为 0 时，表示 TIMx _ ARR 寄存器没有缓冲；设为 1 时，表示 TIMx _ ARR 寄存器被装入缓冲器。

位 6～位 5：CMS（选择中央对齐模式），设为 00 时，表示边沿对齐模式，计数器依据方向位（DIR）向上或向下计数；设为01时，表示中央对齐模式1，计数器交替地向上和向下计数，配置为输出的通道（TIMx _ CCMRx寄存器中CCxS=00）的输出比较中断标志位，只在计数器向下计数时被设置；设为10时，表示中央对齐模式2，计数器交替地向上和向下计数，配置为输出的通道（TIMx _ CCMRx寄存器中CCxS=00）的输出比较中断标志位，只在计数器向上计数时被设置；设为11时，表示中央对齐模式3，计数器交替地向上和向下计数，配置为输出的通道（TIMx _ CCMRx寄存器中CCxS=00）的输出比较中断标志位，在计数器向上和向下计数时均被设置。需要注意的是，在计数器开启时（CEN=1），不允许从边沿对齐模式转换到中央对齐模式。

位4：DIR（方向），设为0时，计数器向上计数；设为1时，计数器向下计数。当计数器配置为中央对齐模式或编码器模式时，该位为只读。

位3：OPM（单脉冲模式），设为0时，表示在发生更新事件时，计数器不停止；设为1时，表示在发生下一次更新事件（清除CEN位）时，计数器停止。

位2：URS（更新请求源），软件通过该位选择UEV事件的源。设为0表示，如果使能更新中断或DMA请求，则下述任一事件产生一个更新中断或DMA请求：1）计数器溢出/下溢；2）设置UG位；3）从模式控制器产生的更新。设为1表示，如果使能更新中断或DMA请求，则只有计数器溢出/下溢才产生更新中断或DMA请求。

位1：UDIS（禁止更新），软件通过该位允许/禁止UEV事件的产生。设为0表示允许UEV，更新（UEV）事件由下述任一事件产生：①计数器溢出/下溢；②设置UG位；③从模式控制器产生的更新。设为1表示禁止UEV，不产生更新事件，影子寄存器（ARR、PSC、CCRx）保持它们的值。如果设置了UG位或从模式控制器发出了一个硬件复位，则计数器和预分频器被重新初始化。

位0：CEN（使能计数器）设为0表示禁止计数器，设为1表示使能计数器。注意，在软件设置了CEN位后，外部时钟、门控模式和编码器模式才能工作。触发模式可以自动地通过硬件设置CEN位。在单脉冲模式下，当发生更新事件时，CEN被自动清除。

2. DMA/中断使能寄存器（TIMx _ DIER）

位15：保留位。

位14：TDE（允许触发DMA请求），设为0表示禁止，设为1表示允许。

位13：保留位。

位12：CC4DE（允许捕获/比较4的DMA请求），设为0表示禁止，设为1表示允许。

位11：CC3DE（允许捕获/比较3的DMA请求），设为0表示禁止，设为1表示允许。

位10：CC2DE（允许捕获/比较2的DMA请求），设为0表示禁止，设为1表示允许。

位9：CC1DE（允许捕获/比较1的DMA请求），设为0表示禁止，设为1表示允许。

位8：UDE（允许更新的DMA请求），设为0表示禁止，设为1表示允许。

位6：TIE（触发中断使能），设为0表示禁止，设为1表示允许。

位5：保留位。

位4：CC4IE（允许捕获/比较4中断），设为0表示禁止，设为1表示允许。

位3：CC3IE（允许捕获/比较3中断），设为0表示禁止，设为1表示允许。

位2：CC2IE（允许捕获/比较2中断），设为0表示禁止，设为1表示允许。

位1：CC1IE（允许捕获/比较1中断），设为0表示禁止，设为1表示允许。

位 0：UIE 允许更新中断，设为 0 表示禁止，设为 1 表示允许。

3. 计数器寄存器（TIMx _ CNT）

位 15～位 0：CNT（计数器的值）。

4. 预分频寄存器（TIMx _ PSC）

位 15～位 0：PSC（预分频器的值），计数器的时钟频率（CK _ CNT）等于 f_{CK_PSC}/（PSC［15：0］＋1）。PSC 包含了每次当更新事件产生时，装入当前预分频器寄存器的值；更新事件包括计数器被 TIM _ EGR 的 UG 位清 0 或被工作在复位模式的从控制器清 0。

5. 自动重装载寄存器（TIMx _ ARR）

位 15～位 0：ARR（自动重装载的值），ARR 包含了将要传送至实际的自动重装载寄存器的数值，当自动重装载的值为空时，计数器不工作。

在本项目中，需要对定时器 TIM3 进行准确的参数配置使其输出不同占空比的 PWM 波形，且每个 PWM 波形的输出分别对应不同的直流电机转速，核心内容在于对定时器 TIM3 关键参数的正确配置。首先设置预分频寄存器 TIMx _ PSC 和自动重装载寄存器 TIMx _ ARR，这两个寄存器用来设置 TIMx 的时钟分频和自动重装载值。假如系统时钟是 72MHz，APB1 是二分频，APB1 的时钟是 36MHz。内部时钟（CK _ INT）是从 APB1 倍频得来的，除非 APB1 时钟分频数设置为 1，否则通用定时器 TIMx 的时钟是 APB1 的 2 倍。也就是说本项目中 TIM3 模块入口时钟是 72MHz，TIM3 模块入口时钟经过一个预分频器后的时钟才是 TIM3 定时器的时钟（用 f_{CK_CNT}表示）。预分频器的系数为 TIMx _ PSC，当 TIMx _ PSC＝0 时表示不分频，则 TIM3 定时器的时钟就是模块入口时钟 72MHz；当 TIMx _ PSC＝1 时表示 2 分频，则 TIM3 定时器的时钟是 36MHz，以此类推。综上可得 TIM3 定时器的时钟的公式为：$f_{CK\_CNT}=f_{CK\_PSC}$/（TIMx _ PSC＋1），其中 PSC 最大值是 65 535。

自动重装载寄存器 TIMx _ ARR 是用来设置 PWM 的输出频率的。PWM 的周期就是由定时器的自动重装载值和定时器的时钟决定的。定时器的时钟已经能够计算了，下一步就是确定定时器自动重装值。在向上计数模式中，CNT 每自加到 TIMx _ ARR 寄存器的值时就会自动清零，而就是根据这个溢出事件来改变 PWM 的周期。所以 PWM 信号的频率由 ARR 的值来确定，例如设置 ARR 的值是 1000－1，设置 TIMx _ PSC 的值是 0 时，PWM 的频率是 72MHz/1000＝72KHz。公式如下：PWM 的频率＝f_{CK_CNT}/（TIMx _ ARR＋1）。

接下来就要确定 PWM 的占空比了。使用到捕获/比较寄存器（TIMx _ CCR1～TIMx _ CCR4），该寄存器总共有 4 个，对应 4 个输出通道 CH1～CH4，功能是设置 PWM 的占空比。直接给该寄存器赋 0～65 535 值即可确定占空比。占空比计算方法：TIMx _ CCRx 的值除以 TIMx _ ARR 寄存器的值即为占空比，即 PWM 占空比＝TIMx _ CCRx/（TIMx _ ARR＋1）。因为占空比在 0～100％之间，所以一般 TIMx _ CCRx 寄存器值不能超过 ARR 寄存器的值，否则可能会引起 PWM 的频率或占空比的准确性。

捕获/比较模式寄存器总共有 2 个，分别为 TIMx _ CCMR1 和 TIMx _ CCMR2。TIMx _ CCMR1 控制 CH1 和 CH2，而 TIMx _ CCMR2 控制 CH3 和 CH4。因为本项目使用的是 TIM3 的通道 1，所以只需使用寄存器 TIMx _ CCMR1。

现在举个例子巩固一下以上寄存器的值的设置。仍以定时器 TIM3 由内部时钟源提供定时器时钟，那么定时器的时钟频率为 72MHz，如果要求通道 1 输出 PWM 频率为 72kHz，占空比为 95%的信号，则寄存器值应如何设置?

解答如下：

因为 PWM 的频率$=f_{CK_CNT}$/(TIMx_ARR+1)=72MHz/(TIMx_ARR+1)=72KHz，

所以 TIMx _ ARR=999，

因为 PWM 占空比=TIMx_CCRx/(TIMx_ARR+1)=TIMx_CCRx/(999+1)=95%，

所以 TIMx _ CCRx=950。

四、L298N 电机驱动

电机属于大功率器件，而 STM32 的 I/O 口所提供的电流十分有限，所以必须外加驱动电路，比如说由三极管组成放大电路。这两个问题既可以通过硬件的方法实现，也可以通过软件的方法实现，还可以采取硬软结合的方法解决。目前比较通用的方法是，设计 H 桥电路和利用单片机产 PWM 波信号。H 桥电路是用硬件的方法设计一个电路，它可以解决驱动问题。而速度的调节则是通过软件的方法，利用单片机 I/O 口生产 PWM 波信号加以实现。但是在实际的制作过程中，H 桥由于元件较多，电路和搭建也较为麻烦，增加了硬件设计的复杂度。所以绝大多数设计中通常直接选用专用的驱动芯片。目前市面上专用的驱动芯片很多，如 L298N、BST7970、MC33886 等，这里选用性价比较高的 L298N 芯片。

L298N 是 ST 公司生产的一种高电压，大电流的电机驱动芯片。该芯片采用 15 脚封装。主要特点是：工作电压高，最高工作电压可达 46V，输出电流大，瞬间峰值可达 3A，持续工作电流为 2A；额定功率为 25W。内含两个 H 桥的高电压大电流全桥式驱动器，可以用来驱动直流电机和步进电机、继电器线圈等感性负载；采用标准逻辑电平信号控制；具有两个用控制端，在不受输入信号影响的情况下允许或禁止器件工作有一个逻辑电源输入端，使内部逻辑电路部分在低电压下工作；可以外接检测电阻，将变化量反馈给控制电路。使用 L298N 芯片驱动电机，该芯片可以驱动一台两相步进电机和四相步进电机，也可以两台直流电机。L298N 模块的引脚图如图 2.4.2 所示，各引脚功能如表 2.4.3 所示，其中 In1、In2、ENA、与 OUT1、OUT2 是控制一个电机输出；In3、In4、ENB、与 OUT3、OUT4 是控制另一个电机的输出；VCC、GND 是电机的供电电压输入端。

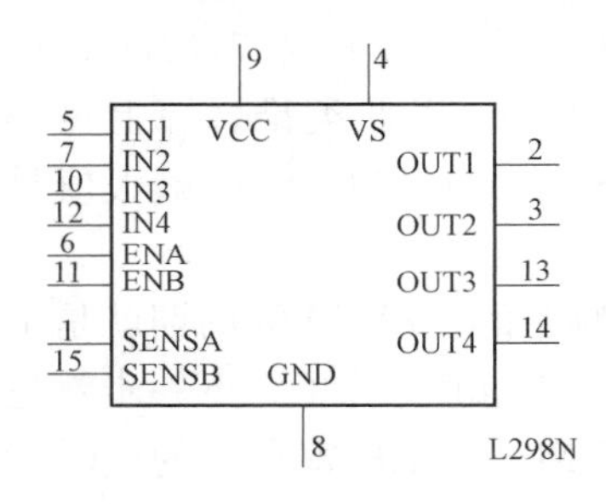

图 2.4.2 L298N 引脚

表 2.4.3 L298N 引脚功能表

ENA（ENB）	IN1（IN3）	IN2（IN4）	直流电机状态	ENA（ENB）	IN1（IN3）	IN2（IN4）	直流电机状态
0	X	X	停止	1	1	0	反转
1	0	0	制动	1	1	1	制动
1	0	1	正转				

五、固件库函数

TIMx 库函数：

在介绍完与 TIMx 定时器相关的寄存器后，需要对其进行操作控制。同样在 STM32 库文件中，系统已经罗列出一些常用的定时器 TIMx 库函数，用户可以直接通过下面的 TIMx

库函数表格对各个定时器库函数的基本功能进行了解，具体如表 2.4.4 所示。

表 2.4.4　TIMx 库 函 数

函数名	描　述
TIM _ DeInit	将外设 TIMx 寄存器重设为缺省值
TIM _ TimeBaseInit	根据 TIM _ TimeBaseInitStruct 中指定的参数初始化 TIMx 的时间基数单位
TIM _ OC1Init	根据 TIM _ OCInitStruct 中指定的参数初始化外设 TIMx
TIM _ Cmd	使能或者失能 TIMx 外设
TIM _ ITConfig	使能或者失能指定的 TIM 中断
TIM _ OC1PreloadConfig	使能或者失能 TIMx 在 CCR1 上的预装载寄存器
TIM _ OC1PolarityConfig	设置 TIMx 通道 1 极性
TIM _ SetCompare1	设置 TIMx 捕获比较 1 寄存器值
TIM _ GetCapture1	获得 TIMx 输入捕获 1 的值
TIM _ GetPrescaler	获得 TIMx 预分频值
TIM _ GetFlagStatus	检查指定的 TIM 标志位设置与否
TIM _ ClearFlag	清除 TIMx 的待处理标志位
TIM _ GetITStatus	检查指定的 TIM 中断发生与否
TIM _ ClearITPendingBit	清除 TIMx 的中断待处理位

（1） 函数 TIM _ DeInit。

函数 TIM _ DeInit 如表 2.4.5 所示。

表 2.4.5　函数 TIM1 _ DeInit

函数名	TIM _ DeInit
函数原形	void TIM _ DeInit（TIM _ TypeDef * TIMx）
功能描述	将外设 TIMx 寄存器重设为缺省值
输入参数	TIMx：x 可以是 2，3 或者 4，来选择 TIM 外设
输出参数	无
返回值	无
先决条件	无
被调用函数	RCC_APB1PeriphClockCmd().

例：

```
/******************************复位 TIM2 寄存器 **********************************/
TIM_DeInit(TIM2);
/****************************代码行结束****************************************/
```

（2） 函数 TIM _ TimeBaseInit。

函数 TIM _ TimeBaseInit 如表 2.4.6 所示。

表 2.4.6 **函数 TIM _ TimeBaseInit**

函数名	TIM _ TimeBaseInit
函数原形	void TIM _ TimeBaseInit（ TIM _ TypeDef * TIMx， TIM _ TimeBaseInitTypeDef * TIM _ TimeBaseInitStruct）
功能描述	根据 TIM _ TimeBaseInitStruct 中指定的参数初始化 TIMx 的时间基数单位
输入参数 1	TIMx：x 可以是 2，3 或者 4，来选择 TIM 外设
输入参数 2	TIMTimeBase _ InitStruct：指向结构 TIM _ TimeBaseInitTypeDef 的指针，包含了 TIMx 时间基数单位的配置信息
输出参数	无
返回值	无
先决条件	无
被调用函数	无

在函数输入参数中，有关 TIM _ TimeBaseInitTypeDef 的定义具体如下，TIM _ TimeBaseInitTypeDef 定义于文件“STM32f10x _ tim. h”：

```
typedef struct
{
    u16 TIM_Period;
    u16 TIM_Prescaler;
    u8 TIM_ClockDivision;
    u16 TIM_CounterMode;
} TIM_TimeBaseInitTypeDef;
```

1）TIM _ Period。

TIM _ Period 设置了在下一个更新事件装入活动的自动重装载寄存器周期的值，即上文所讲的寄存器 TIMx _ ARR 的值。它的取值必须在 0 和 65535 之间。

2）TIM _ Prescaler。

TIM _ Prescaler 设置了用来作为 TIMx 时钟频率除数的预分频值，即上文所讲的寄存器 TIMx _ PSC 的值。

3）TIM _ ClockDivision。

TIM _ ClockDivision 设置了时钟分割。该参数取值见表 2.4.7。

表 2.4.7 **TIM _ ClockDivision 值**

TIM _ ClockDivision	描述	TIM _ ClockDivision	描述
TIM _ CKD _ DIV1	TDTS=Tck _ tim	TIM _ CKD _ DIV4	TDTS=4Tck _ tim
TIM _ CKD _ DIV2	TDTS=2Tck _ tim		

4）TIM _ CounterMode。

TIM _ CounterMode 选择了计数器模式。该参数取值见表 2.4.8。

表 2.4.8　**TIM _ CounterMode 值**

TIM _ CounterMode	描　　述
TIM _ CounterMode _ Up	TIM 向上计数模式
TIM _ CounterMode _ Down	TIM 向下计数模式
TIM _ CounterMode _ CenterAligned1	TIM 中央对齐模式 1 计数模式
TIM _ CounterMode _ CenterAligned2	TIM 中央对齐模式 2 计数模式
TIM _ CounterMode _ CenterAligned3	TIM 中央对齐模式 3 计数模式

例：

```
/*****************设置预分频系数为 0,向上计数,计数溢出值为 1000*****************/
TIM_TimeBaseInitTypeDef TIM_TimeBaseStructure;
TIM_TimeBaseStructure.TIM_Period = 999;
TIM_TimeBaseStructure.TIM_Prescaler = 0;
TIM_TimeBaseStructure.TIM_ClockDivision = TIM_CKD_DIV1;
TIM_TimeBaseStructure.TIM_CounterMode = TIM_CounterMode_Up;
TIM_TimeBaseInit(TIM2,& TIM_TimeBaseStructure);
/**************************代码行结束************************************/
```

（3）函数 TIM _ OC1Init。

函数 TIM _ OCInit 如表 2.4.9 所示。

表 2.4.9　**函数 TIM _ OCInit**

函数名	TIM _ OC1Init
函数原形	void TIM_OC1Init(TIM_TypeDef * TIMx,TIM_OCInitTypeDef * TIM_OCInitStruct)
功能描述	根据 TIM _ OCInitStruct 中指定的参数初始化外设 TIMx
输入参数 1	TIMx：x 可以是 2，3 或者 4，来选择 TIM 外设
输入参数 2	TIM _ OCInitStruct：指向结构 TIM _ OCInitTypeDef 的指针，包含了 TIMx 时间基数单位的配置信息
输出参数	无
返回值	无
先决条件	无
被调用函数	无

在函数输入参数中，有关 TIM _ OCInitTypeDef 的定义如下。

```
typedef struct
{
    uint16_t TIM_OCMode;
uint16_t TIM_OutputState;
uint16_t TIM_OutputNState;
uint16_t TIM_Pulse;
```

```
uint16_t TIM_OCPolarity;
uint16_t TIM_OCNPolarity;
uint16_t TIM_OCIdleState;
uint16_t TIM_OCNIdleState;
} TIM_OCInitTypeDef;
```

在以上参数中只有成员 TIM _ OCMode、TIM _ OutputState、TIM _ Pulse 和 TIM _ OCPolarity 是通用定时器需要设置的，其余参数均为高级定时器才有的。

1）成员 TIM _ OCMode。

TIM _ OCMode 选择定时器模式。该参数取值见表 2.4.10。

表 2.4.10　　TIM _ OCMode 定义

TIM _ OCMode	描述	TIM _ OCMode	描述
TIM _ OCMode _ Timing	TIM 输出比较时间模式	TIM _ OCMode _ Toggle	TIM 输出比较触发模式
TIM _ OCMode _ Active	TIM 输出比较主动模式	TIM _ OCMode _ PWM1	TIM 脉冲宽度调制模式 1
TIM _ OCMode _ Inactive	TIM 输出比较非主动模式	TIM _ OCMode _ PWM2	TIM 脉冲宽度调制模式 2

2）成员 TIM _ OutputState。

TIM _ OutputState 用于使能输出状态。可选择失能 TIM _ OutputState _ Disable，或使能 TIM _ OutputState _ Enable。

3）成员 TIM _ Pulse。

TIM _ Pulse 设置了待装入捕获比较寄存器的脉冲值，即上文所讲的寄存器 TIMx _ CCRx 的值。它的取值必须在 0 和 65 535 之间。

4）成员 TIM _ OCPolarity。

TIM _ OCPolarity 输出极性。该参数取值见表 2.4.11。

表 2.4.11　　TIM _ OCPolarity 值

TIM _ OCPolarity	描述	TIM _ OCPolarity	描述
TIM _ OCPolarity _ High	TIM 输出比较极性高	TIM _ OCPolarity _ Low	TIM 输出比较极性低

例：

```
/************************ 配置 TIM2 通道 1 为 PWM1 模式 **************************/
TIM_OCInitTypeDef   TIM_OCInitStructure;
TIM_OCInitStructure.TIM_OCMode = TIM_OCMode_PWM1;
TIM_OCInitStructure.TIM_Channel = TIM_Channel_1;
TIM_OCInitStructure.TIM_Pulse = 95;
TIM_OCInitStructure.TIM_OCPolarity = TIM_OCPolarity_High;
TIM_OCInit(TIM2,& TIM_OCInitStructure);
/*************************** 代码行结束 *****************************************/
```

（4）函数 TIM _ ITConfig。

函数 TIM _ ITConfig 如表 2.4.12 所示。

表 2.4.12　**函数 TIM _ ITConfig**

函数名	TIM _ ITConfig
函数原形	void TIM_ITConfig(TIM_TypeDef * TIMx,u16 TIM_IT,FunctionalState NewState)
功能描述	使能或者失能指定的 TIM 中断
输入参数 1	TIMx：x 可以是 2，3 或者 4，来选择 TIM 外设
输入参数 2	TIM _ IT：待使能或者失能的 TIM 中断源
输入参数 3	NewState：TIMx 中断的新状态 参数可以取：ENABLE 或者 DISABLE
输出参数	无
返回值	无
先决条件	无
被调用函数	无

输入参数 TIM _ IT 使能或者失能 TIM 的中断。可以取表 2.4.13 的一个或者多个取值的组合作为该参数的值。

表 2.4.13　**TIM _ IT 值**

TIM _ IT	描述	TIM _ IT	描述
TIM _ IT _ Update	TIM 中断源	TIM _ IT _ CC3	TIM 捕获/比较 3 中断源
TIM _ IT _ CC1	TIM 捕获/比较 1 中断源	TIM _ IT _ CC4	TIM 捕获/比较 4 中断源
TIM _ IT _ CC2	TIM 捕获/比较 2 中断源	TIM _ IT _ Trigger	TIM 触发中断源

例：

```
/************************使能 TIM2 捕获/比较 1 中断源****************************/
TIM_ITConfig(TIM2,TIM_IT_CC1,ENABLE);
/**************************代码行结束*************************************/
```

(5) 函数 TIM _ Cmd。

函数 TIM _ Cmd 如表 2.4.14 所示。

表 2.4.14　**函数 TIM _ Cmd**

函数名	TIM _ Cmd
函数原形	void TIM_Cmd(TIM_TypeDef * TIMx,FunctionalState NewState)
功能描述	使能或者失能 TIMx 外设
输入参数 1	TIMx：x 可以是 2，3 或者 4，来选择 TIM 外设
输入参数 2	NewState：外设 TIMx 的新状态 参数可以取：ENABLE 或者 DISABLE
输出参数	无
返回值	无
先决条件	无
被调用函数	无

例：

```
/***************************** 使能 TIM2 计数器 *********************************/
TIM_Cmd(TIM2,ENABLE);
/*************************** 代码行结束 **************************************/
```

(6) 函数 TIM_OC1PreloadConfig。

函数 TIM_OC1PreloadConfig 如表 2.4.15 所示。

表 2.4.15 函数 TIM_OC1PreloadConfig

函数名	TIM_OC1PreloadConfig
函数原形	void TIM_OC1PreloadConfig (TIM_TypeDef * TIMx, u16 TIM_OCPreload)
功能描述	使能或者失能 TIMx 在 CCR1 上的预装载寄存器
输入参数 1	TIMx：x 可以是 2，3 或者 4，来选择 TIM 外设
输入参数 2	TIM_OCPreload：输出比较预装载状态
输出参数	无
返回值	无
先决条件	无
被调用函数	无

输入参数 TIM_OCPreload，输出比较预装载状态可以使能或者失能见表 2.4.16。

表 2.4.16 TIM_OCPreload 值

TIM_OCPreload	描述
TIM_OCPreload_Enable	TIMx 在 CCR1 上的预装载寄存器使能
TIM_OCPreload_Disable	TIMx 在 CCR1 上的预装载寄存器失能

例：

```
/******************** 使能 TIM2 在 CCR1 上的预装载寄存器 *************************/
TIM_OC1PreloadConfig(TIM2,TIM_OCPreload_Enable);
/*************************** 代码行结束 **************************************/
```

(7) 函数 TIM_OC1PolarityConfig。

函数 TIM_OC1PolarityConfig 如表 2.4.17 所示。

表 2.4.17 函数 TIM_OC1PolarityConfig

函数名	TIM_OC1PolarityConfig
函数原形	void TIM_OC1PolarityConfig(TIM_TypeDef * TIMx,u16 TIM_OCPolarity)
功能描述	设置 TIMx 通道 1 极性
输入参数 1	TIMx：x 可以是 2，3 或者 4，来选择 TIM 外设
输入参数 2	TIM_OCPolarity：输出比较极性

续表

函数名	TIM _ OC1PolarityConfig
输出参数	无
返回值	无
先决条件	无
被调用函数	无

例：

```
/ ******************** 设置 TIM2 通道 1 输出比较极性为高极性 ************************ /
TIM_OC1PolarityConfig(TIM2,TIM_OCPolarity_High);
/ ************************** 代码行结束 ************************************ /
```

（8） 函数 TIM1 _ SetCompare1。

函数 TIM1 _ SetCompare1 如表 2.4.18 所示。

表 2.4.18　　函数 TIM1 _ SetCompare1

函数名	TIM1 _ SetCompare1
函数原形	void TIM1 _ SetCompare1 （TIM1 _ TypeDef ＊ TIM1，u16 Compare1）
功能描述	设置 TIM1 捕获比较 1 寄存器值
输入参数	Compare1：捕获比较 1 寄存器新值
输出参数	无
返回值	无
先决条件	无
被调用函数	无

例：

```
/ ********************** 设置 TIM1 捕获比较 1 寄存器值 ************************** /
u16 TIM1Compare1 = 0x7FFF;
TIM1_SetCompare1(TIM1,TIM1Compare1);
/ ************************** 代码行结束 ************************************ /
```

（9） 函数 TIM _ GetCapture1。

函数 TIM _ GetCapture1 如表 2.4.19 所示。

表 2.4.19　　函数 TIM _ GetCapture1

函数名	TIM _ GetCapture1
函数原形	u16 TIM_GetCapture1(TIM_TypeDef ＊ TIMx)
功能描述	获得 TIMx 输入捕获 1 的值
输入参数	TIMx：x 可以是 2，3 或者 4，来选择 TIM 外设
输出参数	无

续表

函数名	TIM _ GetCapture1
返回值	输入捕获 1 的值
先决条件	无
被调用函数	无

例：

```
/************************* 获得 TIM2 输入捕获 1 的值 ****************************/
u16 ICAP1value = TIM_GetCapture1(TIM2);
/************************** 代码行结束 *************************************/
```

(10) 函数 TIM _ GetPrescaler

函数 TIM _ GetPrescaler 如表 2.4.20 所示。

表 2.4.20 TIM _ GetPrescaler

函数名	TIM _ GetPrescaler
函数原形	u16 TIM_GetPrescaler(TIM_TypeDef * TIMx)
功能描述	获得 TIMx 预分频值
输入参数	TIMx：x 可以是 2，3 或者 4，来选择 TIM 外设
输出参数	无
返回值	预分频的值
先决条件	无
被调用函数	无

例：

```
/**************************** 获得 TIM2 预分频值 *****************************/
u16 TIMPrescaler = TIM_GetPrescaler(TIM2);
/************************** 代码行结束 *************************************/
```

(11) 函数 TIM _ GetFlagStatus。

函数 TIM _ GetFlagStatus 如表 2.4.21 所示。

表 2.4.21 函数 TIM _ GetFlagStatus

函数名	TIM _ GetFlagStatus
函数原形	FlagStatus TIM_GetFlagStatus(TIM_TypeDef * TIMx,u16 TIM_FLAG)
功能描述	检查指定的 TIM 标志位设置与否
输入参数 1	TIMx：x 可以是 2，3 或者 4，来选择 TIM 外设
输入参数 2	TIM _ FLAG：待检查的 TIM 标志位
输出参数	无
返回值	TIM _ FLAG 的新状态（SET 或者 RESET）
先决条件	无
被调用函数	无

表 2.4.22 给出了所有可以被函数 TIM _ GetFlagStatus 检查的标志位列表。

表 2.4.22　TIM _ FLAG 值

TIM _ FLAG	描　述
TIM _ FLAG _ Update	TIM 更新标志位
TIM _ FLAG _ CC1	TIM 捕获/比较 1 标志位
TIM _ FLAG _ CC2	TIM 捕获/比较 2 标志位
TIM _ FLAG _ CC3	TIM 捕获/比较 3 标志位
TIM _ FLAG _ CC4	TIM 捕获/比较 4 标志位
TIM _ FLAG _ Trigger	TIM 触发标志位
TIM _ FLAG _ CC1OF	TIM 捕获/比较 1 溢出标志位
TIM _ FLAG _ CC2OF	TIM 捕获/比较 2 溢出标志位
TIM _ FLAG _ CC3OF	TIM 捕获/比较 3 溢出标志位
TIM _ FLAG _ CC4OF	TIM 捕获/比较 4 溢出标志位

例：

```
/*********************** 检查 TIM2 捕获/比较 1 标志位是否置位 ********************/
if(TIM_GetFlagStatus(TIM2,TIM_FLAG_CC1) = = SET)
{
}
/************************** 代码行结束 ***********************************/
```

（12）函数 TIM _ ClearFlag。

函数 TIM _ ClearFlag 如表 2.4.23 所示。

表 2.4.23　函数 TIM _ ClearFlag

函数名	TIM _ ClearFlag
函数原形	void TIM_ClearFlag(TIM_TypeDef * TIMx,u32 TIM_FLAG)
功能描述	清除 TIMx 的待处理标志位
输入参数 1	TIMx：x 可以是 2，3 或者 4，来选择 TIM 外设
输入参数 2	TIM _ FLAG：待清除的 TIM 标志位
输出参数	无
返回值	无
先决条件	无
被调用函数	无

例：

```
/************************** 清除 TIM2 的待处理标志位 **************************/
TIM_ClearFlag(TIM2,TIM_FLAG_CC1);
/************************** 代码行结束 ***********************************/
```

(13) 函数 TIM _ GetITStatus。

函数 TIM _ GetITStatus 如表 2.4.24 所示。

表 2.4.24 函数 TIM _ GetITStatus

函数名	TIM _ GetITStatus
函数原形	ITStatus TIM _ GetITStatus (TIM _ TypeDef * TIMx, u16 TIM _ IT)
功能描述	检查指定的 TIM 中断发生与否
输入参数 1	TIMx: x 可以是 2, 3 或者 4, 来选择 TIM 外设
输入参数 2	TIM _ IT: 待检查的 TIM 中断源
输出参数	无
返回值	TIM _ IT 的新状态
先决条件	无
被调用函数	无

例:

```
/*********************** 检查 TIM2 捕获/比较 1 中断发生与否 ***********************/
if(TIM_GetITStatus(TIM2,TIM_IT_CC1) = = SET)
{
}
/**************************** 代码行结束 ****************************************/
```

(14) 函数 TIM _ ClearITPendingBit。

函数 TIM _ ClearITPendingBit 如表 2.4.25 所示。

表 2.4.25 函数 TIM _ ClearITPendingBit

函数名	TIM _ ClearITPendingBit
函数原形	void TIM _ ClearITPendingBit (TIM _ TypeDef * TIMx, u16 TIM _ IT)
功能描述	清除 TIMx 的中断待处理位
输入参数 1	TIMx: x 可以是 2, 3 或者 4, 来选择 TIM 外设
输入参数 2	TIM _ IT: 待检查的 TIM 中断待处理位
输出参数	无
返回值	无
先决条件	无
被调用函数	无

例:

```
/****************************** 清除 TIM2 的中断待处理位 *************************/
TIM_ClearITPendingBit(TIM2,TIM_IT_CC1);
/**************************** 代码行结束 ****************************************/
```

硬件设计

一、硬件设计思路

本项目对通用定时器 TIM3 进行参数配置，使其输出 2 个不同占空比的 PWM 波形，每个 PWM 波形对应不同的电机转速，从功能需求上看，家用通风系统可以通过 STM32 的 GPIO 端口输出相应的电机转速控制信号，其各自对应的功能关系如表 2.4.26 所示。

表 2.4.26　家用通风系统的需求分析

PWM 占空比	对应电机转速等级	PWM 占空比	对应电机转速等级
80%	高速	50%	低速

在本项目的电路设计中，用到的硬件资源如表 2.4.27 所示。

表 2.4.27　家用通风系统的硬件清单

序号	器材名称	数量	功能说明	序号	器材名称	数量	功能说明
1	STM32F103ZET6	1	主控单元	3	直流电机	1	模拟通风机
2	L298N 直流电机驱动	1	电机驱动				

二、硬件电路设计

根据各个电路元件的功能进行硬件电路设计，电路图如图 2.4.3 所示。

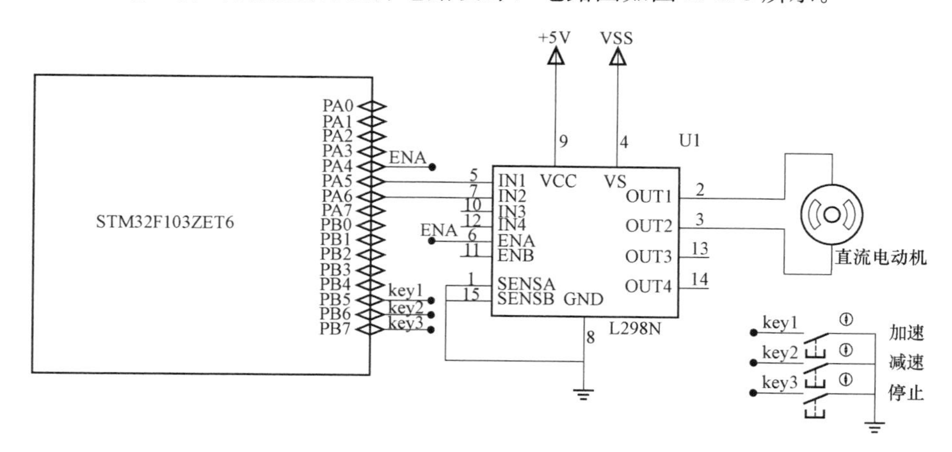

图 2.4.3　家用通风系统硬件原理

按键 key1 接在 PB5 引脚上，按下时电机高速运转；按键 key2 接在 PB6 引脚上，按下时电机低速运转；按键 key3 接在 PB7 引脚上，按下时电机停止运转。L298N 模块的输入引脚 IN1 接在 PA5 引脚上，IN2 接在 PA6 上，ENA 使能端接在 PA4 上。引脚分配如表 2.4.28 所示。

表 2.4.28　家用通风系统的引脚分配

序号	引脚分配	功能说明	序号	引脚分配	功能说明
1	PB5	按键 key1，控制电机高速运转	2	PB.6	按键 key2，控制电机低速运转

续表

序号	引脚分配	功能说明	序号	引脚分配	功能说明
3	PB7	按键 key3，控制电机停止运转	5	PA5	L298N 输入信号
4	PA4	L298N 使能信号	6	PA6	L298N 输入信号

对于 L298N 模块的驱动电路有以下几点说明：

(1) 电路图中有两个电流，一路为 L298N 工作需要的＋5V 电源 V_{CC}，一路为驱动电机用的电池电源 VS；

(2) 1 脚和 15 脚有的电路在中间串接了大功率的电阻，可以不加；

(3) 6 脚和 11 脚为两路电机通道的使能开关，高电平使能所以可以直接接高电平，也可以交由单片机控制；

(4) 由于工作时 L298N 的功率较大，可以适当加装散热片。

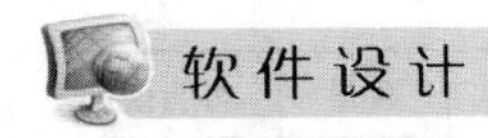

软件设计

一、软件设计思路

系统软件流程图如图 2.4.4 所示，其中，初始化定时器 3 的编程思路如下：

(1) 初始化相应 GPIO 引脚（PA6），并使能 TIM3 时钟和 GPIOA 时钟。

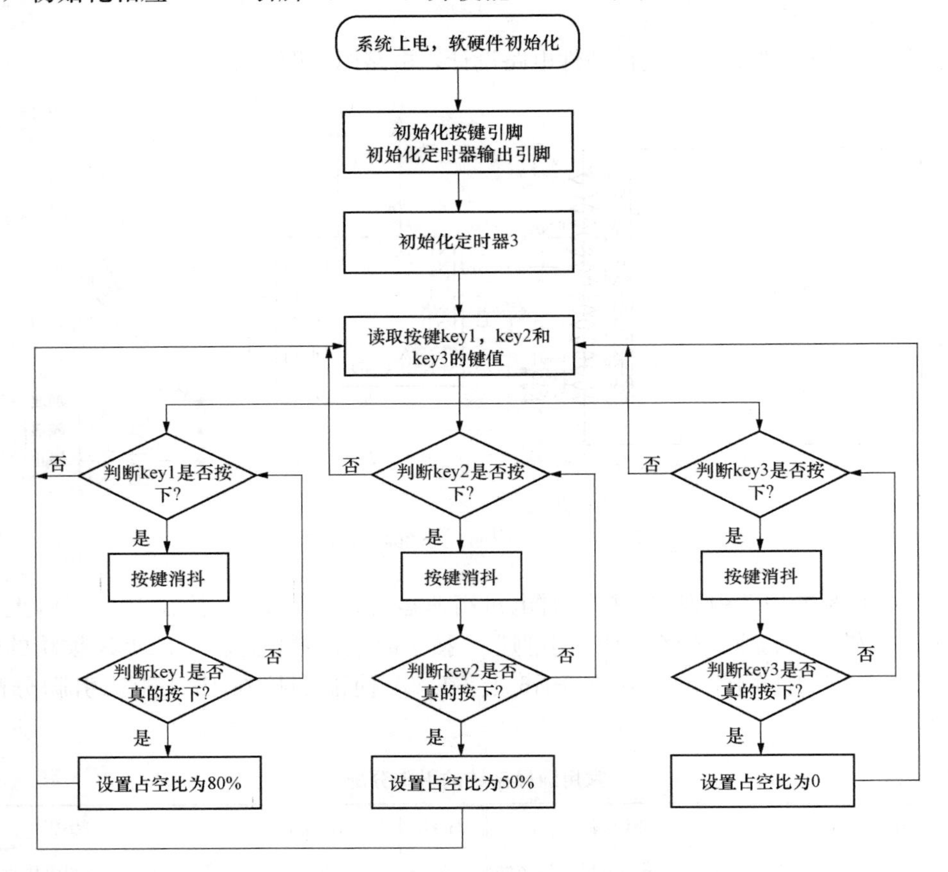

图 2.4.4　系统软件流程

（2）初始化定时器参数。

（3）设置 PWM 通道的模式。

（4）使能 PWM 通道预装载寄存器。

（5）使能定时器 3。

下面将对以上五个步骤的程序编写进行详细说明。

第一步使能 TIM3 时钟和 GPIOA 时钟：

```
RCC_APB1PeriphClockCmd(RCC_APB1Periph_TIM3,ENABLE);//使能定时器 3 时钟
RCC_APB2PeriphClockCmd(RCC_APB2Periph_GPIOA,ENABLE);//使能 GPIOA 时钟
```

初始化 GPIO 引脚的方法同项目二中初始化 GPIO 引脚，设置使用的 GPIO 引脚（PA6）为复用推挽输出：

```
GPIO_InitStructure.GPIO_Mode = GPIO_Mode_AF_PP;//复用推挽输出
```

第二步初始化定时器参数，设置自动重装载值、分频系数、计数方式等。即设置 ARR 和 PSC 两个寄存器的值来控制输出 PWM 的周期。在库函数中是通过 TIM_TimeBaseInit() 函数实现的。函数中用到结构体，结构体类型是 TIM _ TimeBaseInitTypeDef。定义如下：

```
typedef struct
{
  uint16_t TIM_Prescaler;
  uint16_t TIM_CounterMode;
  uint16_t TIM_Period;
  uint16_t TIM_ClockDivision;
  uint8_t TIM_RepetitionCounter;
} TIM_TimeBaseInitTypeDef;
```

其中，成员 TIM _ Prescaler 用来配置分频系数。TIM _ CounterMode 用来设置计数方式，可以设置为向上计数模式，向下计数模式还有中央对齐计数模式，比较常用的是向上计数模式 TIM _ CounterMode _ Up 和向下计数模式 TIM _ CounterMode _ Down。TIM _ Period 用来配置分频系数，TIM _ RepetitionCounter 用来设置时钟分频因子。

第三步是关键的 PWM 参数配置，主要是设置占空比、使能输出状态、定时器模式等。调用库函数 TIM_OC1Init()～ TIM_OC4Init()，不同通道的设置函数不一样，这里使用的是通道 1，所以使用的函数是 TIM _ OC1Init （）。

要实现项目四的任务要求，方法是：

```
TIM_OCInitTypeDef TIM_OCInitStructure;
TIM_OCInitStructure.TIM_OCMode = TIM_OCMode_PWM1;  //选择 PWM 模式 1
TIM_OCInitStructure.TIM_OutputState = TIM_OutputState_Enable;  //比较输出使能
TIM_OCInitStructure.TIM_Pulse = CCR1_Val;
//设置跳变值,当计数器计数到这个值时,电平发生跳变
TIM_OCInitStructure.TIM_OCPolarity = TIM_OCPolarity_High;//输出极性高
TIM_OC1Init(TIM3,&TIM_OCInitStructure);  //初始化外设 TIM3 OC1
```

在此要说明一下，选择定时器模式时，有两个 PWM 模式，分别为 PWM 模式 1 和

PWM模式2，其区别如下：PWM模式1在向上计数时，一旦TIMx _ CNT＜TIMx _ CCR1时通道1为有效电平，否则为无效电平；在向下计数时，一旦TIMx _ CNT＞TIMx _ CCR1时通道1为无效电平（OC1REF=0），否则为有效电平（OC1REF=1）。PWM模式2在向上计数时，一旦TIMx _ CNT＜TIMx _ CCR1时通道1为无效电平，否则为有效电平；在向下计数时，一旦TIMx _ CNT＞TIMx _ CCR1时通道1为有效电平，否则为无效电平。

第四步是使能PWM通道预装载寄存器，调用库函数TIM_OC1PreloadConfig()即可。

```
TIM_OC1PreloadConfig(TIM3,TIM_OCPreload_Enable);//使能预装载寄存器
```

第五步使能定时器3，调用库函数TIM_Cmd()。

```
TIM _ Cmd (TIM3, ENABLE);
```

通过以上5个步骤，就可以控制定时器3（TIM3）的通道1（CH1）输出PWM波了。

二、软件程序设计

1. 按键初始化程序

PB5，PB6和PB7连接3个独立按键，设置为上拉输出模式。

```
void KEY_GPIO_Config(void)
{
    GPIO_InitTypeDef GPIO_InitStructure;
    RCC_APB2PeriphClockCmd(RCC_APB2Periph_GPIOB,ENABLE);
    GPIO_InitStructure.GPIO_Pin = GPIO_Pin_5| GPIO_Pin_6| GPIO_Pin_7;
    GPIO_InitStructure.GPIO_Mode = GPIO_Mode_IPU;
    GPIO_InitStructure.GPIO_Speed = GPIO_Speed_50MHz;
    GPIO_Init(GPIOB,&GPIO_InitStructure);
    GPIO_SetBits(GPIOB,GPIO_Pin_5| GPIO_Pin_6| GPIO_Pin_7);
}
```

2. 定时器输出引脚初始化程序

```
void TIM3_GPIO_Config(void)
{
    GPIO_InitTypeDef GPIO_InitStructure;
    /*开启TIM3和GPIOA的时钟*/
    RCC_APB1PeriphClockCmd(RCC_APB1Periph_TIM3,ENABLE);
    RCC_APB2PeriphClockCmd(RCC_APB2Periph_GPIOA,ENABLE);
    /*设置TIM3的通道1(PA6)为复用功能推挽输出*/
    GPIO_InitStructure.GPIO_Pin = GPIO_Pin_6;
    GPIO_InitStructure.GPIO_Mode = GPIO_Mode_AF_PP;
    GPIO_InitStructure.GPIO_Speed = GPIO_Speed_50MHz;
    GPIO_Init(GPIOA,&GPIO_InitStructure);
    /*PA4是L298N使能信号,设置为推挽输出,置1*/
    /*PA5是L298N输入信号,设置为推挽输出,写0*/
    GPIO_InitStructure.GPIO_Pin = GPIO_Pin_4|GPIO_Pin_5;
    GPIO_InitStructure.GPIO_Mode = GPIO_Mode_Out_PP;
    GPIO_InitStructure.GPIO_Speed = GPIO_Speed_50MHz;
```

```
    GPIO_Init(GPIOA,&GPIO_InitStructure);
    GPIO_SetBits(GPIOA,GPIO_Pin_4);
    GPIO_ResetBits(GPIOA,GPIO_Pin_5);
}
```

3. TIM3 初始化程序

```
void TIM3_Mode_Config(u16 CCR1_Val)
{
  TIM_TimeBaseInitTypeDef TIM_TimeBaseStructure;
  TIM_OCInitTypeDef TIM_OCInitStructure;
/* 时间基数配置 */
  TIM_TimeBaseStructure.TIM_Period = 999; //当定时器从 0 计数到 999,即 1000 次,为一个定时周期
  TIM_TimeBaseStructure.TIM_Prescaler = 0;//设置预分频,不预分频,即为 72MHz
  TIM_TimeBaseStructure.TIM_ClockDivision = 0;  //设置时钟分频系数,不分频
  TIM_TimeBaseStructure.TIM_CounterMode = TIM_CounterMode_Up; //向上计数模式
  TIM_TimeBaseInit(TIM3, &TIM_TimeBaseStructure);

  /* 初始化 TIM3Channel2 PWM 模式 */
  TIM_OCInitStructure.TIM_OCMode = TIM_OCMode_PWM1; //选择 PWM 模式 1
  TIM_OCInitStructure.TIM_OutputState = TIM_OutputState_Enable;  //比较输出使能
  TIM_OCInitStructure.TIM_Pulse = CCR1_Val;
//设置跳变值,当计数器计数到这个值时,电平发生跳变
  TIM_OCInitStructure.TIM_OCPolarity = TIM_OCPolarity_High; //输出极性高
  TIM_OC1Init(TIM3, &TIM_OCInitStructure);  //初始化外设 TIM3 OC1
  TIM_OC1PreloadConfig(TIM3, TIM_OCPreload_Enable);//使能预装载寄存器
  /* 使能 TIM3 时钟 */
  TIM_Cmd(TIM3, ENABLE);
}
```

4. 主函数编写

```
int main(void)
{
    u8 key_value1,key_value2,key_value3;
    SystemInit();
    TIM3_GPIO_Config();
    while (1)
    {
      key_value1 = GPIO_ReadInputDataBit(GPIOB,GPIO_Pin_5);//读取按键 key1 的键值
      key_value2 = GPIO_ReadInputDataBit(GPIOB,GPIO_Pin_6); //读取按键 key2 的键值
      key_value3 = GPIO_ReadInputDataBit(GPIOB,GPIO_Pin_7); //读取按键 key3 的键值
      if(key_value1 = = 0)//如果 key1 按下
      {
        Delay(0xfffff);//去抖
        if(key_value1 = = 0)
```

```
        {
          TIM3_Mode_Config(800);//占空比为(TIM3_CCR1/ TIM3_ARR) * 100 = 80%
        }
    }
      if(key_value2 = = 0) //如果 key2 按下
      {
        Delay(0xfffff); //去抖
        if(key_value2 = = 0)
        {
          TIM3_Mode_Config(500); //占空比为(TIM3_CCR1/ TIM3_ARR) * 100 = 50%
        }
  }
      if(key_value3 = = 0) //如果 key3 按下
      {
        Delay(0xfffff); //去抖
        if(key_value3 = = 0)
        {
          TIM3_Mode_Config(0); //占空比为(TIM3_CCR1/ TIM3_ARR) * 100 = 0%
        }
  }
    }
  }
```

运行调试

在完成软件设计之后，将编译好的文件下载到 STM32F103ZE6 芯片上，观看其运行结果，按下 K1 按键，直流电机快速运转，此时占空比为 80%；按下 K2 按键，直流电机低速运转，此时占空比为 50%；按下 K3 按键，直流电机停止转动。

本项目也可以使用逻辑分析仪进行软件仿真。首先，进行软件仿真（请先确保 Options for Target —> Debug 选项卡里面已经设置为 Use Simulator），然后依次按下 Debug 按键 和分析窗口按键 ，在窗口的“设置”里面新建一个信号 PORTA. 6，并设置 PB0 引脚为低电平（模拟 K1 健被按下），仿真结果如图 2. 4. 5 所示，此时 PWM 占空比为 80%。

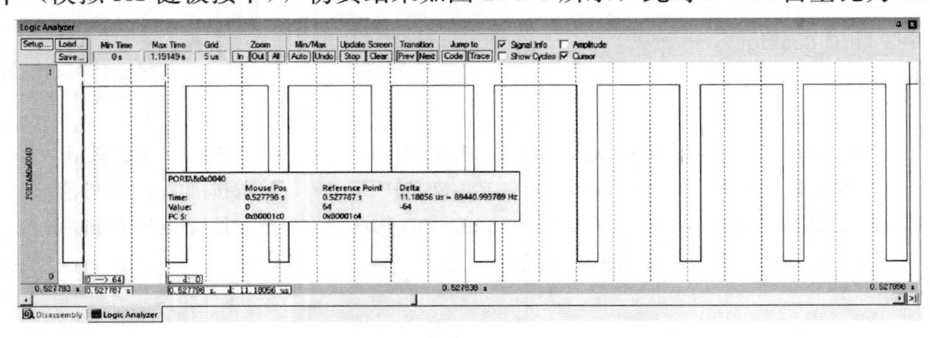

图 2. 4. 5 仿真波形 1（占空比为 80%）

再设置 PB1 引脚为低电平（模拟 K2 键被按下），仿真结果如图 2.4.6 所示，此时 PWM 占空比为 50%。

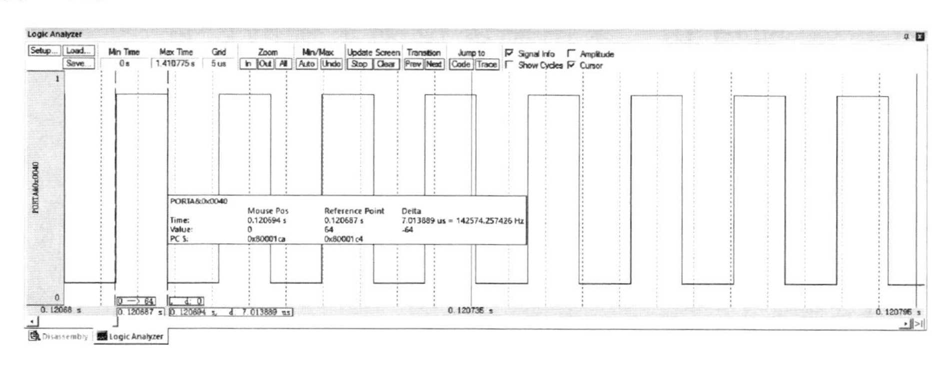

图 2.4.6　仿真波形 2（占空比为 50%）

最后，再设置 PB2 引脚为低电平（模拟 K3 键被按下），仿真结果如图 2.4.7 所示，此时 PWM 占空比为 0。

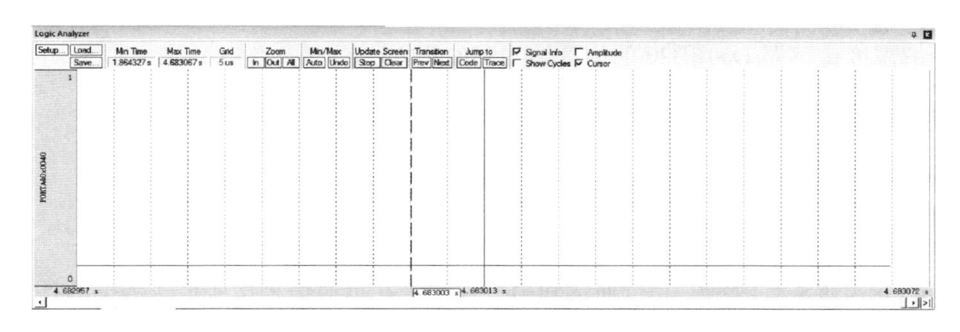

图 2.4.7　仿真波形 3（占空比为 0）

任务小结

本项目主要设计了家用通风系统，并进行了相关的代码调试。在项目任务的实施过程中，学习了通用定时器的基础知识，能够通过相应变量的设置调节系统输出的 PWM 波形，掌握了 L298N 电机驱动的使用方法，是一个相对基础性的项目。

通过项目四的学习，对 STM32 的通用定时器有了初步的认识，并对 STM32 的时钟系统有进一步的理解。能在 STM32 中编写通用定时器程序，同时提升了在 RVMDK 环境下调试程序的技能技巧。

项目五　家用温度检测系统的设计

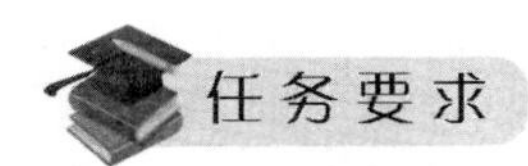

任务要求

家用温度检测系统的设计包括上位机（超级终端）和下位机（STM32），下位机使用温度传感器DS18B20测量室内温度，并通过串口通信将测出的温度实时显示在上位机上。

一、具体功能

任务要求使用温度传感器DS18B20测量室内温度，并通过STM32上的USART串口通信模块在超级终端上实时显示室内温度。

二、学习目标

通过家用温度检测系统的设计，对串口通信的基本概念有初步的认识和了解。学习STM32的USART串口通信模块的使用方法，掌握STM32和上位机数据发送程序的设计方法，理解温度传感器DS18B20的内部结构和使用方法。

理论知识

一、串行通信基础

随着多微机系统的广泛应用和计算机网络技术的普及，计算机的通信功能显得愈来愈重要。计算机通信是指计算机与外部设备或计算机与计算机之间的信息交换。

通信的方式通常有两种：并行通信和串行通信，并行通信是指所传送数据的各位被同时发送或接收；串行通信是指将所传送数据的各位在时间上按顺序一位一位地发送或接收。如图2.5.1所示为两种通信方式。

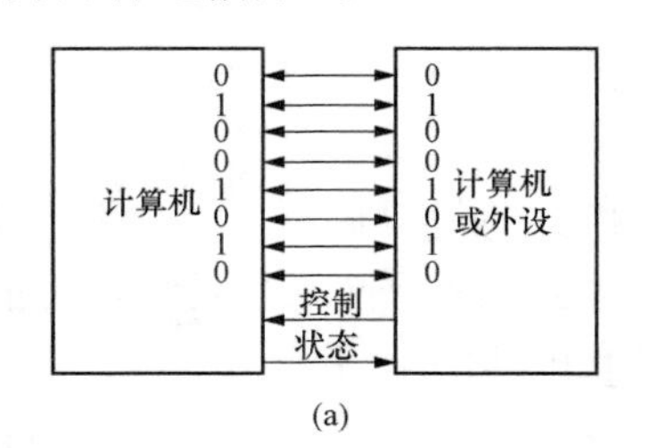

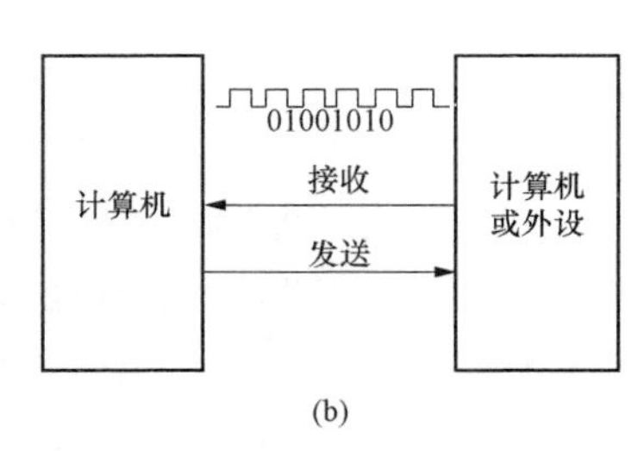

图2.5.1　两种通信方式

(a) 并行通信；(b) 串行通信

并行通信特点：控制简单、传输速度快；由于传输线较多，长距离传送时成本高且接收方的各位同时接收存在困难。

串行通信的特点：传输线少，长距离传送时成本低，且可以利用电话网等现成的设备，但数据的传送控制比并行通信复杂。

1. 异步通信

根据通信双方（发送方和接收方）是否使用同步时钟进行控制，可将串行通信分为两种基本方式：异步通信和同步通信。

异步通信是指通信的发送与接收设备使用各自独立的时钟，控制数据的发送和接收过程。为使双方的收发协调，要求发送和接收设备的时钟尽可能一致。如图 2.5.2 所示为异步通信示意图。

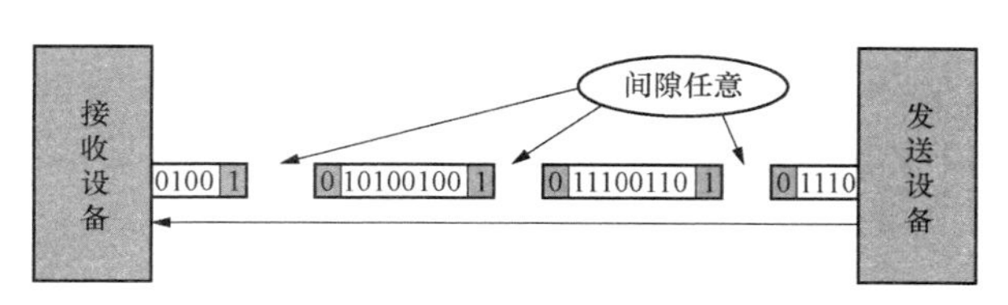

图 2.5.2　异步通信数据发送示意

异步通信是以字符（构成的帧）为单位进行传输，字符与字符之间的间隙（时间间隔）是任意的，但每个字符中的各位是以固定的时间传送的，即字符之间不一定有“位间隔”的整数倍的关系，但同一字符内的各位之间的距离均为“位间隔”的整数倍。

异步通信中的字符帧格式如图 2.5.3 所示，由起始位、数据位、停止位和校验位四部分组成。各部分功能如下所述：

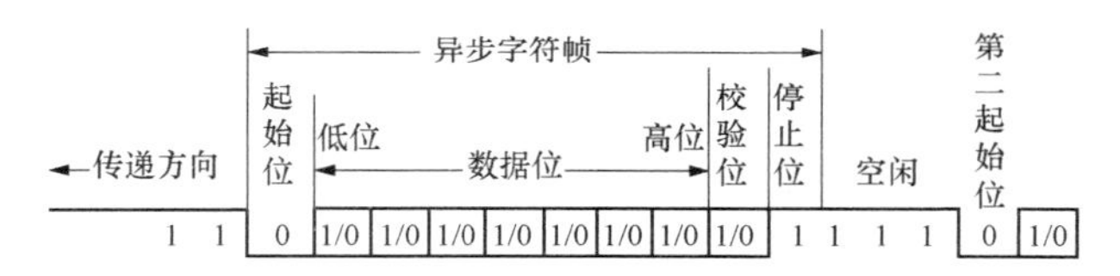

图 2.5.3　异步通信的字符帧格式

（1）起始位：位于字符帧开头，只占一位。约定为逻辑“0”。发送方用于通知接收方已经开始一帧信息的发送。

（2）数据位：紧跟起始位之后，是真正要传送的数据。规定低位在前，高位在后。

（3）校验位：紧跟数据位之后，只占一位。用于检查所传送数据是否正确，可分为奇校验和偶校验，即检查数据位中 1 的数目是奇数还是偶数。用户可根据实际情况选定是否需要该位。

（4）停止位：位于字符帧末尾，约定为逻辑“1”。发送方用于通知接收方一帧信息的发送已经结束用户。

异步串行通信中，发送方和接收方分别按照约定的字符帧格式一帧一帧地发送和接收。相邻字符帧之间可以有若干空闲位，也可以没有，空闲位约定为逻辑“1”，表明此时没有发送任何信息。接收方不断进行检测，若测得连续为“1”后又测到一个“0”，就知道发送方发来一帧新数据。这一步由硬件电路完成检测。

异步通信的特点：不要求收发双方时钟的严格一致，实现容易，设备开销较小，但每个字符要附加 2～3 位用于起止位，各帧之间还有间隔，因此传输效率不高。

2. 同步通信

同步通信是指通信的发送方和接收方使用同步信号作为通信依据，即在传送二进制数据串的过程中发送与接收应保持一致，如图 2.5.4 所示。同步通信的字符格式通常由同步字符和多字节数据组成，其中，同步字符位于字符帧开头，用于确认多字节数据传输即将开始，多字节数据在同步字符之后，是由多个数据组成的字符块。

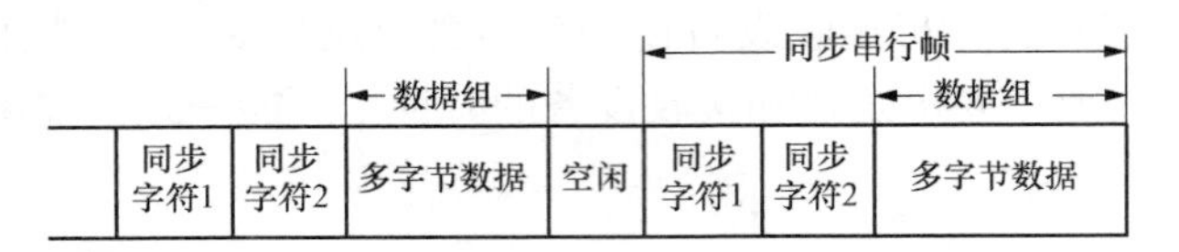

图 2.5.4 同步通信的字符帧格式

由以上所述可以得到推论：

异步通信比较灵活，适用于数据的随机发送/接收；而同步通信则是成批数据传送。异步通信因为每个字符帧均有起始位和停止位控制而降低了数据的传输速率，但若在一次数据传输的过程中出现错误，仅仅影响一个字节数据。而同步通信虽然数据传输速率很高，但若在一次数据传输的过程中出现错误，则影响一批数据。

3. 串行通信波特率

在信息传输通道中，携带数据信息的信号单元叫码元，每秒钟通过信道传输的码元数称为码元传输速率，简称波特率。波特率是指数据信号对载波的调制速率，它用单位时间内载波调制状态改变的次数来表示（也就是每秒调制了符号数），即一秒钟内传送二进制数码的位数。其单位是波特（Baud，symbol/s，简写 bps），即：1 波特率＝1bit/s＝1b/s。波特率是传输通道频宽的指标，用于描述数据传输的快慢，波特率越高，数据传输速度越快。

在异步通信中，发送一位数据的时间叫作位周期，用 T 表示。位周期与波特率互为倒数，例如在波特率为 9600 的通信中，位周期为 1/9600，即 0.000 104s。

波特率是对信号传输速率的一种度量。但是波特率有时候会同比特率混淆，实际上后者是对信息传输速率（传信率）的度量。当 1 波特等于 1 比特的时候，波特率与比特率才相等；但是如果 1 波特等于 8 比特的时候，那么每秒钟发送的比特率是波特率的 9 倍，波特率可以被理解为单位时间内传输码元符号的个数（传符号率），通过不同的调制方法可以在一个码元上负载多个比特信息。

所以，如果用公式表示，比特率在数值上和波特率有如下关系：

波特率与比特率的关系为：比特率＝波特率×单个调制状态对应的二进制位数。单片机或计算机在串口通信时的速率用波特率表示，它定义为每秒传输二进制代码的位数，即 1 波特＝1 位/秒，单位是 b/s（位/秒）。如每秒钟传送 240 个字符，而每个字符格式包含 10 位（1 个起始位、1 个停止位、8 个数据位），此时的波特率为 10 位×240 个/秒＝2400bit/s。

串行接口或终端直接传送串行信息位流的最大距离与传输速率及传输线的电气特性也有关。当传输线使用每 0.3m（约 1 英尺）有 50pF 电容的非平衡屏蔽双绞线时，传输距离随波特率增加而减小。

4. 串行通信数据传输工作模式

在串行通信中，数据是由通信双方通过传输线来传送的。按照数据的传送方向，串行通信的工作模式可以分为三种：单工模式、半双工模式和全双工模式。

（1）在单工模式下，通信双方的数据传送是单向的，并且发送方和接收方固定，数据只能由甲站传送到乙站，反之不行，如图 2.5.5（a）所示。

（2）在半双工模式下，通信双方都具有发送器和接收器，数据既能从甲站发送到乙站，也能从乙站发送甲站，但甲站和乙站不能同时发送和接收数据，如图 2.5.5（b）所示。

（3）在全双工模式下，通信双方均设有发送器和接收器，并且信道划分为发送信道和接收信道，因此全双工模式可实现甲站和乙站同时发送和接收数据，如图 2.5.5（c）所示。

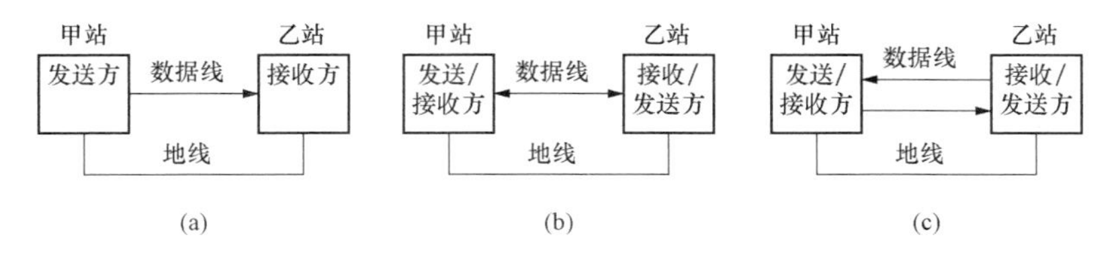

图 2.5.5　串行通信的工作模式
（a）单工模式；（b）半双工模式；（c）全双工模式

5. 解决干扰以及校验的方法

什么是数据校验？通俗地说，就是为保证数据的完整性，用一种指定的算法对原始数据计算出的一个校验值。接收方用同样的算法计算一次校验值，如果和随数据提供的校验值一样，就说明数据是完整的。

什么是最简单的校验呢？最简单的校验就是把原始数据和待比较数据直接进行比较，看是否完全一样这种方法是最安全最准确的。同时这样的比对方式也是效率最低的。只适用于简单的数据量极小的通信。

串口通信使用的是奇偶校验方法，具体实现方法是在数据存储和传输中，字节中额外增加一个比特位，用来检验错误。校验位可以通过数据位异或计算出来；也就是说单片机串口通信有一模式就是一次发送 8 位的数据通信，增加一位第 9 位用于放校验值。

奇偶校验是一种校验代码传输正确性的方法。根据被传输的一组二进制代码的数位中“1”的个数是奇数或偶数来进行校验。采用奇数的称为奇校验，反之，称为偶校验。采用何种校验是事先规定好的。通常专门设置一个奇偶校验位，用它使这组代码中“1”的个数为奇数或偶数。若用奇校验，则当接收端收到这组代码时，校验“1”的个数是否为奇数，从而确定传输代码的正确性。

奇偶校验能够检测出信息传输过程中的部分误码（1 位误码能检出，2 位及 2 位以上误码不能检出），同时，它不能纠错。在发现错误后，只能要求重发。但由于其实现简单，仍得到了广泛使用。

6. STM32 的异步串口通信协议

STM32 的串口非常强大，不仅支持最基本的通用串口同步、异步通信，还具有 LIN 总线功能（局域互联网）、IRDA 功能（红外通信）、SmartCard 功能等。本项目仅介绍串口最基本最常用的功能，全双工异步通信。

根据通信协议可以得知，配置串口通信，至少要设置以下几个参数：字长（一次传送的数据长度）、波特率（每秒传输的数据位数）、奇偶校验位和停止位。通过前几个项目的学习，可以得出，在初始化串口时，必然有一个串口初始化结构体，而这个结构体里的成员则是用来存储控制参数的。

二、USART 串口通信模块

USART（Universal Synchronous/Asynchronous Receiver/Transmitter）串口通信模块提供了一种灵活的方法与使用工业标准 NRZ 异步串行数据格式的外部设备之间进行全双工数据交换，即 USART 是一个全双工通用同步/异步串行收发模块。该通信接口是一个高度灵活的串行通信设备。USART利用分数波特率发生器提供宽范围的波特率选择。它支持同步单向通信和半双工单线通信，也支持LIN（局部互联网），智能卡协议和IrDA（红外数据组织）SIR ENDEC规范，以及调制解调器（CTS/RTS）操作。它还允许多处理器通信。还可以使用DMA方式，实现高速数据通信。

1. USART的功能特性

通常情况下，USART通过3个引脚（RX、TX、GND）与其他设备连接在一起，任何USART双向通信至少需要2个引脚，接受数据输入的RX引脚和发送数据输出的TX引脚。这两个引脚的功能描述如下：

（1）RX接收数据引脚。接受数据串行输入，通过“过采样”技术来区别数据和噪声，从而恢复数据，抑制噪声对接收数据的影响。

（2）TX发送数据引脚。当发送器被禁止时，输出引脚恢复到GPIO端口的配置。当发送器被激活，并且不发送数据时，TX引脚呈现高电平。在单线和智能卡模式里，该引脚可以被同时用于数据的发送和接收。

（3）SW_RX数据接收引脚，只用于单线和智能卡模式，属于内部引脚，没有具体的外部引脚。

（4）nRTS请求以发送（Request To Send）引脚，n表示低电平有效。如果使能RTS流控制，当USART接收器准备好接收新数据时就会将nRTS变成低电平；当接收寄存器已满时，nRTS将被设置为高电平。该引脚只适用于硬件流控制。

（5）nCTS清除以发送（Clear To Send）引脚，n表示低电平有效。如果使能CTS流控制，发送器在发送下一帧数据之前会检测nCTS引脚，如果为低电平，表示可以发送数据，如果为高电平则在发送当前数据帧之后停止发送。该引脚只适用于硬件流控制。

（6）SCLK发送器时钟输出引脚。这个引脚仅适用于同步模式。

2. USART的寄存器

首先介绍USART寄存器在固件函数库中所用到的数据结构，与前面所介绍的功能模块类似，USART寄存器的结构也是通过结构体的方式来描述的，具体如下：

```
typedef struct
{
  __IO uint16_t SR;
  uint16_t  RESERVED0;
  __IO uint16_t DR;
  uint16_t  RESERVED1;
  __IO uint16_t BRR;
  uint16_t  RESERVED2;
  __IO uint16_t CR1;
  uint16_t  RESERVED3;
  __IO uint16_t CR2;
  uint16_t  RESERVED4;
  __IO uint16_t CR3;
  uint16_t  RESERVED5;
  __IO uint16_t GTPR;
```

```
    uint16_t  RESERVED6;
} USART_TypeDef;
```

在 USART 结构体的定义中，包含了部分 USART 模块的寄存器，具体名字和功能如表 2.5.1 所示。

表 2.5.1　USART 串口寄存器

寄存器	寄存器描述	寄存器	寄存器描述
SR	USART 状态寄存器	CR2	USART 控制寄存器 2
DR	USART 数据寄存器	CR3	USART 控制寄存器 3
BRR	USART 波特率寄存器	GTPR	USART 保护时间和预分频寄存器
CR1	USART 控制寄存器 1		

(1) USART 状态寄存器（USART _ SR）。

地址偏移：0x00，复位值：0x00C0。

位 31～位 10：保留位，硬件强制为 0。

位 9：CTS（CTS 标志位）：在 USART4 和 USART5 上不存在这一位。如果设置了“CTSE 位”，当 nCTS 输入变化状态时，该位被硬件置高。由软件将其清零。如果 USART _ CR3 中的 CTSIE 为“1”，则产生中断。置为 0 时，表示 nCTS 状态线上没有变化，置为 1 时，表示 nCTS 状态线上发生变化。

位 8：LBD（LIN 断开检测标志）：当探测到 LIN 断开时，该位由硬件置“1”，由软件清“0”（向该位写 0）。如果 USART _ CR3 中的 LBDIE 为“1”，则产生中断。置为 0 时，表示没有检测到 LIN 断开，置为 1 时，表示检测到 LIN 断开。

位 7：TXE（发送数据寄存器空）：当 TDR 寄存器中的数据被硬件转移到移位寄存器的时候，该位被硬件置位，如果 USART _ CR1 寄存器的 TXEIE 为 1，则产生中断。对 USART _ DR 的写操作，将该位清零。注意在单缓冲器传输中使用该位。置为 0 时表示数据还没有被转移到移位寄存器，置为 1 时，表示数据已经被转移到移位寄存器。

位 6：TC（发送完成）：当包含数据的一帧发送完成后，并且 TXE=1 时，由硬件将该位置 1。如果 USART _ CR1 中的 TCIE 为 1，则产生中断。由软件序列清除该位（先读 USART _ SR，然后写入 USART _ DR）。TC 位也可以通过写“0”来清除，只有在多缓冲通信中才推荐这种清除程序。置为 0 时，表示发送未完成，置为 1 时，表示发送完成。

位 5：RXNE（读数据寄存器非空）：当 RDR 移位寄存器中的数据被转移到 USART _ DR 寄存器中，该位被硬件置位。如果 USART _ CR1 寄存器中的 RXNEIE 为 1，则产生中断。对 USART _ DR 的读操作可以将该位清 0。RXNE 位也可以通过写 0 来清除，只有在多缓冲通信录中才推荐这种清除程序。置为 0 表示数据没有收到，置为 1 表示收到数据，且可以读出。

位 4：IDLE（检测到总线空闲）：当检测到总线空闲时，该位被硬件置位。如果 USART _ CR1 中的 IDLEIE 为 1，则产生中断。由软件序列清除该位（先读 USART _ SR，然后读 USART _ DR）。置为 0 时，表示没有检测到空闲总线，为 1 时表示检测到空闲总线。IDLE 位不会被置高直到 RXNE 位被置起（即又一次检测到空闲总线）。

位 3：ORE（过载错误）：当 RXNE 仍然是 1 的时候，当前被接收在移位寄存器中的数据，需要传送至 RDR 寄存器时，硬件将该位置位。如果 USART _ CR1 中的 RXNEIE 为 1 的话，则产生中断。由软件序列将其清零（先读 USART _ SR，然后读 USART _ CR）。置为 0 时表示没有过载错误，置为 1 时表示检测到过载错误。如果该位被置位时，RDR 寄存器的值不会丢失。但是移位寄存器中的数据会被覆盖。如果设置了 EIE 位，在多缓冲器通信模式下，ORE 标志置位会产生中断。

位 2：NE（噪声错误标志）：当接收到的帧检测到噪声时，由硬件对该位置位。由软件序列对其清零（先读 USART _ SR，然后读 USART _ DR）。置为 0 时表示没有检测到噪声，置为 1 时表示检测到噪声。该位不会产生中断，因为它和 RXNE 一起出现，硬件会在设置 RXNE 标志时产生中断。在多缓冲区通信模式下，如果设置了 EIE 位，则设置 NE 标志时会产生中断。

位 1：FE（帧错误）：当检测到同步错位，过多的噪声或者检测到断开符，该位被硬件置位，由软件序列将其清零，先读 USART _ SR，再读 USART _ DR。为 0 时表示没有检测到帧错误，为 1 时表示检测到帧错误或者 break 符。该位不会产生中断，因为它和 RXNE 一起出现，硬件会在设置 RXNE 标志时产生中断。如果当前传输的数据既产生了帧错误，又产生了过载错误，硬件还是会挤出该数据的传输，并且只设置 ORE 标志位。在多缓冲区通信模式下，如果设置了 EIE 位，则设置 FE 标志会产生中断。

位 0：PE（校验错误）：在接收模式下，如果出现奇偶校验错误，硬件对该位置位。由软件序列对其清零（依次读 USART _ SR 和 USART _ DR）。在清除 PE 位前，软件必须等待 RXNE 标志位被置“1”。如果 USART _ CR1 中的 PEIE 为“1”，则产生中断。置为 0 时表示没有奇偶校验错误，置为 1 时表示存在奇偶校验错误。

（2）USART 数据寄存器（USART _ DR）。

地址偏移：0x04，复位值：不定。

USART 数据寄存器（USART _ DR）只有低 9 位有效，并且第 9 位数据是否有效要取决于 USART 控制寄存器 1（USART _ CR1）的 M 位设置，当 M 位为 0 时表示 8 位数据字长，当 M 位为 1 表示 9 位数据字长，一般使用 8 位数据字长。

位 31～位 9：保留位，硬件强制为 0；

位 8～位 0：DR[8:0]，数据值。包含了发送和接收的数据。由于它是由两个寄存器组成的，一个给发送用（TDR），一个给接收用（RDR），该寄存器兼具读和写的功能。TDR 寄存器提供了内部总线和输出移位寄存器之间的并行接口。RDR 寄存器提供了输出移位寄存器和内部总线之间的并行接口。当使能校验位（USART _ CR1 中的 PCE 位被置位）进行发送时，写到 MSB 的值（根据数据长度不同，MSB 是第 7 位或者第 8 位）会被后来的校验位所取代。当使能校验位进行接收时，读到 MSB 位时接收到的校验位。当进行发送操作时，往 USART _ DR 写入数据会自动存储在 TDR 内；当进行读取操作时，向 USART _ DR 读取数据会自动提取 RDR 数据。TDR 和 RDR 都是介于系统总线和移位寄存器之间。串行通信是一个位一个位传输的，发送时把 TDR 内容转移到发送移位寄存器，然后把移位寄存器数据每一位发送出去，接收时把接收到的每一位顺序保存在接收移位寄存器内然后才转移到 RDR。

（3）波特比率寄存器（USART _ BRR）。

地址偏移：0x08，复位值：0x0000

位 31～位 16：保留位，硬件强制置为 0；

位 15～位 4：DIV _ Mantissa[11：0]，USARTDIV 的整数部分。这 12 位定义了 USART 分频器除法因子（USARTDIV）的整数部分。

位 3～位 0：DIV_Fraction[3:0]，USARTDIV 的小数部分。

（4）控制寄存器 1（USART _ CR1）。

地址偏移：0x0C，复位值：0x0000

位 31～位 14：保留位，硬件强制为 0

位 13：UE（USART 使能）：当该位被清零，在当前字节传输完成后的 USART 的分频器和输出停止工作，以减少功耗。该位由软件设置和清零。置 0 时，USART 分频器和输出被禁止，置 1 时，USART 模块使能。

位 12：M（字长）：该位定义了数据字的长度，由软件对其设置和清零。置为 0 时表示一个起始位，8 个数据位，n 个停止位。置位 1 时，表示一个起始位，9 个数据位，n 个停止位。注意在数据传输过程中（发送和接收时）不能修改这个位。

位 11：WAKE（唤醒的方法）：该位决定了把 USART 唤醒的方法，由软件对该位设置和清零。为 0 时，表示被空闲总线唤醒，为 1 时表示被地址标记唤醒。

位 10：PCE（检验控制使能）：用该位选择是否进行硬件校验控制（对于发送来说就是校验位的产生，对于接受来说，就是校验位的检测）。当使能了该位，在发送数据的最高位（如果 M=1，最高位是第 9 位，如果 M 是 0，最高位是第 8 位）插入校验位。对接受到的数据检查其检验位。软件对它置“1”或者清“0”，一旦设置了该位，当前直接传输完成后，校验控制才生效。置 0 时表示禁止校验控制，置为 1 时表示使能校验控制。

位 9：PS（校验选择）：当校验控制使能后，该位用来选择采用偶校验还是奇校验。软件对它置 1 或清 0。当前字节传输完成后，该选择生效。置为 0 时表示为偶校验，置为 1 时表示为奇校验。

位 8：PEIE（PE 中断使能）：该位由软件设置或清除。置为 0 时禁止产生中断，置为 1 时，当 USART _ SR 中的 PE 为“1”时，产生 USART 中断。

位 7：TXEIE（发送缓冲区空中断使能）：该位由软件设置或清除。为 0 时禁止产生中断，为 1 时，当 USART _ SR 中的 TXE 为“1”时，产生 USART 中断。

位 6：TCIE（发送完成中断使能）：该位由软件设置或清除。置为 0 时表示禁止产生中断，置为 1 时表示当 USART _ SR 中的 TC 位为“1”时，产生 USART 中断。

位 5：RXNEIE（接收缓冲区非空中断使能）：该位由软件设置或清除，为 0 时表示禁止产生中断，为 1 时表示当 USART _ SR 中的 ORE 或者 RXNE 位为“1”时，产生 USART 中断。

位 4：IDLEIE（IDLE，总线空闲中断使能）：该位由软件设置或清除。为 0 时表示禁止产生中断，为 1 时当 USART _ SR 中的 IDLE 为“1”时，产生 USART 中断。

位 3：TE（发送使能）：该位使能发送器，由软件设置或清除。为 0 时表示禁止发送，为 1 时表示使能发送。在数据传输过程中，除了在智能卡模式下，如果 TE 位上有个 0 脉冲（即设置为“0”之后，再设置为“1”），会在当前数据字传输完成后，发送一个前导符（空闲总线）。另外，在当 TE 被设置后，在真正的数据发送开始前，有一个比特时间的延迟。

位 2：RE（接收使能）：该位由软件设置或清除。当设置为 0 时，禁止接收，当设置为 1 时，使能接收并开始搜寻 RX 引脚上的起始位。

位 1：RWU（接收唤醒）：该位用来决定是否把 USART 设置为静默模式。该位由软件设置或清除，当唤醒序列到来时，硬件也会将其清零。置为 0 时表示接收器处于正常工作模式，置为 1 时，表示接收器处于静默模式。在把 USART 置于静默模式（设置 RWU 位）之前，USART 要已经先接受了一个数据字节，否则在静默模式下，不能被空闲总线检测唤醒。另外当配置为地址标记检测唤醒（wake 位=1），在 RXNE 位被置位时，不能用软件修改 RWU 位。

位 0：SBK（发送断开帧）：使用该位来发送断开字符，该位可以由软件设置或清除。操作过程应该是软件设置位，然后再断开帧的停止位时，由硬件将其复位。当该位被设置为 0 时，表示没有发送断开字符，当设置为 1 时，表示将要发送断开字符。

（5）控制寄存器 2（USART _ CR2）。

地址偏移：0x10，复位值：0x0000

位 31～位 15：保留位，硬件强制为 0。

位 14：LINEN（LIN 模式使能）：该位由软件设置或清除。设置为 0 表示禁止 LIN 模式，设置为 1 表示使能 LIN 模式。在 LIN 模式下，可以用 USART _ CR1 寄存器中的 SBK 位发送 LIN 断开符（低 13 位），以及检测 LIN 同步断开符。

位 13～位 12：STOP（停止位）：这两位用来设置停止位的位数。00 表示一个停止位，01 表示 0.5 个停止位，10 表示 2 个停止位，11 表示 1.5 个停止位。USART4 和 USART5 不能用 0.5 停止位和 1.5 停止位。

位 11：CLKEN（时钟使能）：用来使能 CK 引脚。为 0 时表示禁止 CK 引脚，为 1 表示使能 CK 引脚。在 USART4 和 USART5 上不存在这一位。

位 10：CPOL（时钟极性）：在同步模式下，可以用该位选择 SLCK 引脚上时钟输出的极性。和 CPHA 位一起配合来产生需要的时钟/数据采样关系。为 0 时表示总线空闲时 CK 引脚上保持低电平。为 1 时表示总线空闲时 CK 引脚上保持高电平。USART4 和 USART5 上不存在这一位。

位 9：CPHA（时钟相位）：在同步模式下，可以用该位选择 SLCK 引脚上时钟输出的相位。和 CPOL 位一起配合来产生需要的时钟/数据的采样关系。为 0 时表示在时钟的第一个边沿进行数据捕获，为 1 时表示在时钟的第二个边沿进行数据捕获。在 USART4 和 USART5 上不存在这一位。

位 8：LBCL（最后一位时钟脉冲）：在同步模式下，使用该位来控制是否在 CK 引脚上输出最后那个数据字节（MSB）对应的时钟脉冲。为 0 时表示最后一位数据的时钟脉冲不从 CK 输出。为 1 时表示最后一位数据的时钟脉冲会从 CK 输出。最后一个数据位就是第 8 或者第 9 个发送的位（根据 USART _ CR1 寄存器中的 M 位所定义的 8 或 9 位数据帧格式），在 USART4 和 USART5 上不存在这一位。

位 7：保留位，硬件强制为 0。

位 6：LBDIE（LIN 断开符检测中断使能）：断开符中断屏蔽（使用断开分隔符来检测断开符），为 0 时表示禁止中断，为 1 时表示只要 USART _ SR 寄存器中的 LBD 为 1 就产生中断。

位 5：LBDL（LIN 断开符检测长度）：该位用来选择是 11 位还是 10 位断开符检测。为 0 时表示为 10 位断开符检测，为 1 时表示为 11 位的断开符检测。

位 4：保留位，硬件强制为 0。

位 3～位 0：ADD [3：0]：本设备的 USART 节点地址。该位域给出本设备 USART 节点的地址。这是在多处理器通信下的静默模式中使用的，使用地址标记来唤醒某个 USART 设备。

需要注意的是，在使能发送后不能再改写 CPOL，CPHA，LBCL 三个位。

(6) 控制寄存器 3（USART _ CR3）。

地址偏移：0x14，复位值：0x0000

位 31～位 11：保留位，硬件强制为 0。

位 10：CTSIE（CTS 中断使能）：为 0 时禁止中断，为 1 时 USART _ SR 寄存器中的 CTS 为 1 时产生中断。在 USART4 和 USART5 上不存在这一位。

位 9：CTSE（CTS 使能）：为 0 时禁止 CTS 硬件流控制，为 1 时 CTS 模式使能。只有 nCTS 输入信号有效（拉成低电平）时才能发送数据。如果在数据传输过程中，nCTS 信号变为无效，那么发送完这个数据后，传输就停止下来。如果当 nCTS 为无效时，往数据寄存器里面写数据，则要等到 nCTS 有效时才会发送这个数据。在 USART4 和 USART5 上不存在这一位。

位 8：RTSE（RTS 使能）：为 0 时表示禁止 RTS 硬件流控制，为 1 时表示 RTS 中断使能，只有接受缓冲区内有空余空间时才请求下一个数据。当前数据发送完成后，发送操作就需要暂停下来，如果可以接受数据了，将 nRTS 输出置为有效（拉至低电平）。在 USART4 和 USART5 上不存在这一位。

位 7：DMAT（DMA 使能发送）：该位由软件设置或清除。为 0 时表示禁止发送时的 DMA 模式，为 1 时表示为使能发送时的 DMA 模式。在 USART4 和 USART5 上不存在这一位。

位 6：DMAR（DMA 使能接收）：该位由软件设置或清除。为 0 时表示禁止接收时的 DMA 模式，为 1 时表示使能接收时的 DMA 模式。在 USART4 和 USART5 上不存在这一位。

位 5：SCEN（智能卡模式使能）：该位用来设置智能卡模式。为 0 时表示禁止智能卡模式，为 1 时表示使能智能卡模式。在 USART4 和 USART5 上不存在这一位。

位 4：NACK（智能卡 NACK 使能）：为 0 时表示校验出错时，不发送 NACK，为 1 时表示校验错误出现时，发送 NACK。在 USART4 和 USART5 上不存在这一位。

位 3：HDSEL（半双工选择）：选择单线半双工模式，为 0 表示不选择半双工模式，为 1 表示选择半双工模式。

位 2：IRLP（红外低功耗）：用来选择普通模式还是低功耗红外模式。为 0 时表示为普通模式，为 1 时表示为低功耗模式。

位 1：IREN（红外模式使能）：该位由软件设置或清零。为 0 时表示不使能红外模式，为 1 时表示使能红外模式。

位 0：EIE（错误中断使能）：在多缓冲区通信模式下，当有帧错误，过载或者噪声错误时（USART _ SR 状态寄存器中的 FE=1，或者 ORE=1，或者 NE=1）产生中断。为 0 时表示禁止中断，为 1 时表示只要 USART _ CR3 中的 DMAR=1，并且 USART _ SR 中的

FE=1，或者 ORE=1，或者 NE=1，则产生中断。

(7) 保护时间和预分频寄存器（USART _ GPTR）

地址偏移：0x18，复位值：0x0000

位 31～位 16：保留位，硬件强制为 0。

位 15～位 8：GT[7:0]：保护时间值，该位规定了以波特时钟为单位的保护时间，在智能卡模式下，需要这个功能。当保护时间过去后，才会设置发送完成标志。

位 7～位 0：PSC[7:0]：预分频值。

1）在红外（IRDA）低功耗模式下，PSC [7：0]=红外低功耗波特率，对系统时钟分频以获得低功耗模式下的频率，源时钟被寄存器中的值（仅有 8 位有效）分频。设置为 00000000，表示保留，不要写入该值；设置为 00000001，表示对源时钟 1 分频；设置为 00000010，表示对源时钟 2 分频。

2）在红外（IRDA）正常模式下，PSC 只能设置为 00000001。

3）在智能卡模式下，PSC[4:0]为预分频值，对系统时钟进行分频，给智能卡提供时钟。寄存器中给出的值（低 5 位有效）乘以 2 后，作为对源时钟的分频因子。设置为 00000，表示保留，不要写入该值；设置为 00001，表示对源时钟进行二分频；设置为 00010，表示对源时钟进行 4 分频；设置为 00011，表示对源时钟进行 6 分频。在智能卡模式下位 [7：5] 在智能卡模式下没有意义，UART4 和 UART5 上不存在这一位。

三、DS18B20 数字温度传感器简介

DS18B20 是由 DALLAS 半导体公司推出的一种“一线总线”接口的温度传感器。与传统的热敏电阻等测温元件相比，它是一种新型的体积小、适用电压宽、与微处理器接口简单的数字化温度传感器。一线总线结构具有简洁且经济的特点，可使用户轻松地组建传感器网络，从而为测量系统的构建引入全新概念，测量温度范围为－55～＋125℃，精度为±0.5℃。现场温度直接以“一线总线”的数字方式传输，大大提高了系统的抗干扰性。它能直接读出被测温度，并且可根据实际要求通过简单的编程实现 9～12 位的数字值读数方式。它工作在 3.0～5.5V 的电压范围，采用多种封装形式，从而使系统设计灵活、方便，存储在 EEPROM 中，掉电后依然保存。其引脚封装如图 2.5.6 所示。

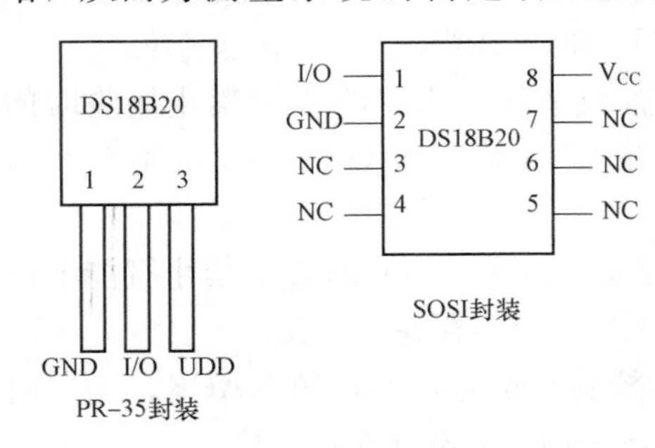

图 2.5.6　DS18B20 引脚排列

DS18B20 采用 3 引脚 PR35 封装或 8 脚 SOSI 封装，引脚排列如图 2.5.6 所示，各引脚的名称和功能描述如表 2.5.2 所示。

表 2.5.2　DS18B20 引脚功能描述

序号	名称	引脚功能描述
1	GND	地信号
2	DQ（I/O）	数据输入/输出引脚。开漏单总线接口引脚。当被用在寄生电源下，也可以向器件提供电源
3	VDD（VCC）	可选择的 VDD 引脚。当工作于寄生电源时，此引脚必须接地

ROM 中的 64 位序列号是出厂前被标记好的，它可以看作是该 DS18B20 的地址序列码，每 DS18B20 的 64 位序列号均不相同。64 位 ROM 的排列是：前 8 位是产品家族码，接着 48 位是 DS18B20 的序列号，最后 8 位是前面 56 位的循环冗余校验码（CRC=X8+X5+X4+1）。ROM 作 用是使每一个 DS18B20 都各不相同，这样就可实现一根总线上挂接多个。

所有的单总线器件要求采用严格的信号时序，以保证数据的完整性。DS18B20 共有 6 种信号类型：复位脉冲、应答脉冲、写 0、写 1、读 0 和读 1。所有信号，除了应答脉冲以外，都由主机发出同步信号。并且发送所有的命令和数据都是字节的低位在前。这里简单介绍这几个信号的时序：

（1）复位脉冲和应答脉冲。单总线上的所有通信都是以初始化序列开始。主机输出低电平，保持低电平时间至少 480μs，以产生复位脉冲。接着主机释放总线，4.7kΩ 的上拉电阻将单总线拉高，延时 15～60μs，并进入接收模式（Rx）。接着 DS18B20 拉低总线 60～240μs，以产生低电平应答脉冲，若为低电平，再延时 480 μs。

（2）写时序。写时序包括写 0 时序和写 1 时序。所有写时序至少需要 60μs，且在 2 次独立的写时序之间至少需要 1μs 的恢复时间，两种写时序均起始于主机拉低总线。写 1 时序：主机输出低电平，延时 2μs，然后释放总线，延时 60μs。写 0 时序：主机输出低电平，延时 60μs，然后释放总线，延时 2μs。

（3）读时序。单总线器件仅在主机发出读时序时，才向主机传输数据，所以，在主机发出读数据命令后，必须马上产生读时序，以便从机能够传输数据。所有读时序至少需要 60μs，且在 2 次独立的读时序之间至少需要 1μs 的恢复时间。每个读时序都由主机发起，至少拉低总线 1μs。主机在读时序期间必须释放总线，并且在时序起始后的 15μs 之内采样总线状态。典型的读时序过程为：主机输出低电平延时 2μs，然后主机转入输入模式延时 12μs，然后读取单总线当前的电平，然后延时 50μs。

四、固件库函数

USART 库函数：

表 2.5.3 列举了部分 USART 的库函数：

表 2.5.3　USART 库函数

函数名	描　　述
USART_DeInit	将外设 USARTx 寄存器重设为缺省值
USART_Init	根据 USART_InitStruct 中指定的参数初始化外设 USARTx 寄存器
USART_StructInit	把 USART_InitStruct 中的每一个参数按缺省值填入
USART_Cmd	使能或者失能 USART 外设
USART_ITConfig	使能或者失能指定的 USART 中断
USART_SendData	通过外设 USARTx 发送单个数据
USART_ReceiveData	返回 USARTx 最近接收到的数据
USART_GetFlagStatus	检查指定的 USART 标志位设置与否
USART_ClearFlag	清除 USARTx 的待处理标志位
USART_GetITStatus	检查指定的 USART 中断发生与否
USART_ClearITPendingBit	清除 USARTx 的中断待处理位

（1）函数 USART _ DeInit。

函数 USART _ DeInit 如表 2.5.4 所示。

表 2.5.4 函数 USART _ DeInit

函数名	USART _ DeInit
函数原形	void USART _ DeInit（USART _ TypeDef * USARTx）
功能描述	将外设 USARTx 寄存器重设为缺省值
输入参数	USARTx：x 可以是 1，2 或者 3，来选择 USART 外设
输出参数	无
返回值	无
先决条件	无
被调用函数	RCC_APB2PeriphResetCmd()RCC_APB1PeriphResetCmd()

例：

```
/******************************** 复位 USART 寄存器 ****************************/
USART_DeInit(USART1);
/************************* 代码行结束 ************************************/
```

（2）函数 USART _ Init

函数 USART _ Init 如表 2.5.5 所示。

表 2.5.5 函数 USART _ Init

函数名	USART _ Init
函数原形	void USART _ Init （USART _ TypeDef * USARTx，USART _ InitTypeDef * USART _ InitStruct）
功能描述	根据 USART _ InitStruct 中指定的参数初始化外设 USARTx 寄存器
输入参数 1	USARTx：x 可以是 1，2 或者 3，来选择 USART 外设
输入参数 2	USART _ InitStruct：指向结构 USART _ InitTypeDef 的指针，包含了外设 USART 的配置信息
输出参数	无
返回值	无
先决条件	无
被调用函数	无

USART _ InitTypeDef 定义于文件“STM32f10x _ usart. h”：

```
typedef struct
{
    u32 USART_BaudRate;
    u16 USART_WordLength;
```

```
    u16 USART_StopBits;
    u16 USART_Parity;
    u16 USART_HardwareFlowControl;
    u16 USART_Mode;
    u16 USART_Clock;
    u16 USART_CPOL;
    u16 USART_CPHA;
    u16 USART_LastBit;
} USART_InitTypeDef;
```

表 2.5.6 描述了结构体 USART _ InitTypeDef 在同步和异步模式下使用的不同成员。

表 2.5.6　USART _ InitTypeDef 成员 USART 模式对比

成员	异步模式	同步模式	成员	异步模式	同步模式
USART _ BaudRate	√	√	USART _ Mode	√	√
USART _ WordLength	√	√	USART _ Clock	×	√
USART _ StopBits	√	√	USART _ CPOL	×	√
USART _ Parity	√	√	USART _ CPHA	×	√
USART _ HardwareFlowControl	√	√	USART _ LastBit	×	√

1）USART _ BaudRate。

该成员设置了 USART 传输的波特率。

2）USART _ WordLength。

USART _ WordLength 指的是在一个帧中传输或者接收到的数据位数。表 2.5.7 给出了该参数可取的值。

表 2.5.7　USART _ WordLength 定义

USART _ WordLength	描述	USART _ WordLength	描述
USART _ WordLength _ 8b	8 位数据	USART _ WordLength _ 9b	9 位数据

3）USART _ StopBits。

USART _ StopBits 定义了发送的停止位个数。表 2.5.8 给出了该参数可取的值。

表 2.5.8　USART _ StopBits 定义

USART _ StopBits	描述	USART _ StopBits	描述
USART _ StopBits _ 1	在帧结尾传输 1 个停止位	USART _ StopBits _ 2	在帧结尾传输 2 个停止位
USART _ StopBits _ 0.5	在帧结尾传输 0.5 个停止位	USART _ StopBits _ 1.5	在帧结尾传输 1.5 个停止位

4）USART _ Parity。

USART _ Parity 定义了奇偶校验模式。表 2.5.9 给出了该参数可取的值。

表 2.5.9 **USART _ Parity 定义**

USART _ Parity	描述	USART _ Parity	描述
USART _ Parity _ No	无奇偶校验	USART _ Parity _ Even	偶模式
USART _ Parity _ Odd	奇模式		

注意：奇偶校验一旦使能，在发送数据的 MSB 位插入经计算的奇偶位（字长 9 位时的第 9 位，字长 8 位时的第 8 位）。

5）USART _ HardwareFlowControl。

USART _ HardwareFlowControl 指定了硬件流控制模式使能还是失能。表 2.5.10 给出了该参数可取的值。

表 2.5.10 **USART _ HardwareFlowControl 定义**

USART _ HardwareFlowControl	描 述
USART _ HardwareFlowControl _ None	硬件流控制失能
USART _ HardwareFlowControl _ RTS	发送请求 RTS 使能
USART _ HardwareFlowControl _ CTS	清除发送 CTS 使能
USART _ HardwareFlowControl _ RTS _ CTS	RTS 和 CTS 使能

6）USART _ Mode。

USART _ Mode 指定了使能或者失能发送和接收模式。表 2.5.9 给出了该参数可取的值。

表 2.5.11 **USART _ Mode 定义**

USART _ Mode	描述	USART _ Mode	描述
USART _ Mode _ Tx	发送使能	USART _ Mode _ Rx	接收使能

例：

```
/************************************ 配置 USART1 ******************************/
USART_InitTypeDef USART_InitStructure;
USART_InitStructure.USART_BaudRate = 9600;//波特率设置为 9600
USART_InitStructure.USART_WordLength = USART_WordLength_8b;//字长设置为 8 位
USART_InitStructure.USART_StopBits = USART_StopBits_1;//停止位设置为 1 位
USART_InitStructure.USART_Parity = USART_Parity_Odd;//奇校验模式
USART_InitStructure.USART_HardwareFlowControl = USART_HardwareFlowControl_None;
//无硬件流控制
USART_InitStructure.USART_Mode = USART_Mode_Tx | USART_Mode_Rx;
//双工模式使能发送与接收
USART_Init(USART1,&USART_InitStructure);
/************************** 代码行结束 ************************************/
```

（3）函数 USART _ Cmd。

表 2.5.12 描述了函数 USART _ Cmd

表 2.5.12　函数 USART _ Cmd

函数名	USART _ Cmd
函数原形	void USART_Cmd(USART_TypeDef * USARTx,FunctionalState NewState)
功能描述	使能或者失能 USART 外设
输入参数 1	USARTx：x 可以是 1，2 或者 3，来选择 USART 外设
输入参数 2	NewState：外设 USARTx 的新状态。参数可以取：ENABLE 或者 DISABLE
输出参数	无
返回值	无
先决条件	无
被调用函数	无

例：

```
/ ********************************* 使能 USART1 ********************************* /
USART_Cmd(USART1,ENABLE);
/ ************************** 代码行结束 ************************************** /
```

(4) 函数 USART _ ITConfig。

函数 USART _ ITConfig 如表 2.5.13 所示。

表 2.5.13　函数 USART _ ITConfig

函数名	USART _ ITConfig
函数原形	void USART_ITConfig(USART_TypeDef * USARTx,u16 USART_IT,FunctionalState NewState)
功能描述	使能或者失能指定的 USART 中断
输入参数 1	USARTx：x 可以是 1，2 或者 3，来选择 USART 外设
输入参数 2	USART _ IT：待使能或者失能的 USART 中断源
输入参数 3	NewState：USARTx 中断的新状态 参数可以取：ENABLE 或者 DISABLE
输出参数	无
返回值	无
先决条件	无
被调用函数	无

输入参数 USART _ IT 使能或者失能 USART 的中断。可以取表 2.5.14 的一个或者多个取值的组合作为该参数的值。

表 2.5.14　USART _ IT 值

USART _ IT	描述	USART _ IT	描述
USART _ IT _ PE	奇偶错误中断	USART _ IT _ TXE	发送中断

续表

USART _ IT	描述	USART _ IT	描述
USART _ IT _ TC	传输完成中断	USART _ IT _ LBD	LIN 中断检测中断
USART _ IT _ RXNE	接收中断	USART _ IT _ CTS	CTS 中断
USART _ IT _ IDLE	空闲总线中断	USART _ IT _ ERR	错误中断

例：

```
/****************************** 使能 USART1 中断 ******************************/
USART_ITConfig(USART1,USART_IT_Transmit ENABLE);
/************************** 代码行结束 *************************************/
```

(5) 函数 USART _ SendData。

函数 USART _ SendData 如表 2.5.15 所示。

表 2.5.15 函数 USART _ SendData

函数名	USART _ SendData
函数原形	void USART_SendData(USART_TypeDef * USARTx,u8 Data)
功能描述	通过外设 USARTx 发送单个数据
输入参数 1	USARTx：x 可以是 1，2 或者 3，来选择 USART 外设
输入参数 2	Data：待发送的数据
输出参数	无
返回值	无
先决条件	无
被调用函数	无

例：

```
/************************** 通过 USART3 发送数据 0x26 **************************/
USART_SendData(USART3,0x26);
/************************** 代码行结束 *************************************/
```

(6) 函数 USART _ ReceiveData。

函数 USART _ ReceiveData 如表 2.5.16 所示。

表 2.5.16 函数 USART _ ReceiveData

函数名	USART _ ReceiveData
函数原形	u8 USART_ReceiveData(USART_TypeDef * USARTx)
功能描述	返回 USARTx 最近接收到的数据
输入参数	USARTx：x 可以是 1，2 或者 3，来选择 USART 外设
输出参数	无
返回值	接收到的字
先决条件	无
被调用函数	无

例：

```
/************************* 返回 USART2 接收到的数据 ***************************/
u16 RxData;
RxData = USART_ReceiveData(USART2);
/*************************** 代码行结束 *************************************/
```

（7）函数 USART _ GetFlagStatus。

函数 USART _ GetFlagStatus 如表 2.5.17 所示。

表 2.5.17　函数 USART _ GetFlagStatus

函数名	USART _ GetFlagStatus
函数原形	FlagStatus USART _ GetFlagStatus (USART_TypeDef * USARTx,u16 USART_FLAG)
功能描述	检查指定的 USART 标志位设置与否
输入参数 1	USARTx：x 可以是 1，2 或者 3，来选择 USART 外设
输入参数 2	USART _ FLAG：待检查的 USART 标志位
输出参数	无
返回值	USART _ FLAG 的新状态（SET 或者 RESET）
先决条件	无
被调用函数	无

参数 USART _ FLAG 指的是 USART 的标志位，其可选值如表 2.5.18 所示。

表 2.5.18　USART _ FLAG 值

USART _ FLAG	描述	USART _ FLAG	描述
USART _ FLAG _ CTS	CTS 标志位	USART _ FLAG _ IDLE	空闲总线标志位
USART _ FLAG _ LBD	LIN 中断检测标志位	USART _ FLAG _ ORE	溢出错误标志位
USART _ FLAG _ TXE	发送数据寄存器空标志位	USART _ FLAG _ NE	噪声错误标志位
USART _ FLAG _ TC	发送完成标志位	USART _ FLAG _ FE	帧错误标志位
USART _ FLAG _ RXNE	接收数据寄存器非空标志位	USART _ FLAG _ PE	奇偶错误标志位

例：

```
/*********************** 检测发送数据寄存器是否装满 ****************************/
FlagStatus Status;
Status = USART_GetFlagStatus(USART1,USART_FLAG_TXE);
/************************* 代码行结束 ***************************************/
```

（8）函数 USART _ ClearFlag。

函数 USART _ ClearFlag 如表 2.5.19 所示。

表 2.5.19　　函数 USART _ ClearFlag

函数名	USART _ ClearFlag
函数原形	void USART_ClearFlag(USART_TypeDef * USARTx,u16 USART_FLAG)
功能描述	清除 USARTx 的待处理标志位
输入参数 1	USARTx：x 可以是 1，2 或者 3，来选择 USART 外设
输入参数 2	USART _ FLAG：待清除的 USART 标志位
输出参数	无
返回值	无
先决条件	无
被调用函数	无

例：

```
/*************************** 清除 USART1 的待处理标志位 *************************/
USART_ClearFlag(USART1,USART_FLAG_OR);
/*************************** 代码行结束 *************************************/
```

(9) 函数 USART _ GetITStatus。

函数 USART _ GetITStatus 如表 2.5.20 所示。

表 2.5.20　　函数 USART _ GetITStatus

函数名	USART _ GetITStatus
函数原形	ITStatus USART_GetITStatus(USART_TypeDef * USARTx,u16 USART_IT)
功能描述	检查指定的 USART 中断发生与否
输入参数 1	USARTx：x 可以是 1，2 或者 3，来选择 USART 外设
输入参数 2	USART _ IT：待检查的 USART 中断源
输出参数	无
返回值	USART _ IT 的新状态
先决条件	无
被调用函数	无

表 2.5.21 给出了所有可以被函数 USART _ GetITStatus 检查的中断标志位列表。

表 2.5.21　　USART _ IT 值

USART _ IT	描述	USART _ IT	描述
USART _ IT _ PE	奇偶错误中断	USART _ IT _ LBD	LIN 中断探测中断
USART _ IT _ TXE	发送中断	USART _ IT _ CTS	CTS 中断
USART _ IT _ TC	发送完成中断	USART _ IT _ ORE	溢出错误中断
USART _ IT _ RXNE	接收中断	USART _ IT _ NE	噪声错误中断
USART _ IT _ IDLE	空闲总线中断	USART _ IT _ FE	帧错误中断

例：

```
/*********************** 检查 USART1 的溢出错误中断的状态 ***********************/
ITStatus ErrorITStatus;
ErrorITStatus = USART_GetITStatus(USART1,USART_IT_ ORE);
/************************** 代码行结束 ***************************************/
```

（10）函数 USART _ ClearITPendingBit。

函数 USART _ ClearITPendingBit 如表 2.5.22 所示。

表 2.5.22　函数 USART _ ClearITPendingBit

函数名	USART _ ClearITPendingBit
函数原形	void USART_ClearITPendingBit(USART_TypeDef * USARTx,u16 USART_IT)
功能描述	清除 USARTx 的中断待处理位
输入参数 1	USARTx：x 可以是 1，2 或者 3，来选择 USART 外设
输入参数 2	USART _ IT：待检查的 USART 中断源
输出参数	无
返回值	无
先决条件	无
被调用函数	无

例：

```
/*********************** 清除 USART1 的溢出错误中断标志位 ***********************/
USART_ClearITPendingBit(USART1,USART_IT_ ORE);
/************************** 代码行结束 ***************************************/
```

硬件设计

一、硬件设计思路

本项目使用 PC（个人计算机）作为上位机来接收家用温度检测系统通过 USART 串口发送过来的数据，并进行动态显示。STM32 串口 1 的引脚对应的 IO 口为 PA9，PA10。而 PA9 和 PA10 默认功能是 GPIO，所以当 PA9，PA10 引脚作为串口 1 的 TX，RX 引脚使用的时候，就称为端口复用。USART1 复用引脚如表 2.5.23 所示。

表 2.5.23　USART1 复用引脚

引脚	复用功能	功能说明	引脚	复用功能	功能说明
PA9	USART _ TX	串口发送引脚	PA10	USART _ RX	串口接收引脚

本项目所用到的硬件资源如表 2.5.24 所示。

表 2.5.24　家用温度检测系统的硬件清单

序号	器材名称	数量	功能说明	序号	器材名称	数量	功能说明
1	STM32F103ZET6	1	主控单元	2	DS18B20	1	温度传感器

二、硬件电路设计

1. DB9 接口模块

D 型数据接口连接器，用于连接电子设备（比如：计算机与外设）的接口标准。因形状类似于英文字母 D，故得名 D 型接口，又称 DB 接口。计算机上常见的 DB 接口有串行通信接口 RS232，使用 9 针接口，简称 DB9。

DB9 的引脚定义如下：

（1）DCD：载波检测。主要用于 Modem 通知计算机其处于在线状态，即 Modem 检测到拨号音，处于在线状态。

（2）RXD：此引脚用于接收外部设备送来的数据。使用 Modem 时，会发现 RXD 指示灯在闪烁，说明 RXD 引脚上有数据进入。

（3）TXD：此引脚将计算机的数据发送给外部设备。使用 Modem 时，会发现 TXD 指示灯在闪烁，说明计算机正在通过 TXD 引脚发送数据。

（4）DTR：数据终端就绪。当此引脚高电平时，通知 Modem 可以进行数据传输，计算机已经准备好。

（5）GND：信号地。

（6）DSR：数据设备就绪。此引脚高电平时，通知计算机 Modem 已经准备好，可以进行数据通信。

（7）RTS：请求发送。此引脚由计算机来控制，用以通知 Modem 马上传送数据至计算机，否则，Modem 将收到的数据暂时放入缓冲区中。

（8）CTS：清除发送。此引脚由 Modem 控制，用以通知计算机将欲传的数据送至 Modem。

（9）RI：Modem 通知计算机有呼叫进来，是否接听呼叫由计算机决定。

2. MAX3232 电平转换芯片

当单片机和 PC 机通过串口进行通信时，尽管单片机有串行通信的功能，但单片机提供的信号电平（TTL 电平）和 PC 机的 RS-232 的标准不一样，因此要通过 MAX3232 这种类似的芯片进行 TTL 与 RS232 的电平转换。

MAX3232 电平转换芯片内部结构基本可分三个部分：

第一部分是电荷泵电路。由 1、2、3、4、5、6 脚和 4 只电容构成。功能是产生＋12V 和－12V 两个电源，提供给 RS232 串口电平的需要。

第二部分是数据转换通道。由 7、8、9、10、11、12、13、14 脚构成两个数据通道。其中 13 脚（R1IN）、12 脚（R1OUT）、11 脚（T1IN）、14 脚（T1OUT）为第一数据通道。8 脚（R2IN）、9 脚（R2OUT）、10 脚（T2IN）、7 脚（T2OUT）为第二数据通道。TTL/CMOS 数据可以从 T1IN、T2IN 输入转换成 RS-232 数据从 T1OUT、T2OUT 送到电脑 DB9 插头。DB9 插头的 RS-232 数据可以从 R1IN、R2IN 输入转换成 TTL/CMOS 数据后从 R1OUT、R2OUT 输出。

第三部分是供电。15 脚 GND、16 脚 V_{CC}（＋3.3V）。

MAX3232 与 DB9 的硬件原理图如图 2.5.7 所示。

本项目的系统硬件电路图如图 2.5.8 所示，MAX3232 与 STM32 的 TXD 引脚与 RXD 引脚交叉相连，STM32 的 PA0 连接 DS18B20 的 DQ 引脚，获得的温度数据通过 USART 串

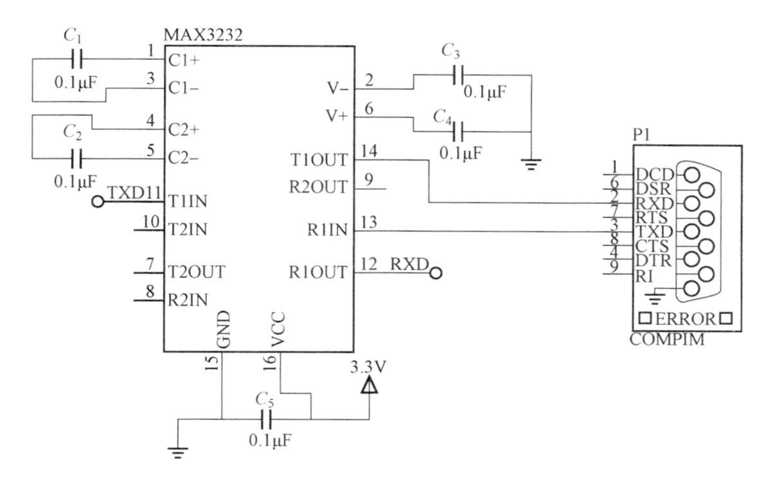

图 2.5.7　通信接口模块

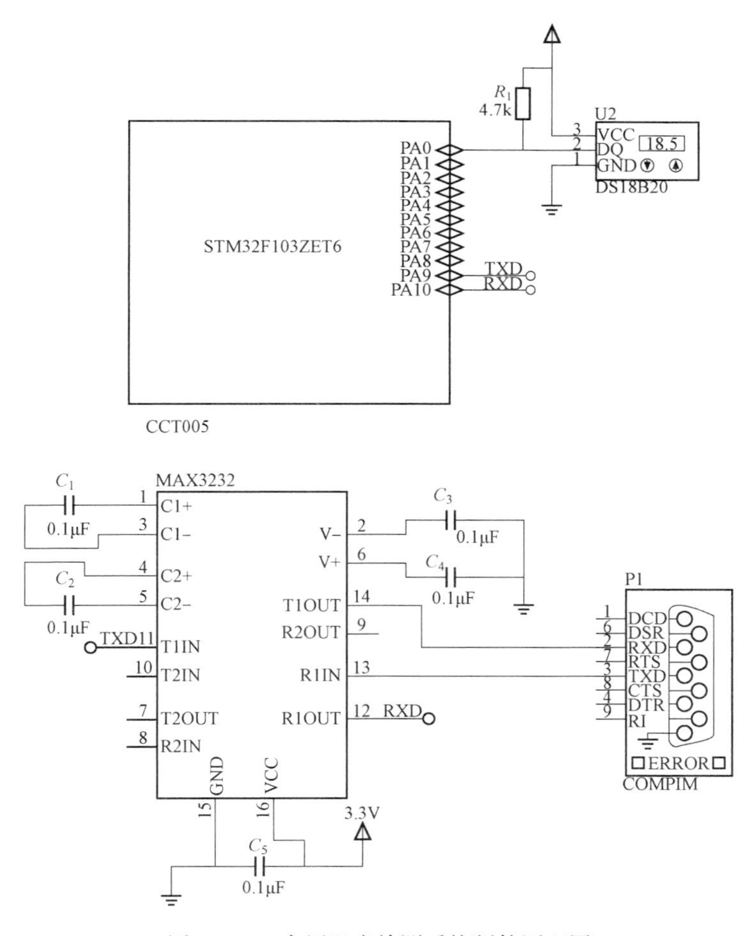

图 2.5.8　家用温度检测系统硬件原理图

口通信发送至上位机。

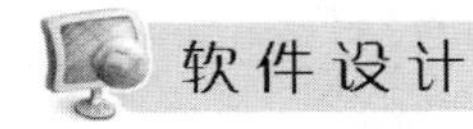

软件设计

一、软件设计思路

系统软件流程图如图 2.5.9 所示，其中，串口初始化的编程思路如下：

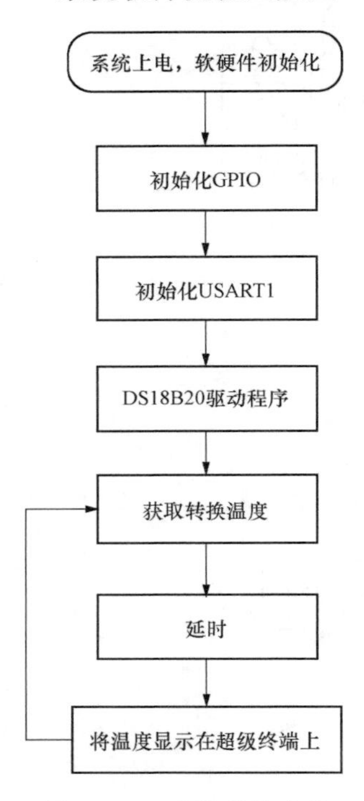

图 2.5.9 系统软件流程

(1) 串口时钟使能，GPIO 时钟使能。

(2) 串口复位。

(3) 初始化相应 GPIO 引脚（即 PA9 和 PA10）。

(4) 初始化 USART。

(5) 使能 USART1。

(6) 数据的发送与接收。

(7) 读取串口状态。

下面解读以上步骤的编程方法：

第一步串口时钟使能。串口是挂载在 APB2 下面的外设，所以使能函数为：

```
RCC_APB2PeriphClockCmd(RCC_APB2Periph_USART1);
```

由于 USART1 的发送数据引脚是 PA9，接收数据引脚是 PA10。所以需要使能 GPIOA 的时钟：

```
RCC_APB2PeriphClockCmd(RCC_APB2Periph_GPIOA,ENABLE);
```

当然，可以将这两句使能合在一起，写为：

```
RCC_APB2PeriphClockCmd(RCC_APB2Periph_USART1 | RCC_APB2Periph_GPIOA,ENABLE);
```

第二步串口复位。当外设出现异常的时候可以通过复位设置，实现该外设的复位，然后重新配置这个外设达到让其重新工作的目的。一般在系统刚开始配置外设的时候，都会先执行复位该外设的操作。复位的是在函数 USART_DeInit()中完成，比如复位串口 1，方法为：

```
USART_DeInit(USART1);//复位串口 1
```

第三步配置全双工的串口 1，那么 TX(PA9)引脚需要配置为推挽复用输出，RX(PA10)引脚配置为浮空输入或者带上拉输入。模式配置参考表 2.5.25。

表 2.5.25 串口 GPIO 模式配置

USART 引脚	配置	GPIO 配置	USART 引脚	配置	GPIO 配置
USARTx _ TX	全双工模式	推挽复用输出	USARTx _ RX	全双工模式	浮空输入或带上拉输出
	半双工同步模式	推挽复用输出		半双工同步模式	未用，可作为通用 I/O

第四步串口参数初始化。串口初始化是通过 USART_Init()函数实现的，从上文对串口

通信的描述可以得知初始化需要设置的参数为：波特率，字长，停止位，奇偶校验位，硬件数据流控制，模式（收，发）。

在此，需要说明一下关于硬件流的概念，STM32 的很多外设都具有硬件流的功能，其功能表现为：当外设硬件处于准备好的状态时，硬件启动自动控制，而不需要软件再进行干预。串口的硬件流具体表现为：使用串口的 RTS（Request to Send）和 CTS（Clear to Send）针脚，当串口已经准备好接收新数据时，由硬件流自动把 RTS 针拉低（表示可接收数据）；在发送数据前，由硬件流自动检查 CTS 针是否为低（表示是否可以发送数据），再进行发送。本项目中没有使用到 CTS 和 RTS，所以不采用硬件流控制。

第五步使能 USART1。串口使能是通过 USART_Cmd()函数实现的，在上文中已经对此函数进行了详细的描述。

第六步数据发送与接收。STM32 的发送与接收是通过数据寄存器 USART _ DR 来实现的，这是一个双寄存器，包含了 TDR 和 RDR。当向该寄存器写数据的时候，串口就会自动发送，当收到数据的时候，也是存在该寄存器内。

STM32 库函数操作 USART _ DR 寄存器发送数据的函数是：

```
void USART_SendData(USART_TypeDef * USARTx,uint16_t Data);
```

通过该函数向串口寄存器 USART _ DR 写入一个数据。

STM32 库函数操作 USART _ DR 寄存器读取串口接收到的数据的函数是：

```
uint16_t USART_ReceiveData(USART_TypeDef * USARTx);
```

通过该函数可以读取串口接受到的数据。

第七步读取串口状态。串口的状态可以通过状态寄存器 USART _ SR 读取。USART _ SR 的各位描述如表 2.5.26 所示。

表 2.5.26　USART _ SR 寄存器各位描述

15	14	13	12	11	10	9	8
保留						CTS	LBD
7	6	5	4	3	2	1	0
TXE	TC	RXNE	LDLE	ORE	NE	FE	PE

其中，第 5、6 位 RXNE 和 TC。RXNE（读数据寄存器非空）当该位被置 1 的时候，就是提示已经有数据被接收到了，并且可以读出来了。这时候要做的就是尽快去读取 USART _ DR，通过读 USART _ DR 可以将该位清零，也可以向该位写 0，直接清除。

TC（发送完成）当该位被置位的时候，表示 USART _ DR 内的数据已经被发送完成了。如果设置了这个位的中断，则会产生中断。该位也有两种清零方式：①读 USART _ SR，写 USART _ DR。②直接向该位写 0。状态寄存器的其他位不做过多讲解，在固件库函数里面，读取串口状态的函数是：

```
FlagStatus USART_GetFlagStatus(USART_TypeDef * USARTx,uint16_t USART_FLAG);
```

这个函数的第二个入口参数非常关键，用途是标示查看串口处于何种状态，比如上面讲解的 RXNE（读数据寄存器非空）以及 TC（发送完成）。例如判断读寄存器是否非空（RXNE），操作库函数的方法是：

```
USART_GetFlagStatus(USART1,USART_FLAG_RXNE);
```

判断发送是否完成（TC），操作库函数的方法是：

```
USART_GetFlagStatus(USART1,USART_FLAG_TC);
```

二、软件程序设计

1. GPIO 与 USART 初始化程序

```
void USART1_Config(void)
{
    GPIO_InitTypeDef GPIO_InitStructure;
    USART_InitTypeDef USART_InitStructure;
    RCC_APB2PeriphClockCmd(RCC_APB2Periph_USART1 | RCC_APB2Periph_GPIOA, ENABLE);
    //开启 GPIOA 与 USART1 时钟
    /* 初始化相应 GPIO 引脚 */
    /* 配置 USART1 Tx (PA9)为复用推挽输出 */
    GPIO_InitStructure.GPIO_Pin = GPIO_Pin_9;
    GPIO_InitStructure.GPIO_Mode = GPIO_Mode_AF_PP;
    GPIO_InitStructure.GPIO_Speed = GPIO_Speed_50MHz;
    GPIO_Init(GPIOA, &GPIO_InitStructure);
    /* 配置 USART1 Rx (PA10)为浮空输入 */
    GPIO_InitStructure.GPIO_Pin = GPIO_Pin_10;
    GPIO_InitStructure.GPIO_Mode = GPIO_Mode_IN_FLOATING;
    GPIO_Init(GPIOA, &GPIO_InitStructure);
    /*初始化 USART1 */
    USART_InitStructure.USART_BaudRate = 115200;//波特率为 115200
    USART_InitStructure.USART_WordLength = USART_WordLength_8b;//数据字长为 8 位
    USART_InitStructure.USART_StopBits = USART_StopBits_1;//停止位 1 位
    USART_InitStructure.USART_Parity = USART_Parity_No ;//无奇偶校验
    USART_InitStructure.USART_HardwareFlowControl = USART_HardwareFlowControl_None;
    //无硬件流控制
    USART_InitStructure.USART_Mode = USART_Mode_Rx | USART_Mode_Tx;
    //双工模式,使能发送与接收
    USART_Init(USART1, &USART_InitStructure); //根据传入参数初始化 STM32 的 USART 配置
    USART_Cmd(USART1, ENABLE);//使能 USART1
}
```

2. DS18B20 驱动程序

```
#include "DS18B20.h"
#include "delay.h"
#define DS18B20_DQ_OUT(a)   if (a)\
                            GPIO_SetBits(GPIOA,GPIO_Pin_0);\
```

```
                        else    \
                        GPIO_ResetBits(GPIOA,GPIO_Pin_0)
#define DS18B20_DQ_IN GPIO_ReadInputDataBit(GPIOA,GPIO_Pin_0)
void DS18B20_IO_OUT(void) //DS18B20 的数据引脚接在 PA0 上
{
    GPIO_InitTypeDef GPIO_InitStructure;
    GPIO_InitStructure.GPIO_Pin = GPIO_Pin_0 ;
    GPIO_InitStructure.GPIO_Mode = GPIO_Mode_Out_PP;
    GPIO_InitStructure.GPIO_Speed = GPIO_Speed_50MHz;
    GPIO_Init(GPIOA, &GPIO_InitStructure);
}
void DS18B20_IO_IN(void)
{
    GPIO_InitTypeDef GPIO_InitStructure;
    GPIO_InitStructure.GPIO_Pin = GPIO_Pin_0;
    GPIO_InitStructure.GPIO_Speed = GPIO_Speed_10MHz;
    GPIO_InitStructure.GPIO_Mode = GPIO_Mode_IN_FLOATING;
    GPIO_Init(GPIOA, &GPIO_InitStructure);
}
//复位 DS18B20
void DS18B20_Rst(void)
{
    DS18B20_IO_OUT();
    DS18B20_DQ_OUT(0);
    delay_us(750); //拉低 750us
    DS18B20_DQ_OUT(1);
    delay_us(15); //延时 15us
}
//等待 DS18B20 的回应
//返回 1:未检测到 DS18B20 的存在
//返回 0:存在
u8 DS18B20_Check(void)
{
    u8 retry = 0;
    DS18B20_IO_IN();
    while(DS18B20_DQ_IN&&retry<200)
    {
      retry++;
      delay_us(1);
    };
    if(retry>=200)return 1;
    else retry = 0;
    while (! DS18B20_DQ_IN&&retry<240)
```

```
      {
        retry++;
        delay_us(1);
    };
    if(retry>=240)return 1;
    return 0;
}
//从 DS18B20 读取一个位
//返回值:1/0
u8 DS18B20_Read_Bit(void)       //读一个位
{
      u8 data;
      DS18B20_IO_OUT();
      DS18B20_DQ_OUT(0);
      delay_us(2);
      DS18B20_DQ_OUT(1);
      DS18B20_IO_IN();
      delay_us(12);
      if(DS18B20_DQ_IN)data=1;
      else data=0;
      delay_us(50);
      return data;
}
//从 DS18B20 读取一个字节
//返回值:读到的数据
u8 DS18B20_Read_Byte(void) //读取一个字节
{
      u8 i,j,dat;
      dat=0;
      for (i=1;i<=8;i++)
      {
        j=DS18B20_Read_Bit();
        dat=(j<<7)|(dat>>1);
    }
    return dat;
}
//写一个字节到 DS18B20
//dat:要写入的字节
void DS18B20_Write_Byte(u8 dat)
{
      u8 j;
      u8 testb;
      DS18B20_IO_OUT();
```

```
    for (j=1;j<=8;j++)
    {
      testb=dat&0x01;
    dat=dat>>1;
    if (testb)
    {
        DS18B20_DQ_OUT(0);
        delay_us(2);
        DS18B20_DQ_OUT(1);
        delay_us(60);
    }
    else
    {
        DS18B20_DQ_OUT(0);
        delay_us(60);
        DS18B20_DQ_OUT(1);
        delay_us(2);
    }
  }
}
//开始温度转换
void DS18B20_Start(void)
{
    DS18B20_Rst();
    DS18B20_Check();
    DS18B20_Write_Byte(0xcc);
    DS18B20_Write_Byte(0x44);
}
//初始化 DS18B20 的 IO 口 DQ 同时检测 DS 的存在
//返回 1:不存在
//返回 0:存在
u8 DS18B20_Init(void)
{
    GPIO_InitTypeDef GPIO_InitStructure;
    RCC_APB2PeriphClockCmd(RCC_APB2Periph_GPIOA, ENABLE);   //使能 PORTA 口时钟
    GPIO_InitStructure.GPIO_Pin = GPIO_Pin_0;
    GPIO_InitStructure.GPIO_Mode = GPIO_Mode_Out_PP;
    GPIO_InitStructure.GPIO_Speed = GPIO_Speed_50MHz;
    GPIO_Init(GPIOA, &GPIO_InitStructure);
    GPIO_SetBits(GPIOA,GPIO_Pin_0); //输出 1
    DS18B20_Rst();
    return DS18B20_Check();
}
```

```
//从 DS18B20 得到温度值
//返回值:温度值,范围:-550~1250
short DS18B20_Get_Temp(void)
{
    u8 temp;
    u8 TL,TH;
    short tem;
    DS18B20_Start (); // DS18B20 开始转换
    DS18B20_Rst();
    DS18B20_Check();
    DS18B20_Write_Byte(0xcc);
    DS18B20_Write_Byte(0xbe);
    TL=DS18B20_Read_Byte();
    TH=DS18B20_Read_Byte();
    if(TH>7)
    {
      TH=~TH;
      TL=~TL;
      temp=0;//温度为负
  }
  else temp=1;//温度为正
  tem=TH; //获得高八位
  tem<<=8;
  tem+=TL;//获得底八位
  tem=(float)tem*0.0625;//转换
  if(temp)return tem; //返回温度值
  else return -tem;
}
```

该部分代码就是根据前面介绍的单总线操作时序来读取 DS18B20 的温度值的，DS18B20 的温度通过 DS18B20_Get_Temp 函数读取，该函数的返回值为带符号的短整形数据，返回值的范围为−550～1250，其实就是温度值扩大了 10 倍。

3. 主函数编写

```
#include "stm32f10x.h"
#include "usart1.h"
#include "DS18B20.h"
#include "delay.h"
//延时毫秒
void delay_ms(u16 time)
{
      u16 i=0;
      while(time--)
      {
```

```
        i = 12000;
        while(i - - ) ;
    }
}
int main(void)
{
    short T;
    /* 配置系统时钟为 72M */
    SystemInit();
    USART1_Config();
    DS18B20_Init();
    while (1)
    {
    T = DS18B20_Get_Temp(); // 获取温度
      delay_ms(200);
      printf("\r\n The current temperature =  %d 0C \r\n", T);
      delay_ms(200);
  }
}
```

运行调试

将程序烧入 STM32F103ZET6 芯片中，打开串口调试助手软件，按照图 2.5.10 所示设置波特率等参数，点击“打开串口”即可通过串口调试助手接收窗口观察当前温度。

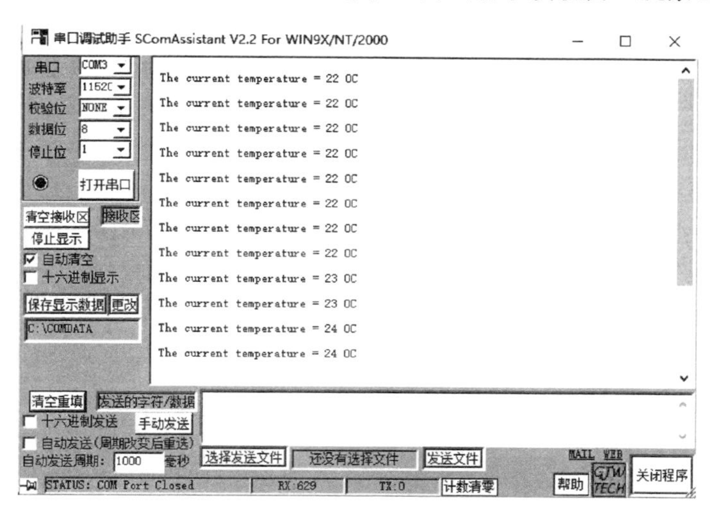

图 2.5.10　家用温度检测系统的设计

任务小结

本项目主要设计了家用温度检测系统，并进行了相关的代码调试。在项目任务的实施过程中，学习了 USART 串口通信模块的基础知识，能够在 STM32 与 PC 机之间发送数据，掌握 DS18B20 数字温度传感器的使用方法，是一个相对基础性的项目。

通过项目五的学习，对 STM32 的 USART 串口通信模块有了初步的认识，并对串行通信有进一步的理解。能在 STM32 中编写串口通信程序，同时掌握串口调试助手的使用方法。

项目六　家用厨房燃气监控系统设计

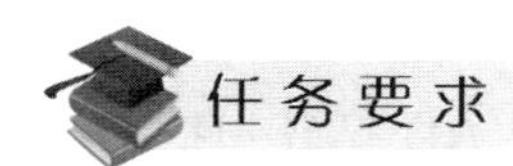

任务要求

家用厨房燃气监控系统的设计包括上位机（迪文液晶屏）和下位机（STM32），下位机通过 MQ-2 烟雾传感器测量环境的烟雾浓度，经过 STM32 内部集成的 ADC 模数转换模块，实现模数转换，再通过 STM32 的 USART 串口通信模块，实现与上位机的收发通信。

一、具体功能

项目要求使用 STM32 的 ADC1 的通道 0 采样烟雾浓度，通过 STM32 的 USART 串口通信模块，在迪文液晶屏上实时显示烟雾浓度数据；并在迪文液晶屏上输入报警浓度，通过串口通信将预设浓度传回给 STM32。当所测浓度高于预设浓度时，进行声光报警。

二、学习目标

通过家用厨房燃气监控系统的设计，学习 STM32 的 ADC 模数转换模块的工作原理与编程方法，了解 MQ-2 烟雾传感器模块的内部结构与使用方法，并对串口通信的应用有进一步的理解，掌握 STM32 与上位机数据收发程序的设计方法。

理论知识

一、ADC 模数转换模块

1. STM32 的模数转换概念

ADC 模数模块（Analog-to-Digital Converter），即模拟/数字转换器，主要功能是将连续变量的模拟信号转换为离散的数字信号。由于单片机只能处理数字信号，因此，在对外部的模拟信号进行分析、处理的过程中，必须使用 ADC 模块将外部的模拟信号转换成单片机所能处理的数字信号。

STM32 拥有 1～3 个 ADC（STM32F101/102 系列只有 1 个 ADC），这些 ADC 可以独立使用，也可以使用双重模式（提高采样率）。STM32 的 ADC 是 12 位逐次逼近型的模拟数字转换器。它有 18 个通道，可测量 16 个外部和 2 个内部信号源。各通道的 A/D 转换可以单次、连续、扫描或间断模式执行。ADC 的结果可以左对齐或右对齐方式存储在 16 位数据寄存器中。模拟看门狗特性允许应用程序检测输入电压是否超出用户定义的高/低阈值。

STM32F103 系列最少都拥有 2 个 ADC，STM32 的 ADC 最大的转换速率为 1MHz，也就是转换时间为 1μs（在 ADCCLK=14MHz，采样周期为 1.5 个 ADC 时钟下得到），所以 ADC 的时钟不能超过 14MHz，否则将导致结果准确度下降。

STM32 将 ADC 的转换分为 2 个通道组，规则通道组和注入通道组。规则通道相当于正常运行的程序，而注入通道就相当于中断。在程序正常执行的时候，中断是可以打断程序执行的。类似的，注入通道的转换可以打断规则通道的转换，在注入通道被转换完成之后，规则通道才得以继续转换。

通过一个形象的例子可以说明：假如你在家里的院子内放了 5 个温度探头，室内放了 3

个温度探头，你需要时刻监视室外温度，但偶尔你也想看看室内的温度。因此你可以使用规则通道组循环扫描室外的5个探头并显示AD转换结果，当你想看室内温度时，通过一个按钮启动注入转换组（3个室内探头）并暂时显示室内温度，当你放开这个按钮后，系统又回到规则通道组继续检测室外温度。从系统设计上，测量并显示室内温度的过程中断了测量并显示室外温度的过程，但程序设计上可以在初始化阶段分别设置好不同的转换组，系统运行中不必再变更循环转换的配置，从而达到两个任务互不干扰和快速切换的结果。可以设想一下，如果没有规则组和注入组的划分，当你按下按钮后，需要重新配置AD循环扫描的通道，然后在释放按钮后需再次配置AD循环扫描的通道。

上面的例子因为速度较慢，不能完全体现规则通道组和注入通道组的好处，但在工业应用领域中有很多检测和监视探头需要较快地处理，使用AD转换的分组将简化事件处理的程序并提高事件处理的速度。

STM32的ADC规则通道组最多包含16个转换，而注入通道组最多包含4个通道。

本项目仅介绍如何使用规则通道的单次转换模式。STM32的ADC在单次转换模式下，只执行一次转换，该模式可以通过ADC_CR2寄存器的ADON位（只适用于规则通道）启动，也可以通过外部触发启动（适用于规则通道和注入通道），这时CONT位为0。以规则通道为例，一旦所选择的通道转换完成，转换结果将被存在ADC_DR寄存器中，EOC（转换结束）标志将被置位，如果设置了EOCIE，则会产生中断。然后ADC将停止，直到下次启动。

2. ADC寄存器分析

在MDK内，与ADC相关的寄存器，MDK为其定义了如下的结构体：

```
typedef struct
{
  __IO uint32_t SR;
  __IO uint32_t CR1;
  __IO uint32_t CR2;
  __IO uint32_t SMPR1;
  __IO uint32_t SMPR2;
  __IO uint32_t JOFR1;
  __IO uint32_t JOFR2;
  __IO uint32_t JOFR3;
  __IO uint32_t JOFR4;
  __IO uint32_t HTR;
  __IO uint32_t LTR;
  __IO uint32_t SQR1;
  __IO uint32_t SQR2;
  __IO uint32_t SQR3;
  __IO uint32_t JSQR;
  __IO uint32_t JDR1;
  __IO uint32_t JDR2;
  __IO uint32_t JDR3;
  __IO uint32_t JDR4;
```

```
    __IO uint32_t DR;
} ADC_TypeDef;
```

下面介绍与本项目密切相关的几个通用定时器的寄存器，ADC寄存器如表2.6.1所示，ADC中部分寄存器及其功能描述如下：

表2.6.1　ADC寄存器

寄存器	描述	寄存器	描述
SR	ADC状态寄存器	LTR	ADC看门狗低阈值寄存器
CR1	ADC控制寄存器1	SQR1	ADC规则序列寄存器1
CR2	ADC控制寄存器2	SQR2	ADC规则序列寄存器2
SMPR1	ADC采样时间寄存器1	SQR3	ADC规则序列寄存器3
SMPR2	ADC采样时间寄存器2	JSQR1	ADC注入序列寄存器
JOFR1	ADC注入通道偏移寄存器1	DR1	ADC规则数据寄存器1
JOFR2	ADC注入通道偏移寄存器2	DR2	ADC规则数据寄存器2
JOFR3	ADC注入通道偏移寄存器3	DR3	ADC规则数据寄存器3
JOFR4	ADC注入通道偏移寄存器4	DR4	ADC规则数据寄存器4
HTR	ADC看门狗高阈值寄存器		

(1) ADC状态寄存器（ADC _ SR）。

位4：STRT规则通道开始位，硬件在开始转换时置位，软件清0。设置为0时，表示规则通道未开始转换；设置为1时，表示规则通道已开始转换。

位3：JSTRT注入通道开始位，硬件在开始转换时置位，软件清0。设置为0时，表示规则通道未开始转换，设置为1时，表示规则通道已开始转换。

位2：JEOC注入通道转换结束位，硬件在所有注入通道转换结束时设置，由软件清0。设置为0时，表示转换未完成，设置为1时，表示转换完成。

位1：转换结束位，该位由硬件在规则或注入通道组转换结束时设置，由软件清除或由读取ADC _ DR时清除。设置为0时，表示转换未完成，设置为1时，表示转换完成。

位0：AWD模拟看门狗标志，该位在硬件转换的电压值超出了ADC _ LTR和ADC _ HTR寄存器定义的范围时置位，由软件清0。设置为0时，表示无事件，设置为1时，表示有事件。

(2) ADC _ CR1（ADC控制寄存器1）。

位23：AWDEN在规则通道上开启模拟看门狗（手动）。设置为0时，表示在规则通道上禁用模拟开门狗，设置为1时，表示在规则通道上使用模拟开门狗。

位22：JAWDEN在注入通道上开启模拟看门狗（手动）。设置为0时，表示在注入通道上禁用模拟开门狗，设置为1时，表示在注入通道上使用模拟开门狗。

位19～位16：DUALMOD[3:0]双模式选择（手动）。设置为0000时，表示独立模式，设置为0001时，表示混合同步规则与注入同步模式，设置为0010时，表示混合同步规则与交替触发模式，设置为0011时，表示混合同步注入与快速交叉模式，设置为0100时，表示混合同步注入与慢速交叉模式，设置为0101时，表示注入同步模式，设置为0110时，表示规则同步模式，设置为0111时，表示快速交叉模式，设置为1000时，表示慢速交叉模式，设置为1001时，表示交替触发模式。需要注意，在ADC2和ADC3中这些位为保留，在双模式中，改变通道的配置会产生一个重新开始的条件，则将导致同步丢失，建议在进行任何配置改变前关闭双模式。

位15～位13：DISCNUM[2:0]间断模式通道计数，软件通过这些位定义在间断模式下收到外部触发后转换规则通道的数目。设置为000时，表示1通道，设置为001时，表示2通道，设置为111时，表示8通道。

位12：JDISCEN在注入通道上的间断模式，用于开启或关闭注入通道组上的间断模式。设置为0时，表示注入通道注组上禁用间断模式，设置为1时，表示注入通道注组上使用间断模式。

位11：DISCEN在规则通道上的间断模式，用于开启或关闭规则通道组函的间断模式，设置为0时，表示规则通道组注上禁用间断模式，设置为1时，表示规则通道组注上使用间断模式。

位10：JAUTO自动注入通道组转换，用于开启或关闭规则通道组转换结束后自动注入通道组转换，设置为0时，表示关闭自动注入通道组的转换，设置为1时，表示开启自动注入通道组的转换。

位9：AWDSGL扫描模式中在一个单一的通道上使用看门狗（手动）用于开启或关闭AWDCH[4:0]位指定的通道上的看门狗功能，设置为0时，表示在所有通道用，设置为1时，表示单一通道用。

位8：SCAN扫描模式（手动）用于开启或关闭扫描模式，在扫描模式中，转换由ADC_SQRx或ADC_JSQRx寄存器选中的通道，设置为0时，表示关闭，设置为1时，表示使用扫描模式。

位7：JEOCIE允许产生注入通道转换结束中断（手动）用于禁止或允许所有注入通道转换结束后产生的中断，设置为0时，表示禁止JEOC中断，设置为1时，表示当置位JEOC时产生中断。

位6：AWDIE允许产生模拟看门狗中断（手动），在扫描模式下，如果看门狗检测到超范围数值时，只有在设置了该位时扫描才会终止。设置为0时，表示禁止，设置为1时，表示允许。

位5：EOCIE允许产生EOC中断（手动）用于禁止或允许转换后产生中断，设置为0时，表示禁止EOC中断，设置为1时，表示允许，当硬件置位EOC时产生中断。

位4～位0：AWDCH[4:0]模拟看门狗通道选择位（手动）选择模拟看门狗保护的输入通道，00000表示0通道；00001表示1通道；01111表示15通道；10000表示16通道；10001表示17通道，其他保留。需要注意的是，ADC1的模拟输入通道16和17在芯片内部分别连到了温度传感器和Vrefint，ADC2的模拟输入通道16和17连到了VSS，ADC3模拟输入9/14/15/16/17与VSS相连。

（3）ADC_CR2（ADC控制寄存器2）。

位23：TSVREFE温度传感器和Vrefint使能（手动）在多余1个ADC的器件中该位仅出现在ADC1中，设置为0时，表示禁止，设置为1时，表示开启。

位22：SWSTART开始转换规则通道（软件启动该位，转换后硬件马上清除此位），如果在 EXTSEL[2:0]位中选择了 SWSTART 为触发事件，该位用于启动一组规则通道的转换。设置为 0 时，表示复位状态，设置为 1 时，表示开始转换规则通道。

位 21：JSWSTART 开始转换注入通道，（软件启动该位，转换后硬件马上清除此位）如果在 JEXTSEL[2:0]位中选择了 JSWSTART 位触发事件，启动一组注入通道的转换。设置为 0 时，表示复位状态，设置为 1 时，表示开始转换注入通道。

位 20：EXTTRIG 规则通道的外部触发转换模式（手动），设置为 0 时，表示不用外部事件启动转换，设置为 1 时，表示使用外部事件启动转换。

位 19～位 17：EXTSEL[2:0]选择启动规则通道组转换的外部事件，这些位选择用于启动规则通道组转换的外部事件，ADC1 和 ADC2 的触发配置如下：000 为 T1 的 CC1 事件；001 为 T1 的 CC2 事件；010 为 T1 的 CC3 事件；011 为 T2 的 CC2 事件；100 为 T3 的 TRGO 事件；101 为 T4 的 CC4 事件；110 为 EXTI 线 11/T8 _ TRGO 事件；111 为 SWSTART；ADC3 的触发配置如下：000 为 T3 的 CC1 事件；001 为 T2 的 CC3 事件；010 为 T1 的 CC3 事件；011 为 T8 的 CC1 事件；100 为 T8 的 TRGO 事件；101 为 T5 的 CC1 事件；110 为 T5 的 CC3 事件；111 为 SWSTART。

位 15：JEXTTRIG 注入通道的外部触发转换模式（手动）设置为 0 时，表示不用外部事件启动转换），设置为 1 时，表示使用外部事件启动转换。

位 14～位 12：JEXTSEL[2:0]选择启动注入通道转换的外部事件，这些位选择用于启动注入通道组转换的外部事件。ADC1 和 ADC2 的触发配置如下：000 为 T1 的 TRGO 事件；001 为 T1 的 CC4 事件；010 为 T2 的 TRGO 事件；011 为 T2 的 CC1 事件；100 为 T3 的 CC4 事件；101 为 T4 的 TRGO 事件；110 为 EXTI 线 15/T8 _ CC4 事件；111 为 JSWSTART。ADC3 触发配置：000 为 T1 的 TRGO；001 为 T1 的 CC4；010 为 T4 的 CC3；011 为 T8 的 CC2；100 为 T8 的 CC4；101 为 T5 的 TRGO；110 为 T5 的 CC4；111 为 JSWSTART。

位 11：ALIGN 数据对齐。设置为 0 时，表示右对齐，设置为 1 时，表示左对齐。

位 8：DMA 字节存储器访问模式。设置为 0 时，表示不使用 DMA 模式，设置为 1 时，表示使用 DMA 模式。

位 3：RSTCAL 复位校准，在校准寄存器被初始化后该位将被清除，设置为 0 时，表示校准寄存器已初始化，设置为 1 时，表示初始化校准寄存器。注意，如果正在进行转换时设置 RSTCAL，清除校准寄存器需要额外的周期。

位 2：CAL - A/D 校准（该位软件置 1，在校准结束时由硬件清除），设置为 0 时，表示校准完成，设置为 1 时，表示开始校准。

位 1：CONT 连续转换（手动，如果设置此位则转换将连续进行直到该位被清除），设置为 0 时，表示单词转换，设置为 1 时，表示连续转换。

位 0：ADON 开关 AD 转换器，当该位为 0 时，写入 1 将把 ADC 从断电模式下唤醒。当该位为 1 时，写入 1 将启动转换，应用程序需注意，在转换器上电转换开始有一个延迟 Tstab，设置为 0 时，表示关闭 ADC 转换和校准，并进入断电模式，设置为 1 时，表示开启 ADC 并启动转换；需要注意的是，如果在这个寄存器与 ADON 一起还有其他位改变，则转换不被触发。则是为了防止触发错误的转换。

（4）ADC _ DR（ADC 规则数据寄存器）。

位 31～位 16：ADC2DATA[15:0]ADC2 转换的数据，在 ADC1 中：双模式下，这些位包含了 ADC2 转换的规则通道数据，在 ADC2 和 ADC3 中，不使用这些位。

位 15～位 0：规则转换的数据，这些位为只读，包含了规则通道的转换结果。数据是左对齐或右对齐。

二、MQ-2 烟雾传感器模块

MQ-2 型烟雾传感器，它是由二氧化锡半导体气敏材料构成，属于表面离子式 N 型半导体。当处于 200～300℃温度时，二氧化锡吸附空气中的氧，形成氧的负离子吸附，使半导体中的电子密度减少，从而使其电阻值增加。当与烟雾接触时，如果晶粒间界处的势垒受到该烟雾的调制而变化，就会引起表面电导率的变化。利用这一点就可以获得烟雾存在的信息。MQ-2 烟雾传感器适用于家庭或工厂的气体泄漏监测装置，适宜于液化气、丁烷、丙烷、甲烷、酒精、氢气、烟雾等监测装置。

MQ-2 烟雾传感器的特点如下：

(1) 具有信号输出指示。

(2) 双路信号输出（模拟量输出及 TTL 电平输出）。

(3) TTL 输出有效信号为低电平。(当输出低电平时信号灯亮，可直接接单片机)。

(4) 模拟量输出 0～5V 电压，浓度越高电压越高。

(5) 对液化气，天然气，城市煤气有较好的灵敏度。

(6) 具有长期的使用寿命和可靠的稳定性。

(7) 快速的响应恢复特性。

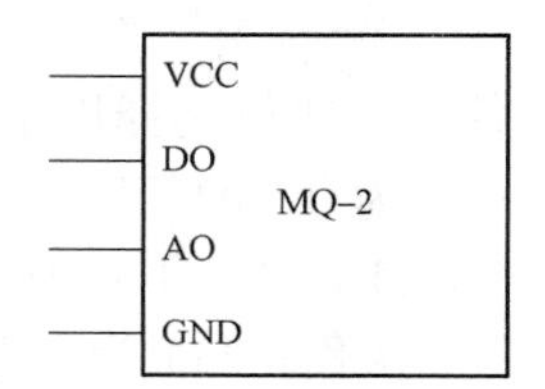

图 2.6.1 MQ2 烟雾传感器模块引脚

MQ2 烟雾传感器模块的引脚图如图 2.6.1 所示，其中 VCC 接+5V，GND 接地，DO 为 TTL 高低电平输出端，AO 为模拟电压输出端。TTL 输出有效信号为低电平，模拟量输出电压随浓度越高电压越高。

三、迪文 DGUS 液晶屏

1. 认识迪文 DGUS 屏

DGUS (DWIN Graphic Utilized Software) 是北京迪文科技有限公司基于 K600+内核迪文屏所设计的智慧型、图形界面、人机系统软件。出厂预装 DGUS 软件的屏称为 DGUS 屏。DGUS 屏是基于配置文件工作的，基本开发流程如下：

第一步：变量规划。使用表格整理变量分配记录，便于将来的修改、升级维护。

第二步：界面设计。利用绘图软件进行界面及界面相关元素设计。

第三步：界面配置。利用工具软件进行界面的配置，生成触控配置文件（13. BIN）和变量配置文件（14. BIN）。

第四步：测试修改。把配置文件、图片、字库、图标库等借助 SD 卡下载到 DGUS 屏，进行界面测试和修改（重复第二步和第三步）。使用串口连接迪文屏和 STM32，进行数据联调。

第五步：定版归档。定版后，把配置文件、图片、字库、图标库等文件保存在一张 SD 卡即可。

2. 迪文 DGUS 屏配置

SD/SDHC 配置接口。DGUS 屏的所有硬件参数设置和资料下载，都通过屏上的 SD/

SDHC接口来完成，文件必须使用FAT32文件格式。第一次使用SD卡前，推荐先格式化一次。使用SD卡下载数据的流程：

（1）在SD卡根目录下建立DWIN _ SET文件夹。

（2）把需要下载的图片、字库、配置文件都放在DWIN _ SET文件夹中。

（3）把SD卡插到DGUS屏的SD卡接口上，DGUS屏检查到SD卡后，会显示蓝屏提示用户检测到SD卡，然后开始屏参数配置，或将数据下载到屏上的Flash中。两次SD卡热拔插之间必须间隔至少6s，不然DGUS屏会认为是同一张卡而不会启动SD卡操作。

（4）SD卡下载完成，DGUS屏会自动复位一次，用户拔出SD卡，下载结束。

为防止误操作，DGUS屏对SD/SDHC配置文件有严格的命名和格式要求。图片文件必须是和DGUS屏分辨率相同的24位色BMP格式文件，文件的命名必须是表示图片存储位置的阿拉伯数字开头。比如，要把一幅图片用SD卡存储到DGUS屏的第20个图片存储位置，图片文件可以命名成“20测试.BMP”、“20.BMP”或者“020测试.BMP”，但不能命名成“测试20.BMP”。

3. 迪文屏的串口通信数据格式

迪文DGUS屏采用异步、全双工串口（UART），串口模式为8n1，即每个数据传送采用10个位：1个起始位，8个数据位，1个停止位。串口波特率通过SD卡来配置。串口的所有指令或者数据都是16进制（HEX）格式；对于字型（2字节）数据，总是采用高字节先传送的方式。比如0x1234传送时先传送0x12。

迪文DGUS屏的串口普通数据帧由4个数据块组成，如表2.6.2所示。

表2.6.2　串口普通数据帧结构

帧头	数据长度	指令字	数据域
2字节	1字节	1字节	最多254字节

迪文DGUS屏的含CRC数据帧由5个数据块组成，如表2.6.3所示。

表2.6.3　含CRC数据帧结构

帧头	数据长度	指令字	数据域	CRC校验
2字节	1字节	1字节	最多252字节	2字节

帧头：用户可自定义两个字节的帧头，迪文出厂默认设置为0x5AA5。

数据长度：在一条指令中，从“指令字”开始的后面所有数据的字节数。如果带CRC校验，2字节校验值计入数据长度。

指令字：迪文自定义的5个指令字之一，分别为0x80、0x81、0x82、0x83、0x84。

数据域：一条指令的数据负荷，其内部根据不同的“指令字”还有更进一步的功能区域划分。

CRC校验：此校验为可选项，生成多项式为：X16＋X15＋X2＋1，校验和为高字节在前，低字节在后。只有“指令字”和“数据域”参加校验和计算，“帧头”和“数据长度”不参加计算。

4. 迪文屏的串口通信数据格式

DGUS液晶屏共有5条通信指令。这5条指令被分为3组，一组（0x80、0x81）用于对DGUS寄存器区的访问，一组（0x82、0x83）用于对用户RAM区的访问，一组（0x84）用于刷新曲线。

（1）DGUS寄存器区的访问。

0x80指令：用于执行对DGUS寄存器区的写操作。

0x81指令：用于执行对DGUS寄存器区的读操作。

假设帧头为0x5AA5，无CRC校验，帧格式如表2.6.4～表2.6.5所示。

表2.6.4　　DGUS寄存器区写指令帧格式

帧头		数据长度	指令字	寄存器首地址	数据包
0x5A	0xA5	F_Len	0x80	W_ADR	W_Data
2字节		1字节	1字节	1字节	N字节

W_ADR："数据包"中的数据将以其为首地址，被依次写入后面的寄存器地址中。

W_Data：要被写入DGUS寄存区中的数据。

举例说明：通过0x80指令使液晶屏跳转到第5幅界面。

用户→屏：5A A5 04 80 03 00 05

屏→用户：无。

表2.6.5　　DGUS寄存器区读指令帧格式

帧头		数据长度	指令字	寄存器首地址	读取长度（字节）
0x5A	0xA5	F_Len	0x81	R_ADR	R_Num
2字节		1字节	1字节	1字节	1字节

R_ADR：用户将读取以此为首地址的连续的一段数据。

R_Num：用户要读取的以R_ADR为首地址，连续的一段数据的字节数。

举例说明：通过0x81指令获取液晶屏当前的界面号。

用户→屏：5A A5 03 81 03 02

屏→用户：5A A5 05 81 03 02 XX XX

（2）用户RAM区的访问。

0x82指令：用于执行对用户RAM区的写操作。

0x83指令：用于执行对用户RAM区的读操作。

假设帧头为0x5AA5，无CRC校验，帧格式如表2.6.6～表2.6.7所示。

表2.6.6　　用户RAM区写指令帧格式

帧头		数据长度	指令字	RAM首地址	数据包
0x5A	0xA5	F_Len	0x82	W_ADR	W_Data
2字节		1字节	1字节	2字节	*N*字节

W_ADR："数据包"中的数据将以其为首地址，被依次写入后面的RAM地址中。

W _ Data：要被写入 RAM 区中的数据。

举例说明：通过 0x82 指令将数据 0x0064、0x0032 依次写入 RAM 地址 0x1000、0x1001 中。

用户→屏：5A A5 07 82 10 00 00 64 00 32

屏→用户：无。

表 2.6.7　**用户 RAM 区读指令帧格式**

帧头		数据长度	指令字	RAM 首地址	读取长度（字）
0x5A	0xA5	F _ Len	0x83	R _ ADR	R _ Num
2 字节		1 字节	1 字节	2 字节	1 字节

R _ ADR：用户将读取以此为首地址的连续的一段数据。

R _ Num：用户要读取的以 R _ ADR 为首地址，连续的一段数据的字数（两个字节组成一个字）。

举例说明：通过 0x83 指令读取 RAM 地址 0x1000、0x1001 中的数据。

用户→屏：5A A5 04 83 10 00 02

屏→用户：5A A5 08 83 10 00 02 xx xx xx xx

5. 迪文 DGUS 液晶屏开发步骤

（1）设计制作图片、图标、字库等迪文屏所须的素材。

（2）运行迪文 HMI 配置工具软件，新建 HMI 工程，设置好分辨率和工程路径，添加图片，在界面上添加所需的“变量”和“触控”并设置好其属性，编译工程。

（3）配置串口波特率、帧头等系统参数。

（4）将工程目录中生成的 DWIN _ SET 文件夹，拷贝到一张文件系统为 FAT32 的 SD 卡的根目录下，给迪文屏上电，插卡后迪文屏会自动读取 DWIN _ SET 文件夹中所有的配置文件并保存到 FLASH 中。待所有文件下载完成后，将 SD 卡拔出，之后迪文屏就按照下载的配置文件运行。

DWIN _ SET 文件夹中配置文件的类型如下：

（1）图片文件：*. bmp

（2）触控配置文件：13 *. bin

（3）变量配置文件：14 *. bin

（4）字库文件：*. HZK / *. DZK

（5）图标库文件：*. ICO

（6）其他二进制文件：*. bin

（7）系统配置文件：CONFIG. txt

除了 CONFIG. txt 文件外，其他文件都有一个前缀序号（用“*”），此序号即文件在 FLASH 存储空间中所处扇区的编号。

6. 界面中的变量与触控

变量，即界面上可以改变显示状态的量，用户可以通过指令或者其他的方式来控制其显示状态。变量又分为很多种，例如图标变量、数据变量、时间变量、文本变量等，各种变量都有一个公共的属性，即变量地址（变量空间）。变量地址即用户在设置变量的属性时，在用户 RAM 区中为其分配的变量空间。用户可以通过指令来控制变量，也就是通过指令来修改为其分配的 RAM 空间中的数值来实现的。有了这个属性，变量也可以理解为是一种容器，对于用户的控制程序来说，读写的只是容器中的数值，但这种数值在 LCD 的界面上却可以各种形式变现出来，比如以数据的形式、图标的形式、指针的形式、表格的形式、动画的形式、曲线的形式等。

触控，迪文 DGUS 液晶屏只支持单点触控。触控的不同种类，即代表了点击后液晶屏会有不同的行为。比如“基本触控”，点击后除了可以有按压效果和切换界面的功能外，没有其他任何的动作；而“按键值返回”除了具备“基本触控”的功能外，还可以同时改变某一变量的数值。

界面设计好以后，用户即可在每个界面上添加自己的变量，同时为每一个变量指定一个 RAM 首地址，不同的变量所占用的地址空间可能也不相同。但对于“整型变量”来说，为其设置的首地址也就是其 RAM 空间。

DGUS 串口的通信指令都是连续地址的访问，如果界面上各个变量的地址范围差距比较大，就会给读写操作带来麻烦，因为必须通过几条指令才能完成对若干变量的读写。因此建议遵循变量地址连续的分配原则。

四、固件库函数

ADC 库函数：

在 STM32 库文件中，系统已经罗列出一些常用的 ADC 库函数，用户可以直接通过下面的 ADC 库函数表格对各个定时器库函数的基本功能进行了解，具体如表 2.6.8 所示。

表 2.6.8　　　　ADC 库 函 数

函数名	描　　述
ADC _ DeInit	将外设 ADCx 的全部寄存器重设为缺省值
ADC _ Init	根据 ADC InitStruct 中指定的参数初始化外设 ADCx 的寄存器
ADC _ Cmd	使能或者失能指定的 ADC
ADC _ DMACmd	使能或者失能指定的 ADC 的 DMA 请求
ADC _ ResetCalibration	重置指定的 ADC 的校准寄存器
ADC _ GetResetCalibrationStatus	获取 ADC 重置校准寄存器的状态
ADC _ StartCalibration	开始指定 ADC 的校准程序
ADC GetCalibrationStatus	获取指定 ADC 的校准状态
ADC _ SoftwareStartConvCmd	使能或者失能指定的 ADC 的软件转换启动功能
ADC _ ExternalTrigConvConfig	使能或者失能 ADCx 的经外部触发启动转换功能
ADC _ GetConversionValue	返回最近一次 ADCx 规则组的转换结果
ADC _ GetFlagStatus	检查制定 ADC 标志位置 1 与否
ADC _ ClearFlag	清除 ADCx 的待处理标志位
ADC _ GetITStatus	检查指定的 ADC 中断是否发生
ADC _ ClearITPendingBit	清除 ADCx 的中断待处理位

（1）函数 ADC _ DeInit。

函数 ADC _ DeInit 如表 2.6.9 所示。

表 2.6.9　　函数 ADC _ DeInit

函数名	ADC _ DeInit
函数原形	void ADC_DeInit(ADC_TypeDef * ADCx)
功能描述	将外设 ADCx 的全部寄存器重设为缺省值
输入参数 1	ADCx：x 可以是 1 或者 2 来选择 ADC 外设 ADC1 或 ADC2
输出参数 2	无
返回值	无
先决条件	无
被调用函数	RCC_APB2PeriphClockCmd()

例：

```
/****************************** 重设 ADC2 ************************************/
ADC_DeInit(ADC2);
/*************************** 代码行结束 *****************************************/
```

（2）函数 ADC _ Init。

函数 ADC _ Init 如表 2.6.10 所示。

表 2.6.10　　函数 ADC _ Init

函数名	ADC _ Init
函数原形	void ADC _ Init（ADC _ TypeDef * ADCx，ADC _ InitTypeDef * ADC _ InitStruct）
功能描述	根据 ADC _ InitStruct 中指定的参数初始化外设 ADCx 的寄存器
输入参数 1	ADCx：x 可以是 1 或者 2 来选择 ADC 外设 ADC1 或 ADC2
输入参数 2	ADC _ InitStruct：指向结构 ADC _ InitTypeDef 的指针，包含了指定外 ADC 的配置信息
输出参数	无
返回值	无
先决条件	无
被调用函数	无

ADC _ InitTypeDef 定义于文件“STM32f10x _ adc. h”：

```
typedef struct
{
    u32 ADC_Mode;
    FunctionalState ADC_ScanConvMode;
    FunctionalState ADC_ContinuousConvMode;
    u32 ADC_ExternalTrigConv;
    u32 ADC_DataAlign;
    u8 ADC_NbrOfChannel;
} ADC_InitTypeDef
```

1）参数 ADC _ Mode

ADC _ Mode 设置 ADC 工作在独立或者双 ADC 模式。

函数 ADC _ Mode 定义如表 2.6.11 所示。

表 2.6.11 函数 ADC _ Mode 定义

ADC _ Mode	描 述
ADC _ Mode _ Independent	ADC1 和 ADC2 工作在独立模式
ADC _ Mode _ RegInjecSimult	ADC1 和 ADC2 工作在同步规则和同步注入模式
ADC _ Mode _ RegSimult _ AlterTrig	ADC1 和 ADC2 工作在同步规则模式和交替触发模式
ADC _ Mode _ InjecSimult _ FastInterl	ADC1 和 ADC2 工作在同步规则模式和快速交替模式
ADC _ Mode _ InjecSimult _ SlowInterl	ADC1 和 ADC2 工作在同步注入模式和慢速交替模式
ADC _ Mode _ InjecSimult	ADC1 和 ADC2 工作在同步注入模式
ADC _ Mode _ RegSimult	ADC1 和 ADC2 工作在同步规则模式
ADC _ Mode _ FastInterl	ADC1 和 ADC2 工作在快速交替模式
ADC _ Mode _ SlowInterl	ADC1 和 ADC2 工作在慢速交替模式
ADC _ Mode _ AlterTrig	ADC1 和 ADC2 工作在交替触发模式

2）参数 ADC _ ScanConvMode。

ADC _ ScanConvMode 规定了模数转换工作在扫描模式（多通道）还是单次（单通道）模式。可以设置参数为 ENABLE 或者 DISABLE。

3）ADC _ ContinuousConvMode。

ADC _ ContinuousConvMode 规定了模数转换工作在连续还是单次模式。可以设置参数为 ENABLE 或者 DISABLE。

4）ADC _ ExternalTrigConv。

ADC _ ExternalTrigConv 定义了使用外部触发来启动规则通道的模数转换，参数可以取的值见表 2.6.12。

表 2.6.12 ADC _ ExternalTrigConv 定义表

ADC _ ExternalTrigConv	描 述
ADC _ ExternalTrigConv _ T1 _ CC1	选择定时器 1 的捕获比较 1 作为转换外部触发
ADC _ ExternalTrigConv _ T1 _ CC2	选择定时器 1 的捕获比较 2 作为转换外部触发
ADC _ ExternalTrigConv _ T1 _ CC3	选择定时器 1 的捕获比较 3 作为转换外部触发
ADC _ ExternalTrigConv _ T2 _ CC2	选择定时器 2 的捕获比较 2 作为转换外部触发
ADC _ ExternalTrigConv _ T3 _ TRGO	选择定时器 3 的 TRGO 作为转换外部触发
ADC _ ExternalTrigConv _ T4 _ CC4	选择定时器 4 的捕获比较 4 作为转换外部触发
ADC _ ExternalTrigConv _ Ext _ IT11	选择外部中断线 11 事件作为转换外部触发
ADC _ ExternalTrigConv _ None	转换由软件而不是外部触发启动

5）ADC _ DataAlign。

ADC _ DataAlign 规定了 ADC 数据向左边对齐还是向右边对齐。参数可以取的值见表 2.6.13。

表 2.6.13　**ADC _ DataAlign 定义表**

ADC _ DataAlign	描述	ADC _ DataAlign	描述
ADC _ DataAlign _ Right	ADC 数据右对齐	ADC _ DataAlign _ Left	ADC 数据左对齐

6）ADC _ NbrOfChannel。

ADC _ NbreOfChannel 规定了顺序进行规则转换的 ADC 通道的数目。数目的取值范围是 1～16。

例：

```
/ ****************** 根据 ADC_InitStructure 结构体中的参数初始化 ADC1 ****************** /
ADC_InitTypeDef ADC_InitStructure;
ADC_InitStructure.ADC_Mode = ADC_Mode_Independent;
ADC_InitStructure.ADC_ScanConvMode = ENABLE;
ADC_InitStructure.ADC_ContinuousConvMode = DISABLE;
ADC_InitStructure.ADC_ExternalTrigConv = ADC_ExternalTrigConv_Ext_IT11;
ADC_InitStructure.ADC_DataAlign = ADC_DataAlign_Right;
ADC_InitStructure.ADC_NbrOfChannel = 16;
ADC_Init(ADC1,&ADC_InitStructure);
/ ************************** 代码行结束 ************************************** /
```

注意：为了能够正确地配置每一个 ADC 通道，用户在调用 ADC _ Init（）之后，必须调用 ADC _ ChannelConfig（）来配置每个所使用通道的转换次序和采样时间。

（3）函数 ADC _ Cmd。

函数 ADC _ Cmd 如表 2.6.14 所示。

表 2.6.14　**函数 ADC _ Cmd**

函数名	ADC _ Cmd
函数原形	void ADC_Cmd(ADC_TypeDef * ADCx,FunctionalState NewState)
功能描述	使能或者失能指定的 ADC
输入参数 1	ADCx：x 可以是 1 或者 2 来选择 ADC 外设 ADC1 或 ADC2
输入参数 2	NewState：外设 ADCx 的新状态 参数可以取：ENABLE 或者 DISABLE
输出参数	无
返回值	无
先决条件	无
被调用函数	无

例：

```
/ ******************************** 使能 ADC1 ************************************ /
ADC_Cmd(ADC1,ENABLE);
/ *************************** 代码行结束 ************************************** /
```

注意：函数 ADC _ Cmd 只能在其他 ADC 设置函数之后被调用。

（4）函数 ADC _ DMACmd。

函数 ADC _ DMACmd 如表 2.6.15。

表 2.6.15 函数 ADC _ DMACmd

函数名	ADC _ DMACmd
函数原形	ADC_DMACmd(ADC_TypeDef * ADCx,FunctionalState NewState)
功能描述	使能或者失能指定的 ADC 的 DMA 请求
输入参数 1	ADCx：x 可以是 1 或者 2 来选择 ADC 外设 ADC1 或 ADC2
输入参数 2	NewState：ADC DMA 传输的新状态 参数可以取：ENABLE 或者 DISABLE
输出参数	无
返回值	无
先决条件	无
被调用函数	无

例：

```
/*********************** 使能 ADC2 中的 DMA 功能 *********************************/
ADC_DMACmd(ADC2,ENABLE);
/************************** 代码行结束 *************************************/
```

（5）函数 ADC _ ITConfig。

函数 ADC _ ITConfig 如表 2.6.16 所示。

表 2.6.16 函数 ADC _ ITConfig

函数名	ADC _ ITConfig
函数原形	void ADC _ ITConfig (ADC _ TypeDef * ADCx，u16 ADC _ IT，FunctionalState NewState)
功能描述	使能或者失能指定的 ADC 的中断
输入参数 1	ADCx：x 可以是 1 或者 2 来选择 ADC 外设 ADC1 或 ADC2
输入参数 2	ADC _ IT：将要被使能或者失能的指定 ADC 中断源
输入参数 3	NewState：指定 ADC 中断的新状态 参数可以取：ENABLE 或者 DISABLE
输出参数	无
返回值	无
先决条件	无
被调用函数	无

参数 ADC _ IT 可以用来使能或者失能 ADC 中断。可以使用表 2.6.17 中的一个参数，

或者他们的组合。

表 2.6.17　ADC _ IT 定义表

ADC _ IT	描述	ADC _ IT	描述
ADC _ IT _ EOC	EOC 中断屏蔽	ADC _ IT _ JEOC	JEOC 中断屏蔽
ADC _ IT _ AWD	AWDOG 中断屏蔽		

例：

```
/********************** 使能 ADC2 及其中的 EOC 或 AWDOG 中断屏蔽 *******************/
ADC_ITConfig(ADC2,ADC_IT_EOC | ADC_IT_AWD,ENABLE);
/************************** 代码行结束 *************************************/
```

(6) 函数 ADC _ SoftwareStartConvCmd。

函数 ADC _ SoftwareStartConvCmd 如表 2.6.18 所示。

表 2.6.18　函数 ADC _ SoftwareStartConvCmd

函数名	ADC _ SoftwareStartConvCmd
函数原形	void ADC_SoftwareStartConvCmd(ADC_TypeDef * ADCx,FunctionalState NewState)
功能描述	使能或者失能指定的 ADC 的软件转换启动功能
输入参数 1	ADCx：x 可以是 1 或者 2 来选择 ADC 外设 ADC1 或 ADC2
输入参数 2	NewState：指定 ADC 的软件转换启动新状态 参数可以取：ENABLE 或者 DISABLE
输出参数	无
返回值	无
先决条件	无
被调用函数	无

例：

```
/********************** 使用软件方法触发 ADC1 转换开始 ************************/
ADC_SoftwareStartConvCmd(ADC1,ENABLE);
/************************** 代码行结束 *************************************/
```

(7) 函数 ADC _ RegularChannelConfig。

函数 ADC _ RegularChannelConfig 如表 2.6.19 所示。

表 2.6.19　函数 ADC _ RegularChannelConfig

函数名	ADC _ RegularChannelConfig
函数原形	void ADC _ RegularChannelConfig (ADC_TypeDef * ADCx,u8 ADC_Channel,u8 Rank,u8 ADC_SampleTime)
功能描述	设置指定 ADC 的规则组通道，设置它们的转化顺序和采样时间
输入参数 1	ADCx：x 可以是 1 或者 2 来选择 ADC 外设 ADC1 或 ADC2

续表

函数名	ADC _ RegularChannelConfig
输入参数 2	ADC _ Channel：被设置的 ADC 通道
输入参数 3	Rank：规则组采样顺序。取值范围 1 到 16。
输入参数 4	ADC _ SampleTime：指定 ADC 通道的采样时间值
输出参数	无
返回值	无
先决条件	无
被调用函数	无

1）ADC _ Channel。

参数 ADC _ Channel 指定了通过调用函数 ADC _ RegularChannelConfig 来设置的 ADC 通道。表 2.6.20 列举了 ADC _ Channel 可取的值。

表 2.6.20　ADC _ Channel 值

ADC _ Channel	描述	ADC _ Channel	描述
ADC _ Channel _ 0	选择 ADC 通道 0	ADC _ Channel _ 9	选择 ADC 通道 9
ADC _ Channel _ 1	选择 ADC 通道 1	ADC _ Channel _ 10	选择 ADC 通道 10
ADC _ Channel _ 2	选择 ADC 通道 2	ADC _ Channel _ 11	选择 ADC 通道 11
ADC _ Channel _ 3	选择 ADC 通道 3	ADC _ Channel _ 12	选择 ADC 通道 12
ADC _ Channel _ 4	选择 ADC 通道 4	ADC _ Channel _ 13	选择 ADC 通道 13
ADC _ Channel _ 5	选择 ADC 通道 5	ADC _ Channel _ 14	选择 ADC 通道 14
ADC _ Channel _ 6	选择 ADC 通道 6	ADC _ Channel _ 15	选择 ADC 通道 15
ADC _ Channel _ 7	选择 ADC 通道 7	ADC _ Channel _ 16	选择 ADC 通道 16
ADC _ Channel _ 8	选择 ADC 通道 8	ADC _ Channel _ 17	选择 ADC 通道 17

2）ADC _ SampleTime。

ADC _ SampleTime 设定了选中通道的 ADC 采样时间。表 2.6.21 列举了 ADC _ SampleTime 可取的值。

表 2.6.21　ADC _ SampleTime 值

ADC _ SampleTime	描述	ADC _ SampleTime	描述
ADC _ SampleTime _ 1Cycles5	采样时间为 1.5 周期	ADC _ SampleTime _ 41Cycles5	采样时间为 41.5 周期
ADC _ SampleTime _ 7Cycles5	采样时间为 7.5 周期	ADC _ SampleTime _ 55Cycles5	采样时间为 55.5 周期
ADC _ SampleTime _ 13Cycles5	采样时间为 13.5 周期	ADC _ SampleTime _ 71Cycles5	采样时间为 71.5 周期
ADC _ SampleTime _ 28Cycles5	采样时间为 28.5 周期	ADC _ SampleTime _ 239Cycles5	采样时间为 239.5 周期

例：

```
/*********************** 设置 ADC1 的采样周期为 7.5 个机器周期 ******************/
ADC_RegularChannelConfig(ADC1,ADC_Channel_2,1,ADC_SampleTime_7Cycles5);
/*********************** 设置 ADC2 的采样周期为 1.5 个机器周期 ******************/
ADC_RegularChannelConfig(ADC1,ADC_Channel_8,2,ADC_SampleTime_1Cycles5);
/*************************** 代码行结束 *************************************/
```

（8）函数 ADC _ ExternalTrigConvConfig。

函数 ADC _ ExternalTrigConvConfig 如表 2.6.22 所示。

表 2.6.22　　函数 ADC _ ExternalTrigConvConfig

函数名	ADC _ ExternalTrigConvConfig
函数原形	void ADC _ ExternalTrigConvCmd (ADC_TypeDef * ADCx,FunctionalState NewState)
功能描述	使能或者失能 ADCx 的经外部触发启动转换功能
输入参数 1	ADCx：x 可以是 1 或者 2 来选择 ADC 外设 ADC1 或 ADC2
输入参数 2	NewState：指定 ADC 外部触发转换启动的新状态 参数可以取：ENABLE 或者 DISABLE
输出参数	无
返回值	无
先决条件	无
被调用函数	无

例：

```
/************************* 设置 ADC1 为外部触发启动转换 ***********************/
ADC_ExternalTrigConvCmd(ADC1,ENABLE);
/*************************** 代码行结束 *************************************/
```

（9）函数 ADC _ GetConversionValue。

函数 ADC _ GetConversionValue 如表 2.6.23 所示。

表 2.6.23　　函数 ADC _ GetConversionValue

函数名	ADC _ GetConversionValue
函数原形	u16 ADC_GetConversionValue(ADC_TypeDef * ADCx)
功能描述	返回最近一次 ADCx 规则组的转换结果
输入参数	ADCx：x 可以是 1 或者 2 来选择 ADC 外设 ADC1 或 ADC2
输出参数	无
返回值	转换结果
先决条件	无
被调用函数	无

例：

```
/********************** 返回 ADC1 最近一次 AD 转换的数据结果 *********************/
u16 DataValue;
DataValue = ADC_GetConversionValue(ADC1);
/************************** 代码行结束 *************************************/
```

（10）函数 ADC _ GetFlagStatus。

函数 ADC _ GetFlagStatus 如表 2.6.24 所示。

表 2.6.24　　函数 ADC _ GetFlagStatus

函数名	ADC _ GetFlagStatus
函数原形	FlagStatus ADC_GetFlagStatus(ADC_TypeDef * ADCx,u8 ADC_FLAG)
功能描述	检查制定 ADC 标志位置 1 与否
输入参数 1	ADCx：x 可以是 1 或者 2 来选择 ADC 外设 ADC1 或 ADC2
输入参数 2	ADC _ FLAG：指定需检查的标志位
输出参数	无
返回值	无
先决条件	无
被调用函数	无

函数 ADC _ GetFlagStatus 中包含了一个标志位参数 ADC _ FLAG。该参数也是一个枚举类型的数据，具体取值范围如表 2.6.25 所示。

表 2.6.25　　ADC _ FLAG 的值

ADC _ AnalogWatchdog	描述	ADC _ AnalogWatchdog	描述
ADC _ FLAG _ AWD	模拟看门狗标志位	ADC _ FLAG _ JSTRT	注入组转换开始标志位
ADC _ FLAG _ EOC	转换结束标志位	ADC _ FLAG _ STRT	规则组转换开始标志位
ADC _ FLAG _ JEOC	注入组转换结束标志位		

例：

```
/*********************** 检测 ADC1 的转换结束标志的状态 **********************/
FlagStatus Status;
Status = ADC_GetFlagStatus(ADC1,ADC_FLAG_EOC);
/************************** 代码行结束 *************************************/
```

（11）函数 ADC _ ClearFlagStatus。

函数 ADC _ ClearFlagStatus 如表 2.6.26 所示。

表 2.6.26　　函数 ADC _ ClearFlagStatus

函数名	ADC _ ClearFlagStatus
函数原形	void ADC _ ClearFlagStatus (ADC _ TypeDef * ADCx, u8 ADC _ FLAG)

续表

函数名	ADC _ ClearFlagStatus
功能描述	清除 ADCx 的待处理标志位
输入参数 1	ADCx：x 可以是 1 或者 2 来选择 ADC 外设 ADC1 或 ADC2
输入参数 2	ADC _ FLAG：待处理的标志位，使用操作符“｜”可以同时清除 1 个以上的标志位
输出参数	无
返回值	无
先决条件	无
被调用函数	无

例：

```
/*********************** 清除 ADC2 规则组转换开始的标志位 ***********************/
ADC_ClearFlagStatus(ADC2,ADC_FLAG_STRT);
/*************************** 代码行结束 *************************************/
```

（12）函数 ADC _ GetITStatus。

函数 ADC _ GetITStatus 如表 2.6.27 所示。

表 2.6.27　函数 ADC _ GetITStatus

函数名	ADC _ GetITStatus
函数原形	ITStatus ADC_GetITStatus(ADC_TypeDef * ADCx,u16 ADC_IT)
功能描述	检查指定的 ADC 中断是否发生
输入参数 1	ADCx：x 可以是 1 或者 2 来选择 ADC 外设 ADC1 或 ADC2
输入参数 2	ADC _ IT：将要被检查指定 ADC 中断源
输出参数	无
返回值	无
先决条件	无
被调用函数	无

例：

```
/*************************** 检测 ADC1 诊断是否发生 ***************************/
ITStatus Status;
Status = ADC_GetITStatus(ADC1,ADC_IT_AWD);
/*************************** 代码行结束 *************************************/
```

（13）函数 ADC _ ClearITPendingBit。

函数 ADC _ ClearITPendingBit 如表 2.6.28 所示。

表 2.6.28 **函数 ADC _ ClearITPendingBit**

函数名	ADC _ ClearITPendingBit
函数原形	void ADC_ClearITPendingBit(ADC_TypeDef * ADCx,u16 ADC_IT)
功能描述	清除 ADCx 的中断待处理位
输入参数 1	ADCx：x 可以是 1 或者 2 来选择 ADC 外设 ADC1 或 ADC2
输入参数 2	ADC _ IT：带清除的 ADC 中断待处理位
输出参数	无
返回值	无
先决条件	无
被调用函数	无

例：

```
/***************************清除 ADC2 的中断待处理位***************************/
ADC_ClearITPendingBit(ADC2,ADC_IT_JEOC);
/***************************代码行结束*************************************/
```

(14) 函数 ADC _ ResetCalibration。

函数 ADC _ ResetCalibration 如表 2.6.29 所示。

表 2.6.29 **函数 ADC _ ResetCalibration**

函数名	ADC _ ResetCalibration
函数原形	void ADC_ResetCalibration(ADC_TypeDef * ADCx)
功能描述	重置指定的 ADC 的校准寄存器
输入参数	ADCx：x 可以是 1 或者 2 来选择 ADC 外设 ADC1 或 ADC2
输出参数	无
返回值	无
先决条件	无
被调用函数	无

例：

```
/****************************重置 ADC1 的校准寄存器***************************/
ADC_ResetCalibration(ADC1);
/***************************代码行结束*************************************/
```

(15) 函数 ADC _ GetResetCalibrationStatus。

函数 ADC _ GetResetCalibrationStatus 如表 2.6.30 所示。

表 2.6.30 **函数 ADC _ GetResetCalibrationStatus**

函数名	ADC _ GetResetCalibrationStatus
函数原形	FlagStatus ADC_GetResetCalibrationStatus(ADC_TypeDef * ADCx)

续表

函数名	ADC _ GetResetCalibrationStatus
功能描述	获取 ADC 重置校准寄存器的状态
输入参数	ADCx：x 可以是 1 或者 2 来选择 ADC 外设 ADC1 或 ADC2
输出参数	无
返回值	ADC 重置校准寄存器的新状态（SET 或者 RESET）
先决条件	无
被调用函数	无

例：

```
/************************获取 ADC2 重置校准寄存器的状态**********************/
FlagStatus Status;
Status = ADC_GetResetCalibrationStatus(ADC2);
/**************************代码行结束*************************************/
```

（16）函数 ADC _ StartCalibration。

函数 ADC _ StartCalibration 如表 2. 6. 31 所示。

表 2. 6. 31　　函数 ADC _ StartCalibration

函数名	ADC _ StartCalibration
函数原形	void ADC _ StartCalibration（ADC _ TypeDef * ADCx）
功能描述	开始指定 ADC 的校准状态
输入参数	ADCx：x 可以是 1 或者 2 来选择 ADC 外设 ADC1 或 ADC2
输出参数	无
返回值	无
先决条件	无
被调用函数	无

例：

```
/**************************开始 ADC1 的校准状态*****************************/
ADC_StartCalibration(ADC2);
/**************************代码行结束*************************************/
```

（17）函数 ADC _ GetCalibrationStatus。

函数 ADC _ GetCalibrationStatus 如表 2. 6. 32 所示。

表 2. 6. 32　　函数 ADC _ GetCalibrationStatus

函数名	ADC _ GetCalibrationStatus
函数原形	FlagStatus ADC_GetCalibrationStatus(ADC_TypeDef * ADCx)
功能描述	获取指定 ADC 的校准程序

续表

函数名	ADC _ GetCalibrationStatus
输入参数	ADCx：x可以是1或者2来选择ADC外设ADC1或ADC2
输出参数	无
返回值	ADC校准的新状态（SET或者RESET）
先决条件	无
被调用函数	无

例：

```
/**************************** 获取 ADC2 的校准程序 ********************************/
FlagStatus Status;
Status = ADC_GetCalibrationStatus(ADC2);
/**************************** 代码行结束 *************************************/
```

一、硬件设计思路

本项目使用迪文液晶显示屏作为上位机来接收厨房燃气监控系统通过USART串口发送过来的数据，并进行动态显示；并且在迪文屏上设置燃气浓度上限，通过USART串口接收浓度上限值，并与实际浓度进行比较，如果浓度超标，则报警。家用厨房燃气监控框图如图2.6.2所示。

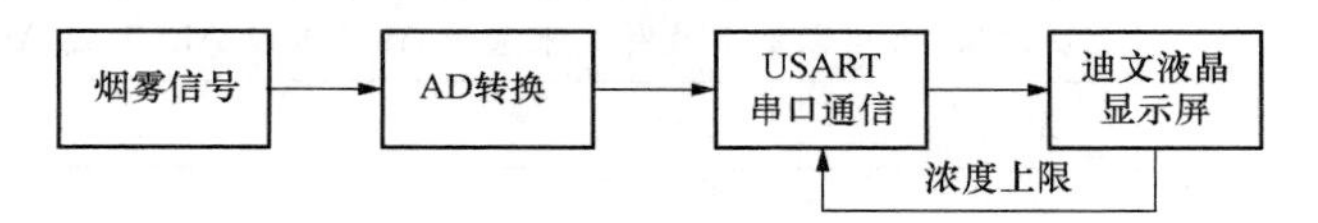

图 2.6.2　家用厨房燃气监控框图

在该项目的电路设计中，所用到的基本元件如表2.6.33所示。

表 2.6.33　　家用厨房燃气监控系统的硬件清单

序号	器材名称	数量	功能说明
1	STM32F103ZET6	1	主控单元，集成ADC
2	发光二极管	1	模拟报警灯
3	MQ-2烟雾传感器模块	1	烟雾检测
4	迪文DGUS液晶屏	1	显示烟雾浓度

二、硬件电路设计

家用厨房燃气监控系统电路图如图2.6.3所示。

MQ-2烟雾传感器模块的模拟电压输出端引脚AO连接到STM32的PA0引脚，迪文DGUS液晶屏的RXD、TXD引脚分别连接在STM32的PA9、PA10引脚上。PA1引脚连

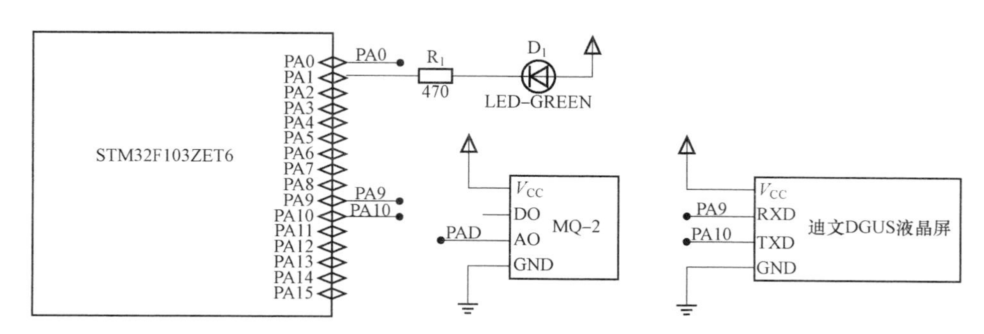

图 2.6.3　家用厨房燃气监控系统电路图

接 LED 发光二极管，当外界烟雾浓度超过预设浓度时，点亮 LED，进行报警。引脚分配如表 2.6.34 所示。

表 2.6.34　　家用厨房燃气监控系统的引脚分配

序号	引脚分配	功能说明	序号	引脚分配	功能说明
1	PA0	AD 模拟信号输入	3	PA10	USART 接收数据引脚
2	PA9	USART 发送数据引脚			

软件设计

一、软件设计思路

系统软件流程图如图 2.6.4 所示，串口接收部分通过状态机接收数据，数据接收状态图如图 2.6.5 所示。串口通信的数据接收过程如下：当未开始接收数据包或发现数据传输出错时，系统进入空闲状态；当数接收到数据包 0xaa（帧头）时，变为收到帧头第一个字节的状态，如果收到的数据不为 0xaa，系统继续保持空闲状态；接着当数接收到数据包 0xbb（帧头）时，变为收到帧头第二个字节的状态，如果收到的数据不为 0xbb，系统继续保持空闲状态；进入收到起始标志状态后，新接收到的任何数据将被当作数据包中命令与附加数据的总字节数，系统进入收到数据长度状态；接着，系统依次接收指令码，数据地址和数据。如果在接收过程中出错，系统进入空闲状态。

前面已经介绍 MQ-2 烟雾传感器有两种输出方式：一种是 TTL 电平触发输出；另一种是通过模数转换器输出浓度值，其中 TTL 电平触发方式输出与人体红外一样。这里主要说明通过 STM32 模数转换器实现对可燃气体浓度的采集。浓度采集其实就是对 STM32 的 ADC 操作。STM32 的 ADC 操作思路如下：

（1）开启 PA 口时钟和 ADC1 时钟，设置 PA1 为模拟输入。

（2）复位 ADC1，同时设置 ADC1 分频因子。

（3）初始化 ADC1 参数，设置 ADC1 的工作模式以及规则序列的相关信息。

（4）使能 ADC 并校准。

（5）读取 ADC 值。

下面解读以上步骤的编程方法：

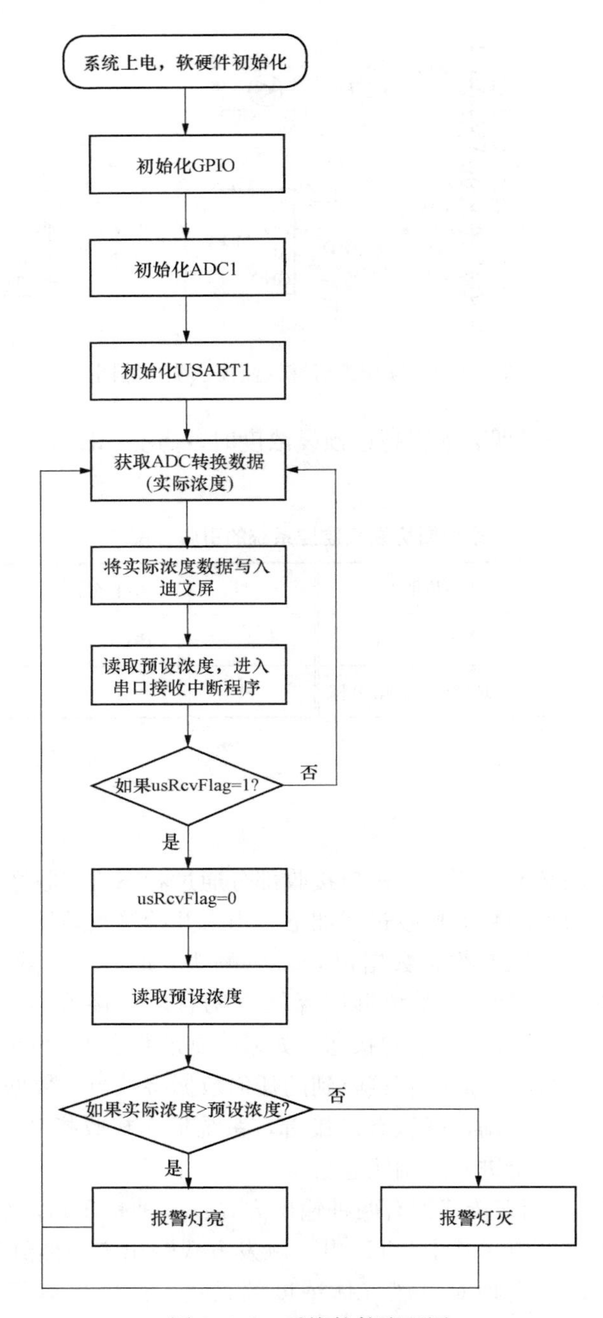

图 2.6.4 系统软件流程图

第一步开启 PA 口时钟和 ADC1 时钟，设置 PA1 为模拟输入。STM32F103ZET6 的 ADC1 通道 1 在 PA1 上，所以，先要使能 GPIOA 的时钟和 ADC1 时钟，然后设置 PA1 为模拟输入。使能 GPIOA 和 ADC 时钟用 RCC _ APB2PeriphClockCmd 函数，设置 PA1 的输入方式，使用 GPIO _ Init 函数即可。STM32 的 ADC 通道与 GPIO 对应表如表 2.6.35 所示。

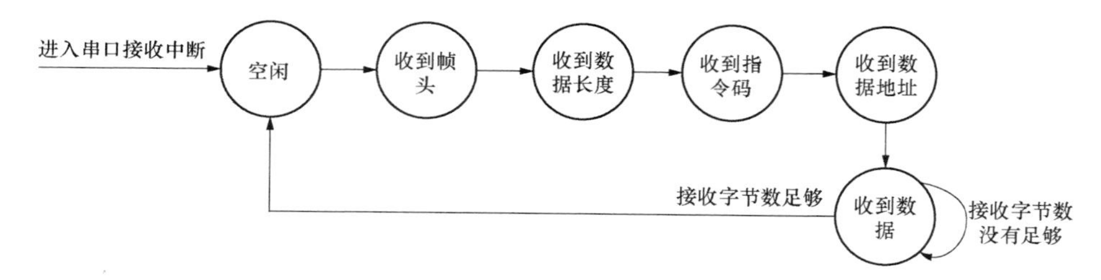

图 2.6.5　串口接收中断状态机

表 2.6.35　ADC 通道与 GPIO 对应表

通道	ADC1	ADC2	ADC3	通道	ADC1	ADC2	ADC3
通道 0	PA0	PA0	PA0	通道 9	PB1	PB1	
通道 1	PA1	PA1	PA1	通道 10	PC0	PC0	PC0
通道 2	PA2	PA2	PA2	通道 11	PC1	PC1	PC1
通道 3	PA3	PA3	PA3	通道 12	PC2	PC2	PC2
通道 4	PA4	PA4	PF6	通道 13	PC3	PC3	PC3
通道 5	PA5	PA5	PF7	通道 14	PC4	PC4	
通道 6	PA6	PA6	PF8	通道 15	PC5	PC5	
通道 7	PA7	PA7	PF9	通道 16	温度传感器		
通道 8	PB0	PB0	PF10	通道 17	内部参照电压		

第二步，复位 ADC1，同时设置 ADC1 分频因子。开启 ADC1 时钟之后，需要复位 ADC1，将 ADC1 的全部寄存器重设为缺省值之后就可以通过 RCC _ CFGR 设置 ADC1 的分频因子。分频因子要确保 ADC1 的时钟（ADCCLK）不要超过 14MHz。设置分频因子为 6，时钟为 72/6=12MHz。库函数的实现方法是：

RCC _ ADCCLKConfig（RCC _ PCLK2 _ Div6）；

ADC 时钟复位的方法是：

ADC _ DeInit（ADC1）；

第三步，初始化 ADC1 参数，设置 ADC1 的工作模式以及规则序列的相关信息。设置完分频因子之后，开始 配置 ADC1 的模式，设置单次转换模式、触发方式选择、数据对齐方式等都在这一步实现。同时，还要设置 ADC1 规则序列的相关信息，项目只要求一个通道，并且是单次转换的，所以设置规则序列中通道数为 1。这些在库函数中是通过函数 ADC _ Init 实现的。

参数 ADC _ Mode 故名是以是用来设置 ADC 的模式。前面讲解过，ADC 的模式非常多，包括独立模式，注入同步模式等，选择独立模式，所以参数为 ADC _ Mode _ Independent。参数 ADC _ ScanConvMode 用来设置是否开启扫描模式，因为是单次转换，所以选择不开启值 DISABLE。

参数 ADC _ ContinuousConvMode 用来设置是否开启连续转换模式，因为是单次转换模式，所以选择不开启连续转换模式，DISABLE。

参数 ADC_ExternalTrigConv 是用来设置启动规则转换组转换的外部事件，选择软件触发，选择值为 ADC_ExternalTrigConv_None 即可。

参数 DataAlign 用来设置 ADC 数据对齐方式是左对齐还是右对齐，选择右对齐方式 ADC_DataAlign_Right。

参数 ADC_NbrOfChannel 用来设置规则序列的长度，这里是单次转换，所以值为 1。

初始化范例如下：

```
ADC_InitTypeDef ADC_InitStructure;
ADC_InitStructure.ADC_Mode = ADC_Mode_Independent;//ADC 工作模式:独立模式
ADC_InitStructure.ADC_ScanConvMode = DISABLE;//AD 单通道模式
ADC_InitStructure.ADC_ContinuousConvMode = DISABLE;  //AD 单次转换模式
ADC_InitStructure.ADC_ExternalTrigConv = ADC_ExternalTrigConv_None;
//转换由软件而不是外部触发启动
ADC_InitStructure.ADC_DataAlign = ADC_DataAlign_Right;  //ADC 数据右对齐
ADC_InitStructure.ADC_NbrOfChannel = 1;//顺序进行规则转换的 ADC 通道的数目 1
ADC_Init(ADC1,&ADC_InitStructure);//根据指定的参数初始化外设 ADCx
```

第四步，使能 ADC 并校准。在设置完了以上信息后，使能 AD 转换器，执行复位校准和 AD 校准，注意这两步是必须的。不校准将导致结果很不准确。使能指定的 ADC 的方法是：

```
ADC_Cmd(ADC1, ENABLE);  //使能指定的 ADC1
执行复位校准的方法是:
ADC_ResetCalibration(ADC1);
执行 ADC 校准的方法是:
ADC_StartCalibration(ADC1);  //开始指定 ADC1 的校准状态
```

需要注意的是，每次进行校准之后要等待校准结束。这里是通过获取校准状态来判断是否校准是否结束。

下面列出复位校准和 AD 校准的等待结束方法：

```
while(ADC_GetResetCalibrationStatus(ADC1));//等待复位校准结束
while(ADC_GetCalibrationStatus(ADC1));//等待校 AD 准结束
```

第五步，读取 ADC 值。在上面的校准完成之后，ADC 就算准备好了。接下来设置规则序列 1 里面的通道，采样顺序，以及通道的采样周期，然后启动 ADC 转换。在转换结束后，读取 ADC 转换结果值。设置规则序列通道以及采样周期的函数是：ADC_RegularChannelConfig()。

软件开启 ADC 转换的方法是：

```
ADC_SoftwareStartConvCmd(ADC1,ENABLE);//使能指定的 ADC1 的软件转换启动功能
```

开启转换之后，就可以获取转换 ADC 转换结果数据，方法是：

```
ADC_GetConversionValue(ADC1);
```

同时在 AD 转换中，还要根据状态寄存器的标志位来获取 AD 转换的各个状态信息。库

函数获取 AD 转换的状态信息的函数是：

```
FlagStatus ADC_GetFlagStatus(ADC_TypeDef * ADCx,uint8_t ADC_FLAG)
```

比如判断 ADC1 的转换是否结束，方法是：

```
while(! ADC_GetFlagStatus(ADC1,ADC_FLAG_EOC));//等待转换结束
```

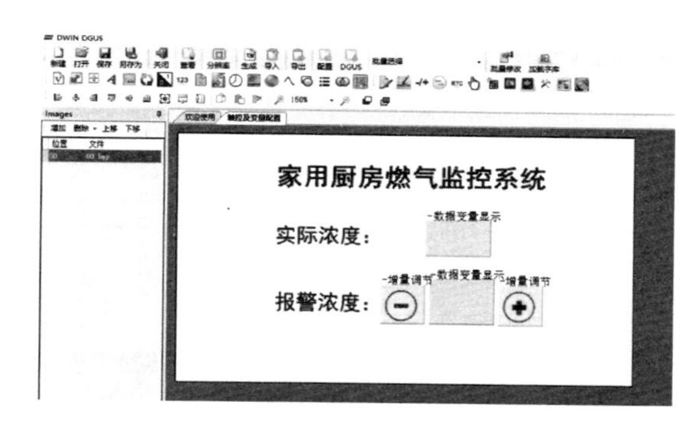

图 2.6.6 家用厨房燃气监控系统界面设计

通过以上几个步骤的设置，就能正常地使用 STM32 的 ADC1 来执 AD 转换操作。

家用厨房燃气监控系统的界面设计如图 2.6.6 所示。在 DGUS 软件进行设置，实际浓度和报警浓度的显示位置选择“数据变量显示”触控，变量地址分配如表 2.6.36 所示。报警浓度的调节采用增量调节，变量地址与报警浓度的“数据变量显示”地址相同，为 0x0045；调节方式可选择“增加”或“减少”；调节步长由用户自定义，选择步长为 2；逾时处理方式有“循环调节”和“到达限制停止”两种调节模式，选择“循环调节”。

表 2.6.36 变量地址分配

名称	变量地址	名称	变量地址
实际浓度	0x0001	报警浓度	0x0045

二、软件程序设计

1. ADC 初始化程序设计

此部分代码包含 3 个函数，ADC1 _ GPIO _ Config 函数用于使能 ADC1 和 GPIOA 时钟，并配置 PA0 管脚为模拟输入模式。第二个函数 ADC1 _ Mode _ Config，用于配置 ADC1 的工作模式，并校准 ADC1。第三个函数 ADC1 _ Init，用于外部调用前两个函数。

```
//文件名"adc.c"
#include "adc.h"
/*函数名:ADC1_GPIO_Config 描述:使能 ADC1 的时钟,初始化 PA0 */
static void ADC1_GPIO_Config(void)
{
    GPIO_InitTypeDef GPIO_InitStructure;
    /* 使能 ADC1 和 GPIOA 的时钟 */
    RCC_APB2PeriphClockCmd(RCC_APB2Periph_ADC1 | RCC_APB2Periph_GPIOA, ENABLE);
    RCC_ADCCLKConfig(RCC_PCLK2_Div6); //72M/6=12,ADC 最大时间不能超过 14M
```

```
    /* 配置 PA0 引脚为模拟输入 */
GPIO_InitStructure.GPIO_Pin = GPIO_Pin_0;
    GPIO_InitStructure.GPIO_Mode = GPIO_Mode_AIN;
GPIO_Init(GPIOA, &GPIO_InitStructure);
}
/* 函数名:ADC1_Mode_Config 描述:配置 ADC1 的工作模式 */
static void ADC1_Mode_Config(void)
{
    ADC_InitTypeDef ADC_InitStructure;
    ADC_DeInit(ADC1); //将外设 ADC1 的全部寄存器重设为缺省值
    /************************** 配置 ADC1 **********************************/
    ADC_InitStructure.ADC_Mode = ADC_Mode_Independent;
  //ADC 工作模式:ADC1 和 ADC2 工作在独立模式
    ADC_InitStructure.ADC_ScanConvMode = DISABLE;  //模数转换工作在单通道模式
    ADC_InitStructure.ADC_ContinuousConvMode = DISABLE;  //模数转换工作在单次转换模式
    ADC_InitStructure.ADC_ExternalTrigConv = ADC_ExternalTrigConv_None;
  //转换由软件而不是外部触发启动
    ADC_InitStructure.ADC_DataAlign = ADC_DataAlign_Right;  //ADC 数据右对齐
    ADC_InitStructure.ADC_NbrOfChannel = 1;  //顺序进行规则转换的 ADC 通道的数目
    ADC_Init(ADC1, &ADC_InitStructure);
  //根据 ADC_InitStruct 中指定的参数初始化外设 ADCx 的寄存器
  ADC_Cmd(ADC1, ENABLE);  //使能指定的 ADC1
    ADC_ResetCalibration(ADC1);  //重置指定的 ADC1 的校准寄存器
    while(ADC_GetResetCalibrationStatus(ADC1));
  //获取 ADC1 重置校准寄存器的状态,设置状态则等待
    ADC_StartCalibration(ADC1);    //开始指定 ADC1 的校准状态
    while(ADC_GetCalibrationStatus(ADC1));
  //获取指定 ADC1 的校准程序,设置状态则等待
    ADC_SoftwareStartConvCmd(ADC1, ENABLE);  //使能指定的 ADC1 的软件转换启动功能
}
/* 函数名:ADC1_Init,外部调用 ADC1_GPIO_Config()和 ADC1_Mode_Config() */
void ADC1_Init(void)
{
    ADC1_GPIO_Config();
    ADC1_Mode_Config();
}
```

2. USART1 初始化程序编写

```
//文件名"usart.c"

#include "sys.h"
#include "usart.h"
u8 volatile usRcvFlag,RcvBuf[2];
u8 volatile state_machine,DatLen,LenCnt;
```

```
/* 函数名:uart_init 描述:USART1 GPIO 配置,工作模式配置 */
void uart_init(u32 bound)
{
GPIO_InitTypeDef GPIO_InitStructure;
    USART_InitTypeDef USART_InitStructure;
    NVIC_InitTypeDef NVIC_InitStructure;
  RCC_APB2PeriphClockCmd(RCC_APB2Periph_USART1|RCC_APB2Periph_GPIOA, ENABLE);  //使能 USART1,
GPIOA 时钟
   /****** 配置 USART1 的发送引脚 ******/
GPIO_InitStructure.GPIO_Pin = GPIO_Pin_9; //PA9
GPIO_InitStructure.GPIO_Speed = GPIO_Speed_50MHz;
GPIO_InitStructure.GPIO_Mode = GPIO_Mode_AF_PP;  //复用推挽输出
GPIO_Init(GPIOA, &GPIO_InitStructure);//初始化 GPIOA.9
/************************ 配置 USART1 的接收引脚 ******************************/
GPIO_InitStructure.GPIO_Pin = GPIO_Pin_10;//PA10
GPIO_InitStructure.GPIO_Mode = GPIO_Mode_IN_FLOATING;//浮空输入
GPIO_Init(GPIOA, &GPIO_InitStructure);//初始化 GPIOA.10
/**************************** 配置 NVIC 中断向量 ****************************/
    NVIC_PriorityGroupConfig(NVIC_PriorityGroup_2);
    //设置 NVIC 中断分组 2:2 位抢占优先级,2 位响应优先级
NVIC_InitStructure.NVIC_IRQChannel = USART1_IRQn;
    NVIC_InitStructure.NVIC_IRQChannelPreemptionPriority=3 ;//抢占优先级 3
    NVIC_InitStructure.NVIC_IRQChannelSubPriority = 3;    //子优先级 3
    NVIC_InitStructure.NVIC_IRQChannelCmd = ENABLE;      //IRQ 通道使能
    NVIC_Init(&NVIC_InitStructure);  //根据指定的参数初始化 VIC 寄存器
/********************** 配置 USART 初始化 ***********************************/
    USART_InitStructure.USART_BaudRate = bound;//串口波特率
    USART_InitStructure.USART_WordLength = USART_WordLength_8b;//字长为 8 位数据格式
    USART_InitStructure.USART_StopBits = USART_StopBits_1;//一个停止位
    USART_InitStructure.USART_Parity = USART_Parity_No;//无奇偶校验位
    USART_InitStructure.USART_HardwareFlowControl = USART_HardwareFlowControl_None;
    //无硬件数据流控制
  USART_InitStructure.USART_Mode = USART_Mode_Rx | USART_Mode_Tx;  //收发模式
USART_Init(USART1, &USART_InitStructure); //初始化串口 1
USART_ITConfig(USART1, USART_IT_RXNE, ENABLE);//开启串口接受中断
USART_Cmd(USART1, ENABLE); //使能串口 1
}
```

3. 报警灯初始化程序

```
/******************************** 配置报警灯 ******************************/
void LED_GPIO_Config(void)
{
    GPIO_InitTypeDef GPIO_InitStructure;
```

```
    RCC_APB2PeriphClockCmd( RCC_APB2Periph_GPIOA, ENABLE);
    GPIO_InitStructure.GPIO_Pin = GPIO_Pin_1;
    GPIO_InitStructure.GPIO_Mode = GPIO_Mode_Out_PP;
    GPIO_InitStructure.GPIO_Speed = GPIO_Speed_50MHz;
    GPIO_Init(GPIOA, &GPIO_InitStructure);
}
```

4. 迪文屏通信函数编写

```
/*发送数据到USART1*/
void SendData(u8 data)
{
        USART_SendData(USART1,data);
        while(USART_GetFlagStatus(USART1,USART_FLAG_TC) = = RESET);
}
/************************将数据写入到屏幕**********************************/
void DwinWriteAdd(unsigned int add,unsigned int val)
{
    SendData(0xaa);
    SendData(0xbb);
    SendData(0x05);
    SendData(0x82);
    SendData(add/256);
    SendData(add%256);
    SendData(val/256);
    SendData(val%256);
}
/**************************读取屏幕上的数据*******************************/
void DwinReadAdd(unsigned int add)
{
    SendData(0xaa);
    SendData(0xbb);
    SendData(0x04);
    SendData(0x83);
    SendData(add/256);
    SendData(add%256);
    SendData(0x01);
}
/******************USART1 接收中断函数**********************************/
void USART1_IRQHandler(void)                    //串口1中断服务程序
{
    static u8 Res;
    if(USART_GetITStatus(USART1, USART_IT_RXNE) ! = RESET) //接收中断
  {
```

```
    Res = USART_ReceiveData(USART1);  //读取接收到的数据
    if(state_machine = = 0) //空闲或非正常数据状态
    {
     if(Res = = 0xAA)              //帧头 1 是否为 0xAA
     state_machine = 1;            //收到帧头 1 状态
     else
     state_machine = 0;
  }
  else if(state_machine = = 1)
  {
       if(Res = = 0xBB)            //帧头 2 是否为 0xBB
       state_machine = 2;          //收到帧头 2 状态
       else
       state_machine = 0;
  }
  else if(state_machine = = 2)
  {
      if(Res = = 0x06)             //数据长度是否为 06
      state_machine = 3;           //收到数据长度状态
      else
      state_machine = 0;
  }
  else if(state_machine = = 3)
  {
      if(Res = = 0x83)             //读迪文变量地址指令码 0x83
      state_machine = 4;           //收到读迪文变量地址指令码状态
      else
      state_machine = 0;
  }
  else if(state_machine = = 4)
  {
      if(Res = = 0x00)             //变量地址高字节
      state_machine = 5;           //收到变量地址高八位(0x00)状态
      else
      state_machine = 0;
  }
  else if(state_machine = = 5)
  {
      if(Res = = 0x45)             //变量地址低字节
      state_machine = 6;           //收到变量地址低八位(0x45)状态
      else
      state_machine = 0;
  }
```

```
    else if(state_machine = = 6)
    {
        DatLen = Res;                   //记录数据长度(以字为单位)
        LenCnt = 0;
        state_machine = 7;              //收到数据长度状态
    }
    else if(state_machine = = 7)
    {
        RcvBuf[LenCnt + + ] = Res;      //接收变量地址 0x0045 内两个字节有效数据
        if(LenCnt = = (2 * DatLen))     //数据接收完?
        {
          usRcvFlag = 1;                //数据帧接收完毕,标志位置位
          state_machine = 0;            //重新进入空闲或非正常数据状态
      }
    }
  }
}
```

5. ADC 转换函数编写

```
//文件名"main.c"
/ ************************ ADC 转换 ****************************** /
u16 ADC_value(void)
{
    ADC_RegularChannelConfig(ADC1, ADC_Channel_0, 1, ADC_SampleTime_239Cycles5 );
    //ADC1,ADC 通道 0,规则采样顺序值为 1,采样时间为 239.5 周期
    ADC_SoftwareStartConvCmd(ADC1, ENABLE);     //使能指定的 ADC1 的软件转换启动功能
    while(! ADC_GetFlagStatus(ADC1, ADC_FLAG_EOC ));//等待转换结束
    ADC_Value = ADC_GetConversionValue(ADC1);  //返回最近一次 ADC1 规则组的转换结果
    delay_ms(10); // 延时
    adc = ADC_Value/10;//提取整数部分
    return adc;//返回 ADC 转换的值
}
```

6. 主函数编写

```
//文件名"main.c"
# include "delay.h"
# include "sys.h"
# include "usart.h"
# include "stm32f10x.h"
# include "adc.h"
extern volatile u8 usRcvFlag;//迪文数据帧接收完毕标志位
extern volatile u8 RcvBuf[2];//数据接收缓冲区(2 个字节)
u8 ADC_Value = 0;
u8 adc = 0;
```

```
u8 setvalue = 0;
int main(void)
{
    u8 adcvalue = 0;
    usRcvFlag = 0;
    RcvBuf[0] = 0;
    RcvBuf[1] = 0;
  delay_init();              //延时函数初始化
  uart_init(9600);              //串口初始化为 9600
  ADC1_Init();
  delay_ms(10);
  while(1)
  {
      adcvalue = ADC_value();
      delay_ms(10);
      DwinWriteAdd(0x0001,adcvalue);    //向迪文屏中写入实际浓度
      DwinReadAdd(0x0045);     //读取预设浓度
      delay_ms(10);
      if(usRcvFlag = = 1)
      {
        usRcvFlag = 0;//标志位清零
        setvalue = RcvBuf[1];//读取预设浓度值
        if(adcvalue> = setvalue) //如果测量浓度大于等于预设值,报警灯亮
        {
            GPIO_ResetBits(GPIOA, GPIO_Pin_1);
            delay_ms(10); delay_ms(10);
        }
        else
        {
GPIO_SetBits(GPIOA, GPIO_Pin_1);//没有超过预设值,灯灭
          delay_ms(10); delay_ms(10);
      }
    }
  }
}
```

运行调试

在代码编译成功之后，下载代码到 STM32F103ZET6 芯片上，可以看到迪文屏显示如下，报警浓度可通过屏幕上的两个增量调节按钮进行修改。当实际烟雾浓度大于等于报警浓度时，PA1 连接的 LED 发光。家用厨房燃气监控系统如图 2.6.7 所示。

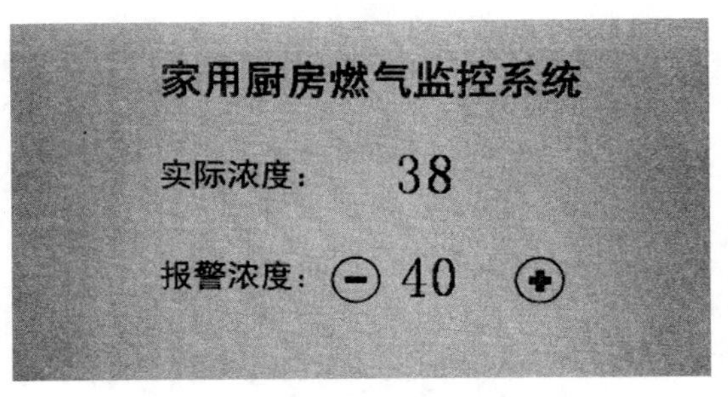

图 2.6.7 家用厨房燃气监控系统

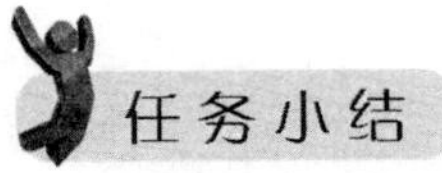

任务小结

本项目主要设计了家用厨房燃气监控系统，并进行了相关的代码调试。在项目任务的实施过程中，学习了 ADC 模数转换模块的基础知识，对 STM32 与上位机之间的收发通信有进一步的理解，掌握 MQ-2 烟雾传感器的使用方法，是一个相对综合的项目。

通过项目六的学习，对 STM32 的 ADC 模数转换模块有了初步的认识，初步掌握迪文 DGUS 液晶屏的使用方法。能在 STM32 中编写 ADC 模数转换和串口中断通信程序，进一步提高复杂程序的调试技巧。

项目七 家用密码存储系统设计

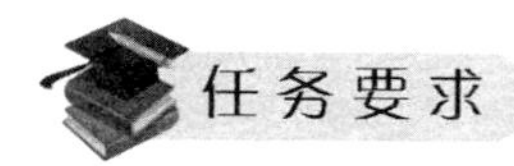

设计一套家用密码存储系统，利用 STM32 的普通 IO 口模拟 IIC 时序，实现门禁系统等密码在 AT24C02 存储器中的写入和读取，并在 LCD1602 模块上显示系统运行过程和结果。

一、具体功能

开机后，如果按下代表写入密码数据的按键 key0，则将程序中预设的一个字节密码数值（例如 0x55）写入 AT24C02 内部，同时在 1602 液晶第一行上显示“Password is set!”字符串；如果按下另一个代表读取密码数据的按键 key1，则用来执行密码读取操作，将前面写入的一个字节密码数据读取出来，并在 1602 液晶第二行上显示“Password is 0x **”（注：“**”代表前面写入的密码数值，如果事先写入的是 0x55，则显示“Password is 0x55”）。

二、学习目标

通过本项目的学习，掌握基于 AT24C02 和 1602 液晶的智能门禁密码存储系统的设计，包含键盘、LCD1602 显示、IO 口模拟 I^2C 总线、AT24C02 读写等原理和相应驱动程序编写方法及应用。

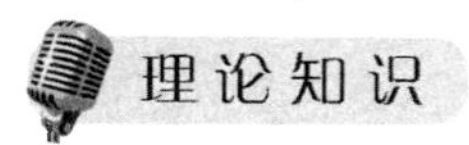

一、I^2C 总线简介

I^2C（Inter - Integrated Circuit）总线是一种由 PHILIPS 公司开发的两线式串行总线，它是由数据线 SDA 和时钟 SCL 构成的串行总线，可发送和接收数据，用于连接微控制器及其外围设备，能够十分方便地构成多机系统和外围器件扩展系统，在 CPU 与被控 IC 之间、IC 与 IC 之间进行双向传送，高速 I^2C 总线一般可达 400kbit/s 以上。I^2C 器件使用时通过上拉电阻直接挂到 I^2C 总线上，I^2C 器件无须片选信号，是否选中是由主器件发出的 I^2C 从地址决定的。如图 2.7.1 所示为 I^2C 连接图，其中每个电路和模块都有唯一的地址。

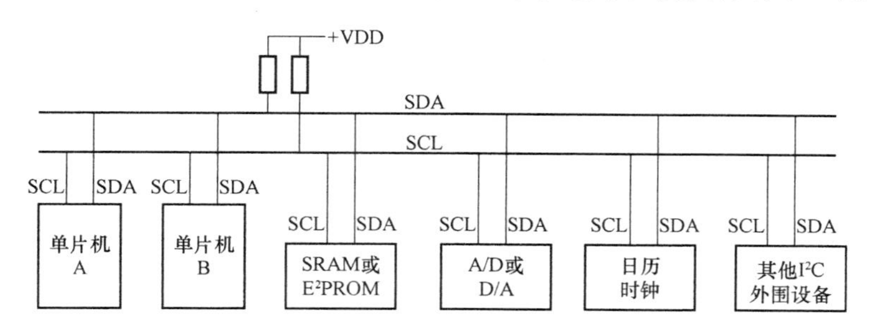

图 2.7.1 I^2C 连接

1. I^2C 串行总线的特征

（1）只要求两条总线线路：串行数据（SDA）线和串行时钟（SCL）线。

（2）连接到总线上的任何一个器件，每个器件都应有一个唯一的地址，都可以作为一个发送器或接收器。连接到总线的器件的输出级必须是漏极开路或集电极开路，通过一个电流源或上拉电阻接到正电源。

（3）在多主机系统中，可能同时有几个主机企图启动总线传送数据。为了避免混乱，I^2C 总线要通过总线仲裁，以决定由哪一台主机控制总线。

2. I^2C 串行总线的起始和停止条件

I^2C 总线进行数据传送时，SCL 时钟信号为高电平期间，数据线 SDA 上的数据必须保持稳定，只有在 SCL 时钟线上的信号为低电平期间，数据线上的高电平或低电平状态才允许变化。如图 2.7.2 所示和图 2.7.3 所示。

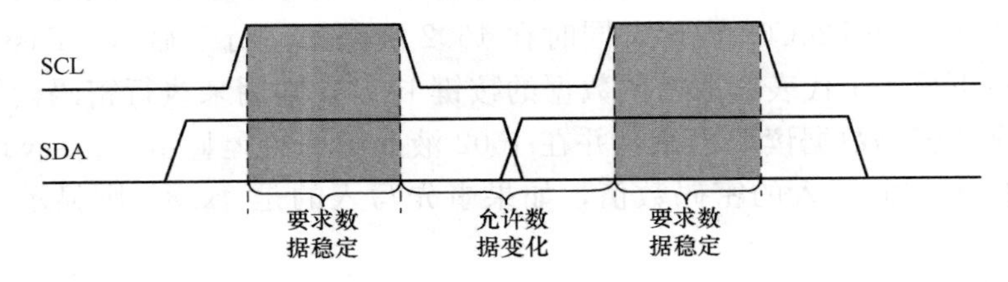

图 2.7.2　I^2C 有效性

（1）总线不忙：数据线和时钟线保持高。

（2）起始条件：在 SCL 线是高电平时，SDA 线从高电平向低电平切换。

（3）停止条件：在 SCL 线是高电平时，SDA 线由低电平向高电平切换。

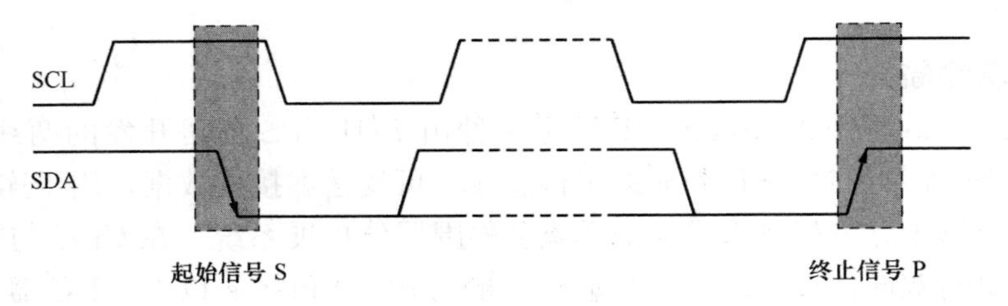

图 2.7.3　I^2C 串行总线的起始和停止条件

在起始条件后总线被认为处于忙的状态。在停止条件的某段时间后，总线被认为再次处于空闲状态，重复起始条件既作为上次传送的结束，也作为下次传送的开始。

3. 肯定应答

接收数据的 IC 在接收到 8bit 数据后，向发送数据的 IC 发出特定的确认信号（拉 SDA 线为稳定的低电平），表示已收到数据。CPU 向受控单元发出一个信号后，等待受控单元发出一个应答信号，CPU 接收到应答信号后，根据实际情况作出是否继续传递信号的判断。若未收到应答信号，由判断为受控单元出现故障。如图 2.7.4 所示。

每一个字节必须保证是 8 位长度。数据传送时，先传送最高位（MSB），每一个被传送的字节后面都必须跟随一位应答位（即一帧共有 9 位）。

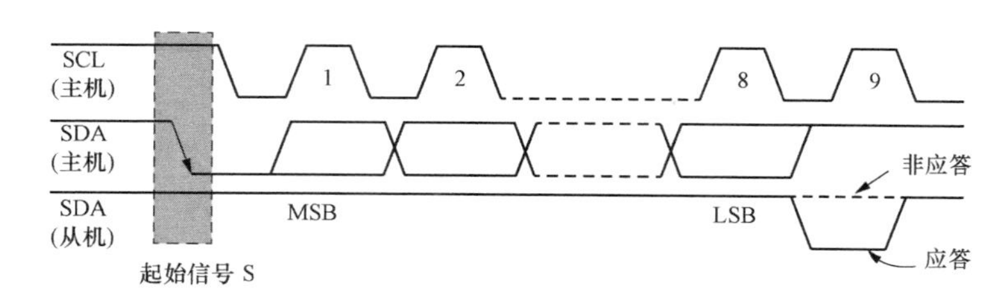

图 2.7.4　I²C 肯定应答

4. 器件寻址和操作

主机产生起始条件后，发送的第一个字节为寻址字节，该字节的高 7 位为从机地址，最低位“0”表示主机写信息到从机，“1”表示主机读从机中的信息。

总线上的每个从机都将这 7 位地址码与自己的地址进行比较，如果相同，则认为自己正被主机寻址，根据 R/W 位将自己确定为发送器或接收器。

从机的地址由固定部分和可编程部分组成。在一个系统中可能希望接入多个相同的从机，从机地址中可编程部分决定了可接入总线该类器件的最大数目。如一个从机的 7 位寻址位有 4 位是固定位，3 位是可编程位，这时仅能寻址 8 个同样的器件，即可以有 8 个同样的器件接入到该 I²C 总线系统中。

5. 传输格式

主机产生起始条件后，发送一个寻址字节，收到应答后跟着是数据传输，数据传输由主机产生的停止位终止。在总线的一次数据传送过程中，可以有以下几种组合方式：

(1) 主机向从机发送数据，数据传送方向在整个传送过程中不变：

S	从机地址	0	A	数据	A	数据	A/$\overline{A}$	P

注：有阴影部分表示数据由主机向从机传送，无阴影部分则表示数据由从机向主机传送。

A 表示应答，A 表示非应答（高电平）。S 表示起始信号，P 表示终止信号。

(2) 主机在第一个字节后，立即从从机读数据。

S	从机地址	1	A	数据	A	数据	$\overline{A}$	P

(3) 在传送过程中，当需要改变传送方向时，起始信号和从机地址都被重复产生一次，但两次读/写方向位正好反相。

S	从机地址	0	A	数据	A/$\overline{A}$	S	从机地址	1	A	数据	$\overline{A}$	P

6. STM32F103 系列处理器模拟 I²C 串行总线器件接口

STM32F103ZET6 处理器内部带有硬件 I²C 接口，可以通过相应的设定直接使用。值得一提的是，在 I²C 串行总线数据传输中，主机可以不带硬件 I²C 总线接口，只要利用软件实现 I²C 总线的数据传送，同样可以实现数据传输。本章内容以模拟 I²C 总线时序来实现数据传输，便于其他不带硬件 I²C 处理器的移植。

为了保证数据传送的可靠性，标准的 I²C 总线的数据传送有严格的时序要求，如图 2.7.5 所示，I²C 总线的起始信号、终止信号、发送“0”及发送“1”的模拟时序。

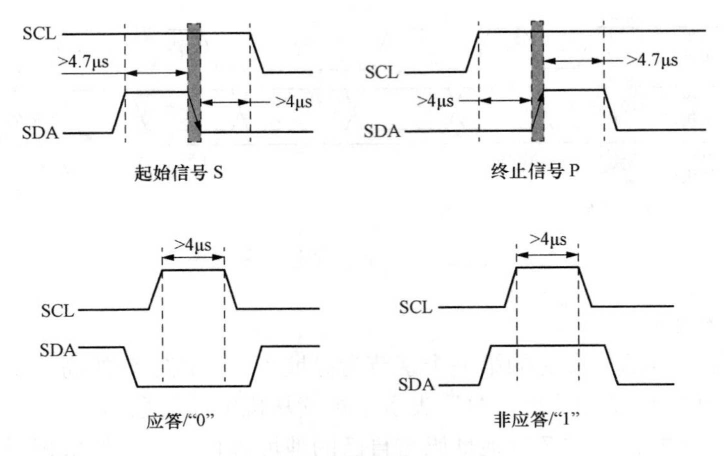

图 2.7.5 I²C 典型信号

具体 STM32 下 I²C 驱动程序如下：

(1) 模拟产生 I²C 起始信号。

```
void IIC_Start(void)
{
    SDA_OUT(); //sda 线输出
    IIC_SDA = 1;
    IIC_SCL = 1;
    delay_μs(4);
    IIC_SDA = 0;  //START:CLK 高电平期间 SDA 产生下降沿,并延迟 4μs
    IIC_SCL = 0;  //钳住 I²C 总线,准备发送或接收数据
}
```

(2) 模拟产生 I²C 停止信号。

```
void IIC_Stop(void)
{
    SDA_OUT();  //sda 线输出
    IIC_SCL = 0;
    IIC_SDA = 0;  //STOP: CLK 高电平期间 SDA 产生上升沿,并延迟 4μs
    IIC_SCL = 1;
    IIC_SDA = 1;  //发送 I2C 总线结束信号
    delay_us(4);
}
```

(3) 等待应答信号到来，返回值：1，接收应答失败；0，接收应答成功。

```
u8 IIC_Wait_Ack(void)
{
    u8 ucErrTime = 0;
    SDA_IN();                    //SDA 设置为输入
    IIC_SDA = 1;
```

```
  delay_us(1);
  IIC_SCL = 1;
  delay_us(1);
  while(READ_SDA)                //设定一个等待时间,如果超时,认为没有应答信号  {
{
      ucErrTime + + ;
      if(ucErrTime>250)
      {
        IIC_Stop();
        return 1;
    }
  }
  IIC_SCL = 0;  //时钟输出 0
  return 0;
}
```

(4) 产生 ACK 应答。

```
void IIC_Ack(void)
{
    IIC_SCL = 0;
    SDA_OUT();
    IIC_SDA = 0;
    delay_us(2);
    IIC_SCL = 1;
    delay_us(2);
    IIC_SCL = 0;
}
```

(5) 不产生 ACK 应答。

```
void IIC_NAck(void)
{
    IIC_SCL = 0;
    SDA_OUT();
    IIC_SDA = 1;
    delay_us(2);
    IIC_SCL = 1;
    delay_us(2);
    IIC_SCL = 0;
}
```

7. 串行 EEPROM 介绍

(1) AT24 系列串行 EEPROM 功能描述。

EEPROM (Electrically Erasable Programmable Read - Only Memory) 即电子擦除式只读存储器，它是一种非挥发性存储器，与擦除式只读存储器 (EPROM) 类似，电源消失

后，储存的数据依然存在，要消除储存在其中的内容，不是用紫外线照射方式，而是以电子信号直接消除即可。

由于EEPROM具有以上特点，该器件可广泛应用于对数据存储安全性及可靠性要求高的应用场合，如门禁考勤系统，测量和医疗仪表，非接触式智能卡，税控收款机，预付费电度表或复费率电度表、水表、煤气表以及家电遥控器等应用场合。

（2）常用AT24系列EEPROM介绍。

ATMEL公司产品应用较为广泛，常用的二线制I^2C EEPROM AT24C系列芯片具体型号如表2.7.1所示。

表2.7.1　　常用AT24系列串行EEPROM

器件号	容量	页面结构	电压（根据封装决定）
AT24C02	256×8（2K）	1	2.5～～6.0V
AT24C04	512×8（4K）	2	2.5～6.0V
AT24C08	1024×8（8K）	4	2.5～6.0V
AT24C16	2048×8（16K）	8	2.5～6.0V
AT24C32	4096×8（32K）	16	2.5～6.0V
AT24C64	8192×8（64K）	32	2.5～6.0V

（3）图2.7.6所示为AT24CXX系列引线图，引脚说明：

1）A0、A1、A2：AT24C02～AT24C16的硬线寻址（地址片选）。

2）AT24C02使用A0、A1、A2输入作为硬线寻址，8个2K的器件可在单个总线上被寻址。

3）AT24C04用A2、A1输入作为硬线寻址，4个4K的器件可在单个总线上被寻址，A0悬空。

4）AT24C08用A2输入作为硬线寻址，2个8K的器件可在单个总线上被寻址，A0、A1悬空。

5）内部无连接的AT24CXX不用硬线寻址，A0、A1、A2悬空。

6）SCL：时钟输入端。需接上拉电阻，一般为10kΩ。

7）SDA：串行地址/数据（输入/输出端）。需接上拉电阻，一般为10kΩ。

8）WP：写保护输入端。此端必须连到V_{SS}或V_{CC}。此端连到V_{SS}，一般存储器操作使能（读/写整个存储器）。此端连到V_{CC}，写操作禁止。整个存储器是写保护的，读操作不受影响。

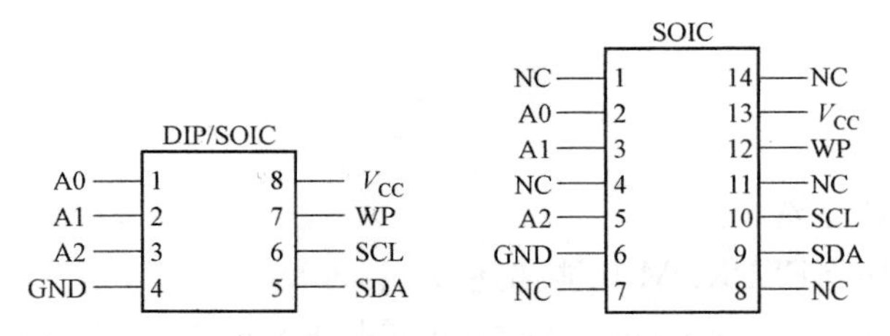

图2.7.6　AT24C××系列引脚排列图

(4) 器件寻址

写控制字节和读控制字节是 8 位的控制字节。控制字节的结构如图 2.7.7 所示。

控制字节的高 4 位是器件类型的识别码位(1010 为 EEPROM 的器件识别码)。后面三位 A2、A1、A0 是芯片选择或片内块选择位，如表 2.7.2 所示。控制字节的 R/$\overline{W}$ 位是读/写操作选择位。R/W=0，写操作；R/$\overline{W}$=1，读操作。为使芯片能进行读、写操作，2K、4K、8K、16K EEPROM 要求在控制字节之后输出一个 8 位器件地址字，32K、64K EEPROM 要求在控制字节之后输出一个 16 位器件地址字。

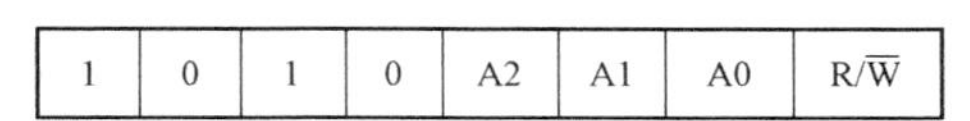

图 2.7.7　控制字节的结构

表 2.7.2　控制字节的 A2、A1、A0 位

芯片类型	页面字节	A2	A1	A0	引脚 A2，A1，A0
AT24C02	8	×	×	×	内部无连接
AT24C04	16	×	×	块选择	内部无连接
AT24C08	16	×	块选择		内部无连接
AT24C16	16	块选择			内部无连接
AT24C32	32	芯片选择			悬空
AT24C64	32	芯片选择			悬空

二、LCD 液晶显示简介

1. 液晶显示器概述

在小型的智能化电子产品中，普通的 7 段 LED 数码管只能用来显示数字，若遇到要显示英文字母或图像、汉字时，则必须选择使用液晶显示器（简称 LCD）。

LCD 分类多种多样，按照显示模式来分可分为字符模式和图形模式 LCD 两种，按照驱动接口模式来分可分为并行和串行驱动模式 LCD 两种。在前面的项目中，已经介绍了串行接口迪文液晶屏的应用，本项目介绍并行驱动模式的字符型点阵式 LCD 的接口和应用。

字符型点阵式 LCD 模组，或称字符型 LCD，是一类专门用于显示字母、数字、符号等的点阵型液晶显示模块。在显示器件的电极图形设计上，它是由若干个 5×7 或 5×11 等点阵字符位组成。每一个点阵字符位都可以显示一个字符。点阵字符位之间空有一个点距的间隔起到了字符间距和行距的作用。市场上有各种不同厂牌的字符显示类型的 LCD，目前常用的有 16 字×1 行、16 字×2 行、20 字×2 行和 40 字×2 行等的字符模组。这些 LCD 虽然显示的字数各不相同，但是大部分的控制器都是使用同一块芯片来控制的，编号为 HD44780，或是其兼容的控制芯片。这里以 16 字×2 行（简称 16×2）字符型液晶显示模块为例，详细介绍并行驱动模式的字符型点阵式 LCD 的接口和应用。

2. 16×2 字符型液晶显示模块

HD44780 可实现字符移动、闪烁等功能。与 CPU 的数据传输可采用 8 位并行传输或 4 位并行传输两种方式。HD44780 不仅作为控制器，而且还具有驱动 40×16 点阵液晶像素的能力。HD44780 内部的自定义字符发生器 RAM（CGRAM）的部分未用位还可作一般数据存储器应用。HD44780 与 CPU 的接口信号如表 2.7.3 所示。

表 2.7.3 HD44780 与 CPU 的接口信号

引脚号	符号	功 能 说 明
1	V_{SS}	电源地
2	V_{DD}	+5V 电源
3	V_{O}	液晶显示亮度调节电压输入（用于调节对比度），可接电位器
4	RS	寄存器选择。=0：指令寄存器；=1：数据寄存器
5	$R/\overline{W}$	读写位（=0：写；=1：读）
6	E	使能信号，$R/\overline{W}$=0，E 下降沿有效；=1，E=1 有效
7～10	DB0～DB3	数据总线。在与 CPU4 位传送时此 4 位不用
11～14	DB4～DB7	数据总线
15	E1	背光电源线（接到+5V 或串联一个 10Ω 左右电阻接+5V，可调节亮度）
16	E2	背光电源地线（接到 V_{SS}）

3. HD44780 的内部结构

控制电路主要由指令寄存器（IR）、数据寄存器（DR）、忙标志（BF）、地址寄存器（AC）、显示数据寄存器（DDRAM）、字符发生器 ROM（CGROM）、字符发生器 RAM（CGRAM）和时序发生器电路构成。

（1）指令寄存器（IR）和数据寄存器（DR）。

IR：用于寄存指令码。只能写入，不能读出。例如清显示器指令等。

DR：用于寄存数据。DR 的数据由内部操作自动写入 DDRAM 和 CGRAM，或寄存从 DDRAM 和 CGRAM 读出的数据。

（2）忙标志（BF）。

BF=1 时，表示正在进行内部操作，此时 LCD 不接受任何外部数据和指令。当 RS=0，R/w=1 时，在 E 信号高电平的作用下，BF 输出到 DB7。

（3）地址计数器（AC）。

AC 地址计数器作为 DDRAM 和 CGRAM 的地址指针，具有自动加 1 和减 1 的功能。如果地址码随指令写入 IR，则 IR 的地址码自动装入 AC，同时选择 DDRAM 或 CGRAM。

（4）显示数据寄存器（DDRAM）地址。

液晶显示模块的显示方式有整屏显示或单独显示两种，整屏显示是将所要显示的数据一次性发送到显示数据 RAM 中。而单独显示是在屏幕上的指定位置进行。两种方法都是在控制器空闲的条件下才能进行操作，并在操作前都要进行忙读取标志，以判断控制器是否处于忙状态，然后再进行写指令或数据以及读数据的操作。

要想把显示字符显示在某一指定位置，就必须先将显示数据写在相应的 DDRAM 地址中。因此，在指定位置显示一个字符，需要两个步骤：写地址和写数据。

DDRAM 用来存放要 LCD 显示的数据，只要将标准的 ASCII 码送入 DDRAM，内部控制电路会自动将数据传送到显示器上，例如要 LCD 显示字符 A，则只须将 ASCII 码 41H 存入 DDRAM 即可。DDRAM 有 80bytes（字节）空间，共可显示 80 个字（每个字为 1 个 bytes），其存储器地址与实际显示位置的排列顺序与 LCM 的型号有关，DDRAM 地址与字符位置的对应关系如下：

1）一行显示

字符显示位置	1	2	3	…	78	79	80
第一行	00	01	02	…	65	66	67

注　前 40 字符和后前 40 字符 DDRAM 地址不连续

2）二行显示

字符显示位置	1	2	3	…	38	39	40
第一行	00	01	02	…	25	26	27
第二行	40	41	42	…	65	66	67

3）四行显示

字符显示位置	1	2	3	…	18	19	20
第一行	00	01	02	…	11	12	13
第二行	40	41	42	…	51	52	53
第三行	14	15	16	…	25	26	27
第四行	54	55	56	…	65	66	67

这种地址分配是 HD44780 内定的，是不可更改的。

（5）字符发生器 ROM（CGROM）。

HD44780 中集成了两个字符发生器：一个是 64 字节的字符发生器 CGRAM，一个是 1240 字节的字符发生器 CGROM。字符发生器 CGROM 中存放了一些标准字符点阵，统称为标准字符库，如图 2.7.8 所示，需要时可直接调用。如字符“A”的地址为 41H。字符发生器 CGRAM 是用于用户编写特殊字符的，这里不作介绍，读者可参考 HD44780 使用手册。

（6）字符发生器 RAM（CGRAM）。

HD44780 的 CGRAM 允许用户建立 8 个 5×8 点阵的字符，用户可以使用 CGRAM 建立用户所需要的但 CGROM 又没有的专用字符或符号，HD44780 留给用户自定义字符代码为 00H～07H，规定 CGRAM 的地址为 00～3FH，它的容量仅 64 个字节，但是作为字符字模使用的仅是一个字节中的低 5 位，每个字节的高 3 位可留给用户作数据存储器应用。自定义的字符量最大为 8 个。若用户自定义字符由 5×10 点阵组成，则仅能定义 4 个字符。

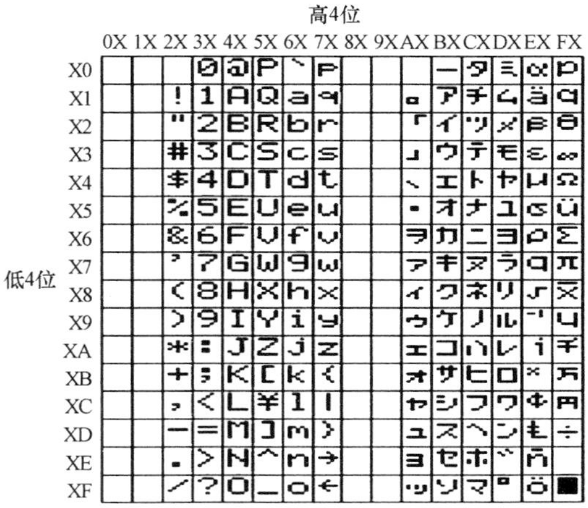

（7）HD44780 读写时序图和时序参数。

图 2.7.9 分别为 HD44780 读时序（数据从

图 2.7.8　HD44780 标准字字库

MPU 到 HD44780）和写时序（数据从 HD44780 到 MPU）。

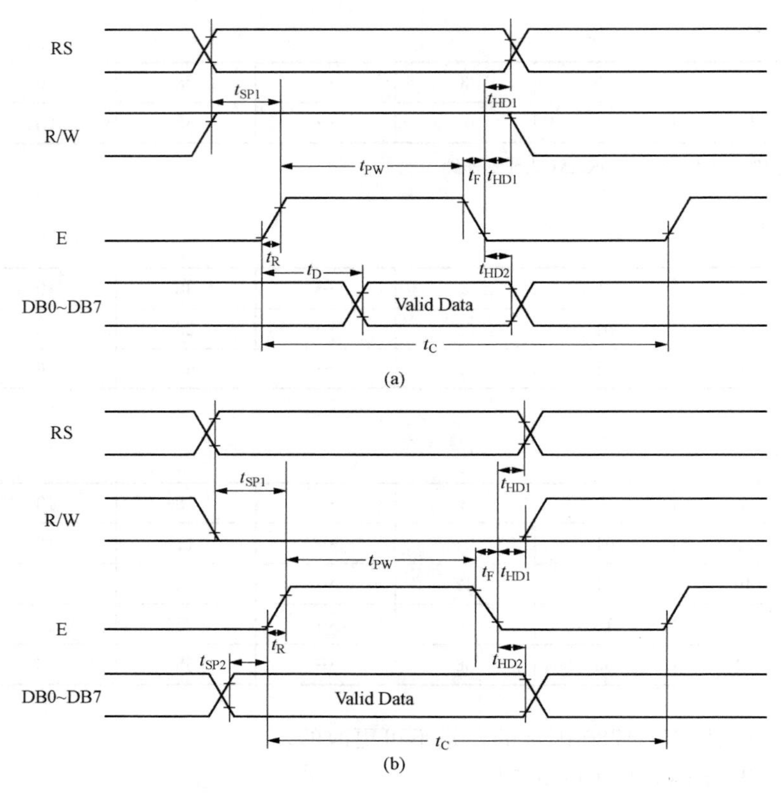

图 2.7.9　HD44780

(a) 读时序；(b) 写时序

图 2.7.9 HD44780 读写时序中对应的时序参数如表 2.7.4 所示。

表 2.7.4　　HD44780 的时序参数

时序参数	符号	极限值			单位	测试条件
		最小值	典型值	最大值		
E 信号周期	t_c	400	—	—	ns	引脚 E
E 脉冲宽度	t_{pw}	150	—	—	ns	
E 上升下降沿时间	t_R，t_F	—	—	25	ns	
地址建立时间	t_{SP1}	30	—	—	ns	引脚 E、RS、RW
地址保持时间	t_{HD1}	10	—	—	ns	
数据建立时间（读操作）	t_D	—	—	100	ns	引脚 DB0～DB7
数据保持时间（读操作）	t_{HD2}	20	—	—	ns	
数据建立时间（写操作）	t_{SP2}	40	—	—	ns	
数据保持时间（写操作）	t_{HD2}	10	—	—	ns	

4. HD44780 的指令

各指令格式见表 2.7.5。

表 2.7.5　HD44780 的指令集

指令名称	控制信号		指令代码	运行时间 (250kHz)	功能
	RS	R/$\overline{w}$	D7 D6 D5 D4 D3 D2 D1 D0		
清屏	0	0	0 0 0 0 0 0 0 1	1.64ms	清除屏幕，空码送 DDRAM，AC=0
归位	0	0	0 0 0 0 0 0 1 *	1.64ms	AC=0，光标、显示回到原始位置上
设置输入模式	0	0	0 0 0 0 0 1 I/D S	40μs	设置光标、显示画面移动方向 I/D=1：数据读、写后，AC+1 I/D=0：数据读、写后，AC−1 S=1：数据读、写后，画面平移 S=0：数据读、写后，画面不动
显示开关控制	0	0	0 0 0 0 1 D C B	40μs	设置光标、显示、闪烁开关 D=1：显示开；D=0：显示关 C=1：光标开；C=0：光标关 B=1：闪烁开；B=0：闪烁关
光标、显示画面位移	0	0	0 0 0 1 S/C R/L * *	40μs	在不改变 DDRAM 内容下移动光标 S/C=1：画面平移一个字符 S/C=0：光标平移一个字符 R/L=1：右移 R/L=0：左移
功能设置	0	0	0 0 1 DL N F * *	40μs	工作方式设置（初始化设置） DL=1：8 位数据接口设置 DL=0：4 位数据接口设置 N=1：两行显示 N=0：一行显示 F=1：5×10 点阵显示 F=0：5×7 点阵显示
CGRAM 地址设置	0	0	0 1 A5 A4 A3 A2 A1 A0	40μs	设置 CGRAM 地址 6 位有效
DDRAM 地址设置	0	0	1 A6 A5 A4 A3 A2 A1 A0	40μs	设置 DDRAM 地址 7 位有效 第一行地址：80H～8FH 第二行地址：C0H～CFH
忙标志及 AC 值	0	1	BF AC6 AC5 AC4 AC3 AC2 AC1 AC0	40μs	读 BF 及地址计数器 AC 值 BF=1：忙；BF=0：准备好
写数据	1	0	数据	40μs	把数据写入 DDRAM 或 CGRAM
读数据	1	1	数据	40μs	从 DDRAM 或 CGRAM 读数据

结合图 2.7.9、表 2.7.4 和表 2.7.5，对应的 STM32 写驱动函数可编辑如下：

```
void write_com(unsigned char com) //写指令
{
    lcd_rs = 0;
    lcd_rw = 0;
    GPIO_Write(GPIOB,com);
    delay_ms(1);
    lcd_en = 1;
    delay_ms(1);
    lcd_en = 0;
}
void write_data(unsigned char dat) //写数据
{
    lcd_rs = 1;
    lcd_rw = 0;
    GPIO_Write(GPIOB,dat);
    delay_ms(1);
    lcd_en = 1;
    delay_ms(1);
    lcd_en = 0;
}
```

5. LCD 初始化流程

(1) 功能（001DLNF ＊＊）设置：设置单片机与 LCD 接口数据位数 DL、显示行数 N、字形 F。例如：0011000B（38H）　//设置 8 位数据位数、2 行显示、5×7 点阵显示。

(2) 显示开关（00001DCB）控制：设置整体显示开关 D、光标开关 C、字符闪烁 B。例如：00001100B（0CH）　//设置打开 LCD 显示、光标不显示、光标位字符不闪烁。

(3) 清屏（01H）：光标设置为左上角。(第 1 行第 1 列)

(4) 输入方式（000001I/D S）设置：设置光标移动方向并确定整体显示是否移动。例如：00000110B（0CH）　//设置光标增量方式右移，显示字符不移动。

一、硬件设计思路

电路设计需要用到的硬件资源有：

(1) key0 和 key1 独立按键。

(2) 1602 液晶显示模块。

(3) EEPROM 存储器 AT24C02。

二、硬件电路设计

硬件电路原理图如图 2.7.10 所示：按键 key0、key1 分别于 PA0 和 PA1 连接；1602 液晶的 RS、RW、EN 分别与 PA2、PA3、PA4 相连，数据口 D0～D7 对应于 PB0～PB7；AT24C02 的 SCL 和 SDA 分别连在 STM32 的 PA5 和 PA6 上。

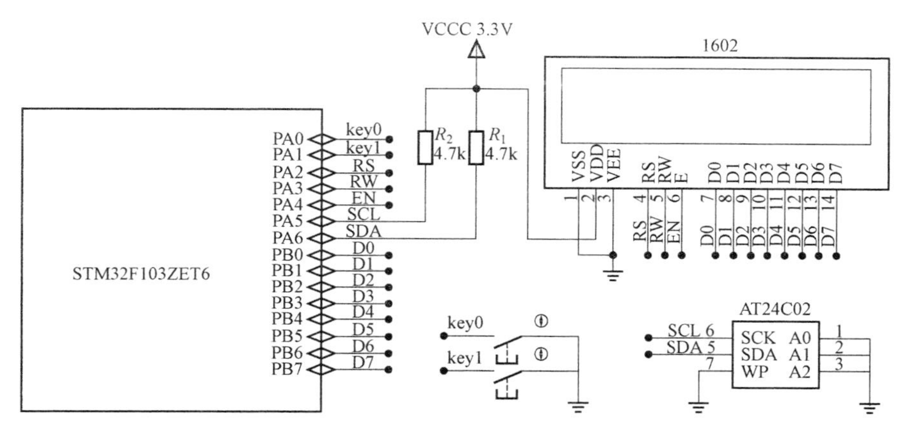

图 2.7.10　系统硬件原理

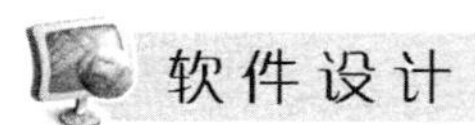

软件设计

一、软件设计思路

本项目的软件设计思路如下：

(1) 按键驱动编写。

对按键 key0、key1 对应的 GPIO 端口进行初始化，打开对应的 GPIO 时钟，设置端口输入方式以及 GPIO 速度等。

(2) 1602 液晶驱动编写。

对 1602 液晶 RS、EN、RW、D_0～D_7引脚对应的 GPIO 端口进行初始化，打开对应的 GPIO 时钟，设置端口输入输出方式以及 GPIO 速度等。同时按照相应液晶读写时序编写相应的液晶读写函数。

(3) 模拟 I^2C 驱动编写。

对模拟 I^2C 引脚对应的 GPIO 端口进行初始化，打开对应的 GPIO 时钟，设置端口输入输出方式以及 GPIO 速度等。同时按照相应 I^2C 时序和协议编写相应的 I^2C 读写函数。

(4) AT24C02 读写驱动编写。

根据相应的 I^2C 时序和 AT24C02 读写协议编写相应的 AT24C02 读写函数。

(5) 主程序编写。

在完成前面 4 个步骤之后，按照项目的任务要求，系统上电后首先对按键、液晶、AT24C02 进行初始化，然后进入程序主循环按键检测，如果写入按键 key0 按下了，则将密码数值写入 AT24C02；如果读取按键 key1 按下了，则将密码数值从 AT24C02 内读取出来。具体程序流程图如图 2.7.11 所示。

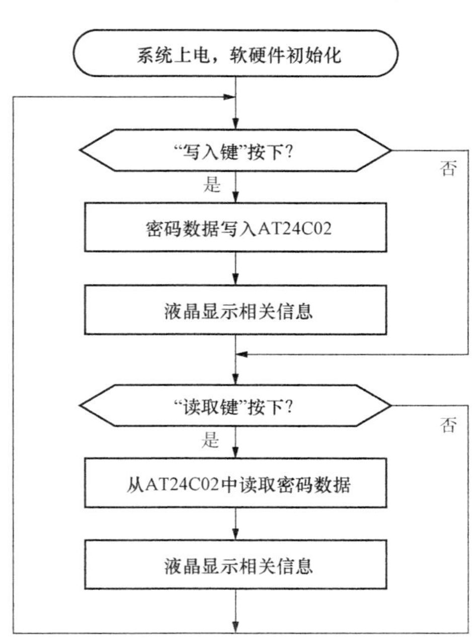

图 2.7.11　系统软件流程图

二、软件程序设计

1. 按键初始化程序设计

```
//文件名 key.c

#include "key.h"
#include "sys.h"
#include "delay.h"
//按键初始化函数
void key_Init(void) //IO 初始化
{
        GPIO_InitTypeDef GPIO_InitStructure;//初始化 key0-->GPIOA.0,key1-->GPIOA.1
        RCC_APB2PeriphClockCmd(RCC_APB2Periph_GPIOA,ENABLE);//使能 PORTA 时钟
        GPIO_InitStructure.GPIO_Pin = GPIO_Pin_0|GPIO_Pin_1;//PA0,PA1
        GPIO_InitStructure.GPIO_Speed = GPIO_Speed_50MHz;      //IO 速度设置成 50MHz
        GPIO_InitStructure.GPIO_Mode = GPIO_Mode_IPU; //设置成上拉输入
        GPIO_Init(GPIOA, &GPIO_InitStructure);//初始化 GPIOA0,1
}
//文件名 key.h
#ifndef __KEY_H
#define __KEY_H
#include "sys.h"
#define key0 PAin(0)    //PA0 位输入宏定义
#define key1 PAin(1)    //PA1 位输入宏定义
void key_Init(void);//初始化
#endif
```

2. 1602 液晶初始化程序设计

```
//文件名 lcd.c

#include "lcd.h"
#include "stdlib.h"
#include "delay.h"
void write_com(unsigned char com) //写指令
{
    lcd_rs=0;
    lcd_rw=0;
    GPIO_Write(GPIOB,com);
    delay_ms(1);
    lcd_en=1;
    delay_ms(1);
    lcd_en=0;
}
void write_data(unsigned char dat) //写数据
{
    lcd_rs=1;
```

```
        lcd_rw = 0;
        GPIO_Write(GPIOB,dat);
        delay_ms(1);
        lcd_en = 1;
        delay_ms(1);
        lcd_en = 0;
    }
    void LCD_Init(void) //IO 初始化
    {
        GPIO_InitTypeDefGPIO_InitStructure;//初始化液晶 D0～D7,RS,RW,EN 上拉输入
        RCC_APB2PeriphClockCmd(RCC_APB2Periph_GPIOA|RCC_APB2Periph_GPIOB,ENABLE); //使能 PORTA、
PORTB 时钟
        GPIO_InitStructure.GPIO_Pin = GPIO_Pin_2|GPIO_Pin_3|GPIO_Pin_4;//PA.2,PA.3,PA.4
        GPIO_InitStructure.GPIO_Speed = GPIO_Speed_50MHz;      //IO 速度设置成 50MHz
        GPIO_InitStructure.GPIO_Mode = GPIO_Mode_Out_PP; //推挽输出
        GPIO_Init(GPIOA, &GPIO_InitStructure);//初始化 GPIOA
        GPIO_InitStructure.GPIO_Pin = GPIO_Pin_All;//GPIOB 所有引脚选中
        GPIO_InitStructure.GPIO_Mode = GPIO_Mode_Out_PP; //推挽输出
        GPIO_Init(GPIOB, &GPIO_InitStructure);//初始化 GPIOB
        //下面是液晶显示初始化
        write_com(0x38); //16*2 显示,5*7 点阵,8 位数据接口
        write_com(0x0c); //开显示,光标不显示
        write_com(0x06); //写完一个字符,地址指针加一
        write_com(0x01); //清屏
        delayms(1);
    }
    void display1(void) //1602 第一行字符显示
    {
        u8 i;
        write_com(0x80 + 0x00);
        for(i = 0;i<16;i++)
        {
          write_data(ch1[i]);
        }
    }
    void display2(void) //1602 第二行字符显示
    {
        u8 i;
        write_com(0x80 + 0x40);
        for(i = 0;i<14;i++)
        {
          write_data(ch2[i]);
      }
```

```
}
//文件名 lcd.h
#ifndef __LCD_H
#define __LCD_H
#include "sys.h"
#include "stdlib.h"
u8 ch1[] = "Password is set!";
u8 ch2[] = {"Password is 0x "};
//IO位宏定义
#define lcd_rsPAout(2)
#define lcd_rwPAout(3)
#define lcd_enPAout(4)
void write_com(unsigned char com); //写指令
void write_data(unsigned char dat);  //写数据
#endif
```

3. STM32 模拟 I²C 驱动程序设计

```
//文件名 myiic.c
#include "myiic.h"
#include "delay.h"
//初始化 IIC
void IIC_Init(void)
{
    GPIO_InitTypeDefGPIO_InitStructure;
    RCC_APB2PeriphClockCmd(RCC_APB2Periph_GPIOA, ENABLE );//PA时钟使能
    GPIO_InitStructure.GPIO_Pin = GPIO_Pin_5|GPIO_Pin_6;
    GPIO_InitStructure.GPIO_Mode = GPIO_Mode_Out_PP ;  //推挽输出
    GPIO_InitStructure.GPIO_Speed = GPIO_Speed_50MHz;
    GPIO_Init(GPIOA, &GPIO_InitStructure);   //初始化 GPIO
    GPIO_SetBits(GPIOA,GPIO_Pin_5|GPIO_Pin_6);   //PA5,PA6 输出高,释放总线
}
//模拟产生 I²C 起始信号
void IIC_Start(void)
{
    SDA_OUT(); //sda 线输出
    IIC_SDA = 1;
    IIC_SCL = 1;
    delay_us(4);
    IIC_SDA = 0;  //START:CLK 高电平期间 SDA 产生下降沿,并延迟 4μs
    IIC_SCL = 0;  //钳住 I²C 总线,准备发送或接收数据
}
//模拟产生 I²C 停止信号
void IIC_Stop(void)
```

```
{
    SDA_OUT();  //sda 线输出
    IIC_SCL = 0;
    IIC_SDA = 0;  //STOP: CLK 高电平期间 SDA 产生上升沿,并延迟 4μs
    IIC_SCL = 1;
    IIC_SDA = 1;  //发送 I²C 总线结束信号
    delay_us(4);
}
//等待应答信号到来,返回值:1,接收应答失败;0,接收应答成功
u8 IIC_Wait_Ack(void)
{
    u8 ucErrTime = 0;
    SDA_IN(); //SDA 设置为输入
    IIC_SDA = 1;
    delay_us(1);
    IIC_SCL = 1;
    delay_μs(1);
    while(READ_SDA)
    {
      ucErrTime++;
      if(ucErrTime>250)
      {
        IIC_Stop();
        return 1;
      }
    }
    IIC_SCL = 0;  //时钟输出 0
    return 0;
}
//产生 ACK 应答
void IIC_Ack(void)
{
    IIC_SCL = 0;
    SDA_OUT();
    IIC_SDA = 0;
    delay_us(2);
    IIC_SCL = 1;
    delay_us(2);
    IIC_SCL = 0;
}
//不产生 ACK 应答
void IIC_NAck(void)
{
```

```
    IIC_SCL=0;
    SDA_OUT();
    IIC_SDA=1;
    delay_us(2);
    IIC_SCL=1;
    delay_us(2);
    IIC_SCL=0;
}
//I²C发送一个字节
//返回从机有无应答
//1,有应答
//0,无应答
void IIC_Send_Byte(u8 txd)
{
    u8 t;
    SDA_OUT();
    IIC_SCL=0;//拉低时钟开始数据传输
    for(t=0;t<8;t++)
    {
      IIC_SDA=(txd&0x80)>>7;
      txd<<=1;
      delay_us(2); //对 TEA5767 这三个延时都是必须的
      IIC_SCL=1;
      delay_us(2);
      IIC_SCL=0;
      delay_us(2);
    }
}
//读1个字节,ack=1时,发送ACK,ack=0,发送nACK
u8 IIC_Read_Byte(unsigned char ack)
{
  unsigned char i,receive=0;
  SDA_IN();  //SDA设置为输入
  for(i=0;i<8;i++ )
  {
      IIC_SCL=0;
      delay_us(2);
      IIC_SCL=1;
      receive<<=1;
      if(READ_SDA)receive++;
      delay_us(1);
  }
  if (!ack)
```

```
IIC_NAck();//发送 nACK
else
IIC_Ack(); //发送 ACK
return receive;
}
```

该部分为 I²C 驱动代码，实现包括 IIC 的初始化（IO 口）、I²C 开始、I²C 结束、ACK、I²C 读写等功能，在其他函数里面，只需要调用相关的 I²C 函数就可以和外部 I²C 器件通信了，这里并不局限于 24C02，该段代码可以用在任何 I²C 设备上。

头文件 myiic.h 的代码，里面有两行代码为直接通过寄存器操作设置 IO 口的模式为输入还是输出，代码如下：

```
//IO 方向设置宏定义
#define SDA_IN()  {GPIOA->CRL&=0XF0FFFFFF;GPIOA->CRH|=0X08000000;} //PA6 输入
#define SDA_OUT(){GPIOA->CRL&=0XF0FFFFFF;GPIOA->CRH|=0X03000000;} //PA6 输出
//IO 操作宏定义
#define IIC_SCL   //PAout(5)//SCL 位输出宏定义
#define IIC_SDA   //PAout(6)//SDA 位输出宏定义
#define READ_SDA  //PBin(6)  //SDA 位输宏定义
```

4. AT24C02 读写驱动程序设计

```
#include "24cxx.h"

#include "delay.h"
//初始化 I2C 接口
void AT24CXX_Init(void)
{
    IIC_Init();
}
//在 AT24CXX 指定地址读出一个数据
//ReadAddr:开始读数的地址
//返回值  :读到的数据
u8 AT24CXX_ReadOneByte(u16 ReadAddr)
{
    u8 temp=0; IIC_Start();
    if(EE_TYPE>AT24C16)
    {
      IIC_Send_Byte(0XA0);  //发送写命令
      IIC_Wait_Ack();
      IIC_Send_Byte(ReadAddr>>8);  //发送高地址
  }else IIC_Send_Byte(0XA0+((ReadAddr/256)<<1));  //发送器件地址 0XA0,写数据
  IIC_Wait_Ack();
  IIC_Send_Byte(ReadAddr%256);  //发送低地址
  IIC_Wait_Ack(); IIC_Start();
  IIC_Send_Byte(0XA1);  //进入接收模式
```

```
  IIC_Wait_Ack();
  temp = IIC_Read_Byte(0);
  IIC_Stop();  //产生一个停止条件
  return temp;
}
//在 AT24CXX 指定地址写入一个数据
//WriteAddr  :写入数据的目的地址
//DataToWrite:要写入的数据
void AT24CXX_WriteOneByte(u16 WriteAddr,u8 DataToWrite)
{
    IIC_Start();
    if(EE_TYPE>AT24C16)
    {
      IIC_Send_Byte(0XA0);  //发送写命令
      IIC_Wait_Ack(); IIC_Send_Byte(WriteAddr>>8);//发送高地址
  }else IIC_Send_Byte(0XA0 + ((WriteAddr/256)<<1));  //发送器件地址 0XA0,写数据
  IIC_Wait_Ack();
  IIC_Send_Byte(WriteAddr % 256);  //发送低地址
  IIC_Wait_Ack();
  IIC_Send_Byte(DataToWrite);  //发送字节
  IIC_Wait_Ack();
  IIC_Stop();  //产生一个停止条件
  delay_ms(10);
}
//在 AT24CXX 里面的指定地址开始写入长度为 Len 的数据
//该函数用于写入 16bit 或者 32bit 的数据.
//WriteAddr:开始写入的地址
//DataToWrite:数据数组首地址
//Len:要写入数据的长度 2,4
void AT24CXX_WriteLenByte(u16 WriteAddr,u32 DataToWrite,u8 Len)
{
    u8 t;
    for(t = 0;t<Len;t + + )
    {
      AT24CXX_WriteOneByte(WriteAddr + t,(DataToWrite>>(8 * t))&0xff);
    }
}
//在 AT24CXX 里面的指定地址开始读出长度为 Len 的数据
//该函数用于读出 16bit 或者 32bit 的数据.
//ReadAddr  :开始读出的地址
//返回值  :数据
//Len  :要读出数据的长度 2,4
u32 AT24CXX_ReadLenByte(u16 ReadAddr,u8 Len)
```

```
{
    u8 t;
    u32 temp = 0;
    for(t = 0;t<Len;t + + )
    {
      temp<< = 8;
      temp + = AT24CXX_ReadOneByte(ReadAddr + Len - t - 1);
    }
    return temp;
}
//检查 AT24CXX 是否正常
//这里用了 24XX 的最后一个地址(255)来存储标志字.
//如果用其他 24C 系列,这个地址要修改
//返回 1:检测失败
//返回 0:检测成功
u8 AT24CXX_Check(void)
{
    u8 temp;
    temp = AT24CXX_ReadOneByte(255);   //避免每次开机都写 AT24CXX
    if(temp = = 0X55)return 0;
    else  //排除第一次初始化的情况
    {
      AT24CXX_WriteOneByte(255,0X55);
      temp = AT24CXX_ReadOneByte(255); if(temp = = 0X55)return 0;
    }
    return 1;
}
//在 AT24CXX 里面的指定地址开始读出指定个数的数据
//ReadAddr :开始读出的地址对 24c02 为 0~255
//pBuffer  :数据数组首地址
//NumToRead:要读出数据的个数
void AT24CXX_Read(u16 ReadAddr,u8 * pBuffer,u16 NumToRead)
{
    while(NumToRead)
    {
      * pBuffer + + = AT24CXX_ReadOneByte(ReadAddr + + ); NumToRead - - ;
    }
}
//在 AT24CXX 里面的指定地址开始写入指定个数的数据
//WriteAddr :开始写入的地址对 24c02 为 0~255
//pBuffer  :数据数组首地址
//NumToWrite:要写入数据的个数
void AT24CXX_Write(u16 WriteAddr,u8 * pBuffer,u16 NumToWrite)
```

```
{
    while(NumToWrite--)
    {
      AT24CXX_WriteOneByte(WriteAddr, *pBuffer); WriteAddr++;
      pBuffer++;
    }
}
```

这部分代码实际就是通过 I^2C 接口来操作 24CXX 芯片，理论上是可以支持 24CXX 所有系列的芯片的（地址引脚必须都设置为 0），但是我们测试只测试了 24C02，其他器件有待测试。大家也可以验证一下，24CXX 的型号定义在 24cxx.h 文件里面，通过 EE_TYPE 设置，头文件如下。

```
//24cxx.h
#ifndef __24CXX_H
#define __24CXX_H
#include "myiic.h"
#define AT24C01     127    //对不同存储空间的芯片宏定义,128 字节
#define AT24C02     255    //对不同存储空间的芯片宏定义,256 字节
#define AT24C04     511    //对不同存储空间的芯片宏定义,512 字节
#define AT24C08     1023   //对不同存储空间的芯片宏定义,1024 字节
#define AT24C16     2047   //对不同存储空间的芯片宏定义,2048 字节
#define AT24C32     4095   //对不同存储空间的芯片宏定义,4096 字节
#define AT24C64     8191   //对不同存储空间的芯片宏定义,8192 字节
#define AT24C128    16383  //对不同存储空间的芯片宏定义,16384 字节
#define AT24C256    32767  //对不同存储空间的芯片宏定义,32768 字节
#define EE_TYPE AT24C02 //实验时用的是 AT24C02,所以 EE_TYPE 定为 AT24C02
u8 AT24CXX_ReadOneByte(u16 ReadAddr);      //从指定地址读一个字节
void AT24CXX_WriteOneByte(u16 WriteAddr,u8 DataToWrite);  //指定地址写入一个字节
void AT24CXX_WriteLenByte(u16 WriteAddr,u32 DataToWrite,u8 Len);//指定地址写入指定长度数据
u32 AT24CXX_ReadLenByte(u16 ReadAddr,u8 Len);      // 指定地址读取指定长度数据
void AT24CXX_Write(u16 WriteAddr,u8 *pBuffer,u16 NumToWrite);//从指定地址写入指定长度数据
void AT24CXX_Read(u16 ReadAddr,u8 *pBuffer,u16 NumToRead); //从指定地址读出指定长度数据
u8 AT24CXX_Check(void); //指定器件
void AT24CXX_Init(void); //初始化 IIC
#endif
```

5. 主函数编写

对所有的硬件驱动写好以后，最后在 main 函数里面根据任务要求编写应用代码，main 函数如下：

```
//main.c
#include "delay.h"
#include "key.h"
#include "sys.h"
```

```
#include "lcd.h"
#include "24cxx.h"
int main(void)
{
    u8 key;
    u16 i=0;
    u8 datatemp[SIZE];
    delay_init();  //延时函数初始化
    KEY_Init();
    LCD_Init();
    AT24CXX_Init();  //IIC 初始化
    while(1)
    {
      if(key0==0) //如果 key0 按下，向 24c02 写数据
      {
        AT24CXX_WriteOneByte(200,0x55); //向地址 200 空间里写入 0x55 数据
        display1();//1602 液晶第一行显示"Password is set!"字符串
      }
      if(key1==0) //如果 key1 按下，把 24c02 内预先写入的数据读出显示
      {
        display2();//1602 液晶第二行显示"Password is 0x "字符串
        write_com(0x80+0x4e);//定位到空格处
        write_data(AT24CXX_ReadOneByte(200)/16+0x30); //读取密码数值显示其高位
        write_data(AT24CXX_ReadOneByte(200)%16+0x30); //读取密码数值显示其低位
      }
    }
}
```

该段代码中，通过 key0 按键来控制 24C02 的写入，通过另外一个按键 key1 来控制 24C02 的读取，并在 1602 LCD 模块上面显示相关信息。重点关注“AT24CXX _ WriteOneByte（200，0x55）”和“AT24CXX _ ReadOneByte（200）”这两个 EEPROM 的写入和读取函数调用。至此，软件设计部分就结束了。

运行调试

在代码编译成功之后，通过下载代码到 STM32，程序复位运行后，LCD1602 被初始化，此时屏幕亮起，等待密码写入和读取，如图 2.7.12 所示。

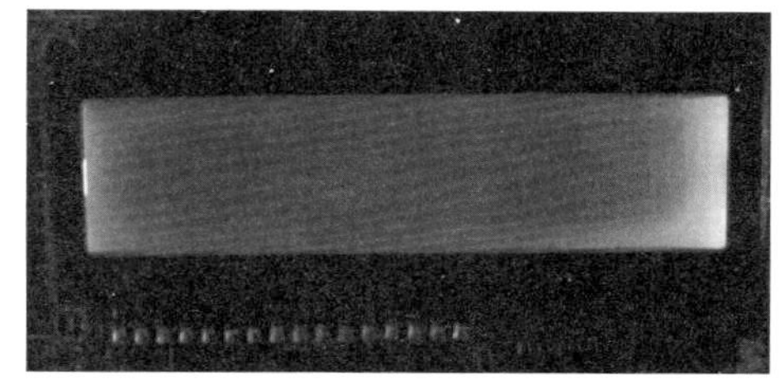

图 2.7.12　LCD1602 初始化界面

一、密码数据写入

先按 key0 按键写入密码数据（上述程序中写入的数据是“0x55”，数据写入存储单元是“200”，用户可以在程序中任意改写数据核查存储单元），并在 1602 液晶上显示“Password is set!”

字符串，得到如图 2.7.13 所示。

二、密码数据读取

在前面写入成功的基础上，按 key1 读取之前写入的数据（上述程序中写入的数据是“0x55”，数据写入存储单元是“200”，用户可以在程序中任意改写数据核查存储单元），并在 1602 液晶上面显示“Password is 0x55!”字符串，如图 2.7.14 所示。至此任务要求全部实现！

图 2.7.13 数据写入成功界面

图 2.7.14 数据读取成功界面

任务小结

本章主要设计了基于 AT24C02 和 1602 液晶的密码存储系统，并进行了相关的代码调试。在项目任务的实施过程中，综合应用了键盘、LCD1602 液晶、I²C 总线、EEPROM 芯片驱动等知识，是一个相对比较综合的项目。

通过本项目的学习，对 I²C 总线应用有一个系统的掌握。能够在 STM32 下编写键盘、LCD1602、模拟 I²C 时序、AT24C02（EEPROM）读写等驱动程序，并将各个驱动文件集成应用。在此基础上能够实现 EEPROM 芯片 AT24C02 的读写并在 LCD1602 上显示。密码存储环节作为智能家居智能门禁管理、测量和仪器仪表等应用领域必不可少的一个技术环节，也是相当重要的一项技术环节，可作为综合项目开发的技术储备。同时进一步提高大家 RVMDK 环境下结构化程序设计方法，提升程序的调试技能技巧。

项目八　家用植物种植智能控制系统设计

任务要求

设计一套家用植物种植智能控制系统，包含本地端控制器、云端服务器、手机移动端设备三大模块，本地端以 STM32 位控制核心，云端服务器采用 Apache Mina 网络架构，移动端采用手机 Android 平台。系统可在本地和远程手机客户端通过手动或自动工作方式进行植物生长环境监测和控制，保障室内植物健康成长。

一、具体功能

参数监测功能：包含空气温度，空气湿度，土壤湿度，甲醛浓度，PM2.5 指数等，在本地显示屏和手机屏上的显示。显示屏既显示参数具体数值，也能根据数值范围显示不同的控件颜色，提示用户。

手动控制功能：本地显示屏和手机移动端都具备人机交互触摸功能，屏上显示温度、湿度、甲醛、PM2.5、补光、浇灌六个触控按钮，按下相应的按钮实现手动浇灌、补光、加湿、浇灌、通风、空气净化的开启和关闭功能。用户可以通过本地人机交互显示触摸屏和远程手机 APP 实现手动浇灌、补光、加湿、浇灌、通风、空气净化控制。

智能控制功能：系统根据实时检测到的植物生长环境参数，按照预先设定的控制策略，自动浇灌、补光、加湿、浇灌、通风、空气净化，调节植物生长环境。

报警提示功能：在显示界面标题栏提示水箱水位低、正在浇灌中、甲醛浓度高、PM2.5 浓度高等报警提示信息。

远程通信功能：主控板通过无线 WiFi 网络和云端服务器通信，确保手机 APP 远程监测和控制的正常。

二、学习目标

通过本项目的学习，掌握 STM32 内部 GPIO、TIMER、中断、USART 串口、I^2C 总线等片上外设。能够根据传感器接口和驱动资料编写外部传感器模块等驱动程序，并将各个驱动文件集成应用。能够根据系统要求根据功能等对系统程序进行分层封装，在此基础上能够进行综合系统程序的开发。进一步提高 RVMDK 环境下结构化程序设计方法，提升复杂程序的综合调试技能技巧。

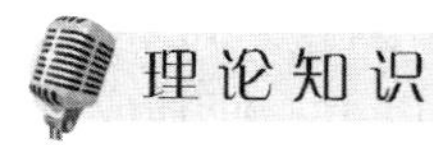

理论知识

一、家用植物种植智能控制系统

随着信息技术的发展，智能互联技术已经进入农业种植领域。将互联网、移动终端和智能控制技术结合起来现代植物工厂是智能种植发展的一个趋势。现代植物工厂是通过设施内高精度环境控制实现农作物周年连续生产的高效农业系统，是利用计算机对植物生育的温度、湿度、光照、CO_2浓度以及营养液等环境条件进行自动控制，使设施内植物生育不受或很少受自然条件制约的省力型生产。作为国际上公认的设施农业最高级发展阶段，植物工厂代表着未来农业的发展方向，对解决全球人口、资源、环境问题将起到非常重要的作用。

目前，现代植物工厂技术主要沿着适用于工厂化生产的大型植物工厂和适用于家庭的微型植物工厂两个方向发展。日本、荷兰、美国等发达国家在这两个方向都基本实现了产业化。国内对植物种植平台相关技术的研究起步较晚，但近几年也取得了一些成果。随着当前国内人们生活品质和审美情趣不断提升，绿色、健康、智能的家庭植物种植平台（微型植物工厂）将有很大的市场空间。

在植物工厂中，控制系统是最为核心的部分。植物工厂智能控制系统是近年来发展起来的一种资源节约型的高效农业技术，主要是在计算机综合控制下创造适宜于作物生长的环境，实现优质、高效和低耗的工业化规模生产。环境控制和信息技术在可控环境农业生产中的广泛应用是获得优质植物产品和降低生产成本的基础手段和一项必不可少的核心技术。将环境控制与智能互联技术相结合组成有线或无线的网络化环境控制系统，可以对现场设备的运行和参数进行远程采集、监视和控制。

从国内微型植物工厂研究报道来看，在现阶段的国内家用微型植物工厂控制系统研究中，多采用 PLC 作为控制器，控制灵活性、扩展性差。在目前的远程控制架构方案中，大多采用 GPRS 电信网络实现远程互联互通，面临通信速度慢、实时性差等缺陷。也有采用本地嵌入式 WEB 服务器实现远程监控，面临互联网接入不方便、移动性差等缺陷。这些因素都使得家庭微型植物工厂控制系统复杂笨重，成本较高，不利于家庭推广。本项目所设计的家用植物种植智能控制系统，包含本地端控制器、云端服务器、手机移动端设备三大模块，本地端以 STM32 位控制核心，云端服务器采用 Apache Mina 网络架构，移动端采用手机 Android 平台。系统可在本地和远程手机客户端通过手动或自动工作方式进行植物生长环境监测和控制，保障室内植物健康成长。

二、传感器模块介绍

在家用植物种植智能控制系统中，控制策略的实施依赖于底层传感器对植物生长环境各项参数（如温湿度、环境光照、甲醛、PM2.5 浓度等）的实时精确检测采集。

1. 温湿度传感器

温湿度传感是用来检测环境温度和湿度的传感器，常用的有 AM2301/DHT21 系列传感器。如图 2.8.1 所示，它是一款含有已校准数字信号输出的温湿度复合传感器。采用专用的数字模块采集技术和温湿度传感技术，确保产品具有极高的可靠性与卓越的长期稳定性。传感器包括一个电容式感湿元件和一个 NTC 测温元件，并与一个高性能 8 位单片机相连接。因此该产品具有品质卓越、超快响应、抗干扰能力强、性价比极高等优点。每个 AM2301/DHT21 传感器都在极为精确的湿度校验室中进行校准。校准系数以程序的形式储存在 OTP 内存中，传感器内部在检测信号的处理过程中要调用这些校准系数。单线制串行接口，使系统集成变得简易快捷。超小的体积、极低的功耗，信号传输距离可达 20m 以上，使其成为各类应用甚至最为苛刻的应用场合的最佳选择。

（1）引脚说明。

表 2.8.1 引脚说明

Pin	名称	注释	Pin	名称	注释
1	VDD	供电 3.3～5.5VDC	2	DATA	串行数据，单总线

续表

Pin	名称	注释	Pin	名称	注释
3	GND	接地，电源负极	4	NC	空脚，请悬空（不要接 Vcc 或 Gnd）

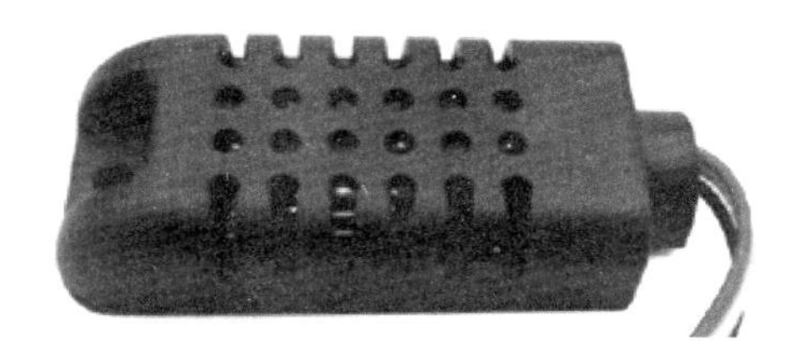

图 2.8.1　AM2301/DHT21 系列传感器

表 2.8.1 所示为温湿度传感器的引脚说明，采用单总线的串行数据接口方式，接口简单。其中 1、3 号引脚为电源引脚（V_{DD}、GND），供电电压为 3.3～5.0V。传感器上电后，要等待 1s 以越过不稳定状态在此期间无需发送任何指令。电源引脚之间可增加一个 100nF 的电容，用以去耦滤波。2 号引脚为数据通信引脚（DATA），用于微处理器与传感器之间的通信和同步。

（2）数据格式。

采用单总线数据格式，一次通信时间 5ms 左右，测量分辨率分别为 16bit（温度）、16bit（湿度）。具体数据格式如下面说明，当前数据传输为 40bit，高位先出。

数据格式：40bit 数据＝16bit 湿度数据＋16bit 温度数据＋8bit 校验和。
例子：接收 40bit 数据如下：
0000 0010 1000 1100 0000 0001 0101 111 11110 1110
湿度数据温度数据校验和
湿度高 8 位＋湿度低 8 位＋温度高 8 位＋温度低 8 位＝ 40bit 数据的末 8 位＝校验和
例如：0000 0010＋1000 1100＋0000 0001＋0101 1111＝1110 1110
湿度＝65.2%RH，温度＝35.1℃。
当温度低于 0℃时温度数据的最高位置 1。

（3）通信协议。

如图 2.8.2 所示，用户主机（MCU）发送一次开始信号后，传感器从低功耗模式转换到高速模式，等待主机开始信号结束后，传感器发送响应信号，送出 40bit 的数据，并触发一次信号采集。（注：主机从传感器读取的温湿度数据总是前一次的测量值，如两次测量间隔时间很长，请连续读两次以获得实时的温湿度值）。

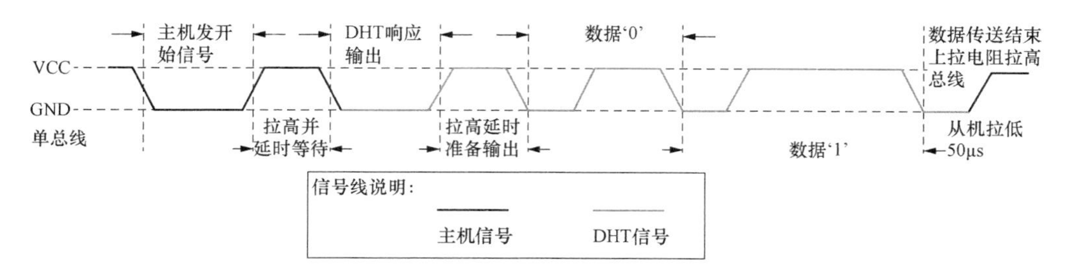

图 2.8.2　一次温湿度读取时序

如图 2.8.3 所示，空闲时总线为高电平，通信开始时主机（MCU）拉低总线 1～10ms 后释放总线，延时 20～40μs 后主机开始检测从机（传感器）的响应信号。从机的响应信号是一个 80μs 左右的低电平，随后从机在拉高总线 80μs 左右代表即将进入数据传送。

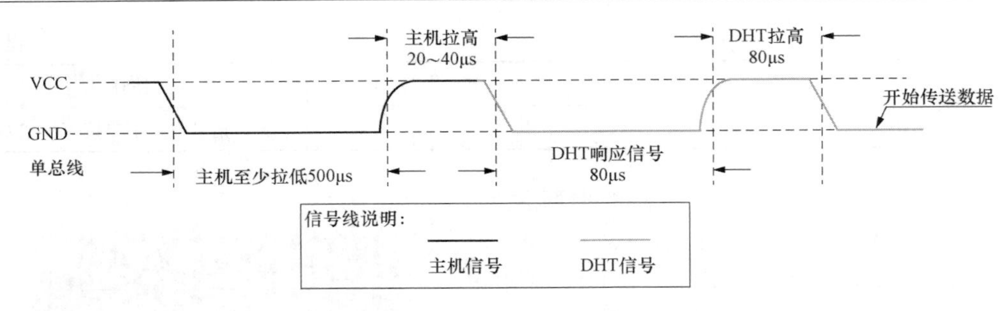

图 2.8.3　从机的响应信号

高电平后就是数据位，每 1bit 数据都是由一个低电平时隙和一个高电平组成。低电平时隙就是一个 50μs 左右的低电平，它代表数据位的起始，其后的高电平的长度决定数据位所代表的数值，较长的高电平代表 1，较短的高电平代表 0。共 40bit 数据，当最后 1bit 数据传送完毕后，从机将再次拉低总线 50μs 左右，随后释放总线，由上拉电阻拉高。数字信号 1 和 0 表示方法如图 2.8.4 和 2.8.5 所示。

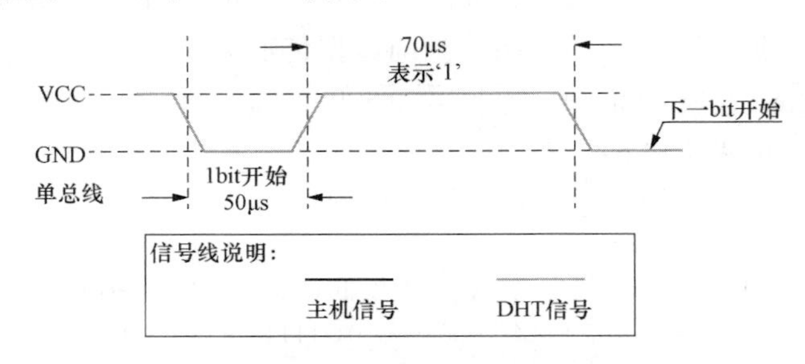

图 2.8.4　数字信号 1 传输时序

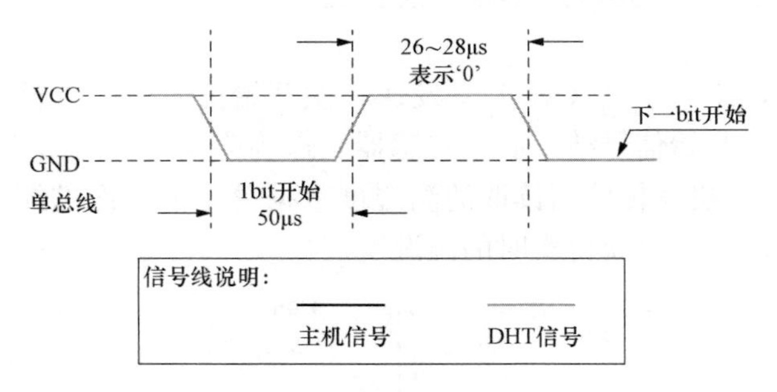

图 2.8.5　数字信号 0 传输时序

2. 光强传感器

环境光强传感器是用来检测环境光照强度的传感器，以 BH1750FVI 为例，它是一款两线式串行总线接口的 16 位数字输出型光强度传感器集成电路。利用它的高分辨率可以探测较大范围的光强度变化（1～65535lx）。在智能照明系统等领域，可以根据环境光强传感器检测当前环境的照度自动控制照明设备，从而使照度控制在合适的范围内。

（1）原理框图。

如图 2.8.6 所示为 BH1750FVI 原理框图，光敏二极管 PD 将环境光转化为模拟光电流信号，通过集成运算放大器 AMP 将 PD 光电流转换为 PD 电压，经过 ADC 模数转换获取 16

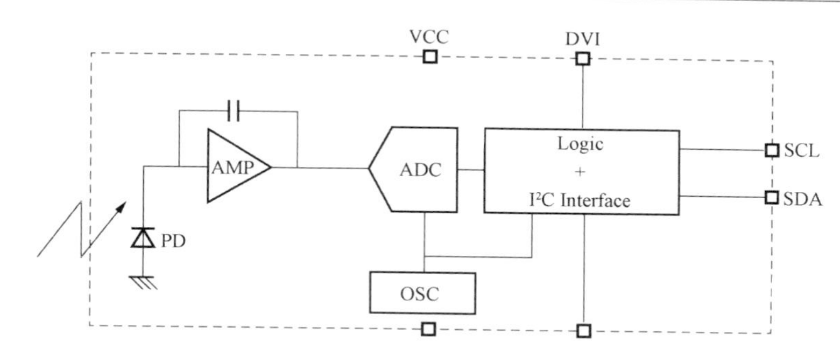

图 2.8.6　BH1750FVI 原理框图

位数字数据，最后通过逻辑控制和 I²C 接口与外界通信。OSC 内部振荡器（时钟频率典型值：320kHz）为内部逻辑时钟。

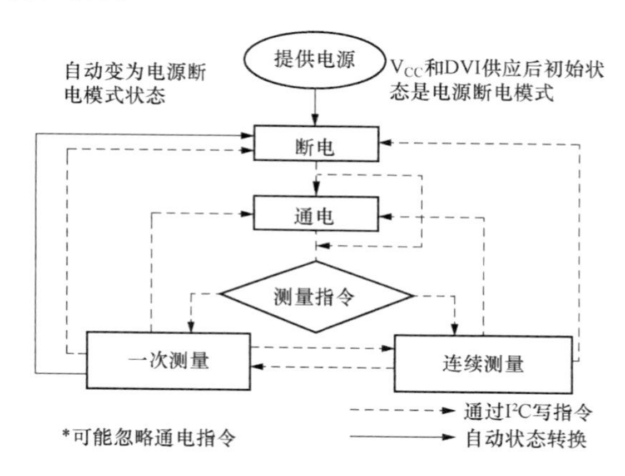

图 2.8.7　BH1750FVI 测试流程图

（2）测试流程图。

如图 2.8.7 所示为 BH1750FVI 测试流程图，上电后 BH1750FVI 进入断电、通电模式，通过测量指令的一次或连续测量发送测量指令。

（3）指令集合结构。

表 2.8.2 所示为指令集。具体分辨率模式分为高分辨率（H - Resolution）模式和低分辨率（L - Resolution）模式。

表 2.8.2　　指令集合结构表

指令	功能代码	注　　释
断电	0000_0000	无激活状态。
通电	0000_0001	等待测量指令。
重置	0000_0111	重置数字寄存器值，重置指令在断电模式下不起作用。
连续 H 分辨率模式	0001_0000	在 1lx 分辨率下开始测量。 测量时间一般为 120ms。
连续 H 分辨率模式 2	0001_0001	在 0.5lx 分辨率下开始测量。 测量时间一般为 120ms。

续表

指令	功能代码	注　　释
连续 L 分辨率模式	0001 _ 0011	在 4lx 分辨率下开始测量。 测量时间一般为 16ms。
一次 H 分辨率模式	0010 _ 0000	在 1lx 分辨率下开始测量。 测量时间一般为 120ms。 测量后自动设置为断电模式。
一次 H 分辨率模式 2	0010 _ 0001	在 0.5lx 分辨率下开始测量。 测量时间一般为 120ms。 测量后自动设置为断电模式。
一次 L 分辨率模式	0010 _ 0011	在 4lx 分辨率下开始测量。 测量时间一般为 16ms。 测量后自动设置为断电模式。
改变测量时间（高位）	01000 _ MT [7，6，5]	改变测量时间
改变测量时间（低位）	011 _ MT [4，3，2，1，0]	改变测量时间

（4）测量时序说明。

以从“写指示”到“读出测量结果”的测量时序为例，步骤如下（灰色代表由主到从，白色代表由从到主，具体见项目六所述 I^2C 协议内容）：

1）发送“连续高分辨率模式”指令。

ST	0100011	0	Ack	00010000	Ack	SP

2）等待完成第一次高大分分辨率模式的测量（最大时间 180ms）。

3）读测量结果。假设数据为高字节“10000011”和低字节“10010000”，对应的光强为：$(2^{15}+2^9+2^8+2^7+2^4)/1.2=28067(\mathrm{lx})$。

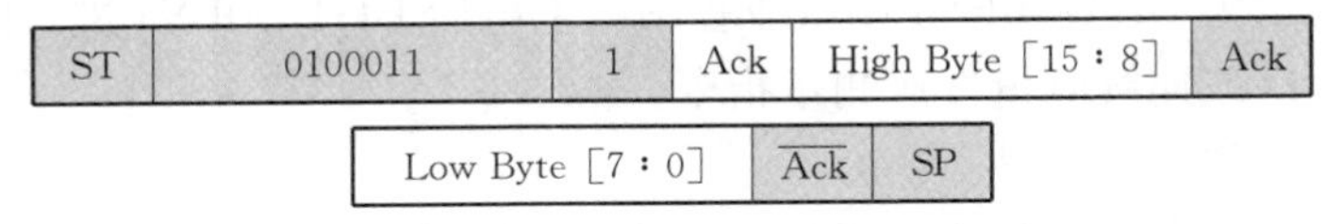

3. PM2.5 传感器

PM2.5 传感器也叫粉尘传感器、灰尘传感器，可以用来检测周围空气中的粉尘浓度，即 PM2.5 值大小。以夏普公司 GP2Y1051AU0F 粉尘传感器为例，如图 2.8.8 所示。PM2.5 粉尘传感器的工作原理是采用激光散射原理，当激光照射到通过检测位置的颗粒物时会产生微弱的光散射，在特定方向上的光散射信号波形与颗粒直径有关，通过不同粒径的波形分类统计及换算公式可以得到不同粒径的实时颗粒物的数量浓度，按照标定方法得到跟官方单位统一的质量浓度。

图 2.8.8　粉尘传感器

（1）引脚说明。

表 2.8.3　引脚说明

引脚	名称	备注
1	CTL	控制脚，高电平工作，低电平待机，默认内部上拉
2	1μm	PWM 输出，输出方式见 PWM 输出说明
3	5V	5V 电源输入
4	2.5μm	PWM 输出，输出方式见 PWM 输出说明
5	GND	地
6	R	UART 接收 RX，TTL 电平@5V
7	T	UART 发送 TX，TTL 电平@5V

表 2.8.3 所示为引脚说明，传感器采用 UART 串口与外界通信。

（2）串口通信协议。

具体的串口通信协议为：波特率 9600，8 位数据位，无校验位，1 位停止位。串口上报通信周期为 1s。如表 2.8.4 所示，数据帧为 10 字节，包含报文头＋指令号＋数据＋校验和＋报文尾。

表 2.8.4　数据帧格式说明

字节序号	名称	备注	字节序号	名称	备注
0	报文头	AA	5	数据 4	PM10 高字节
1	指令号	C0	6	数据 5	SN 低字节
2	数据 1	PM2.5 低字节	7	数据 6	SN 高字节
3	数据 2	PM2.5 高字节	8	校验和	校验和
4	数据 3	PM10 低字节	9	报文尾	AB

* 说明：

1）校验和：数据 1 到数据 6 的字节加和。

2）PM2.5 数据内容：PM2.5(μg/m³)＝((PM2.5 高字节×256)＋PM2.5 低字节)/10。

3）PM10 数据内容：PM10(μg /m³)＝((PM10 高字节×256)＋PM10 低字节)/10。

4）SN 低字节与高字节为传感器粘贴条码的后四位。

4. 甲醛传感器

甲醛传感器是用来检测空气中甲醛浓度的传感器。根据其工作原理的不同，具体可以分为半导体式传感器、燃烧式传感器、电化学式传感器三种，其中较常见的是电化学式传感器模组。如图 2.8.9 所示，电化学甲醛模组是一个通用型、小型化模组。利用电

图 2.8.9　电化学甲醛模组

化学原理对空气中存在的CH_2O进行探测，具有良好的选择性，稳定性。内置温度传感器，可进行温度补偿；同时具有数字输出与模拟电压输出，方便使用。

（1）引脚说明。

表 2.8.5 引 脚 说 明

引脚名称	引脚说明	引脚名称	引脚说明
1	HD（校零）	5	UART（RXD）0～3.3V 数据输入
2	DAC（0.4～2.0V，对应 0～满量程）	6	UART（TXD）0～3.3V 数据输出
3	GND	7	PWM
4	Vin（电压输入 3.7～9.0V）		

表 2.8.5 所示为引脚说明，传感器采用 UART 串口与外界通信。

（2）串口通信协议。

具体的串口通信协议为：波特率 9600，8 位数据位，无校验位，1 位停止位。通信分为主动上传式和问答式，出厂默认主动上传，每间隔 1s 发送一次浓度值，命令行格式如表 2.8.6 所示。切换到问答式，命令行格式如表 2.8.7 所示。切换到主动上传，命令行格式如表 2.8.8 所示。表 2.8.9 和 2.8.10 分别是读气体浓度数据帧和返回数据帧格式，气体浓度值(单位 $\mu g/m^3$)＝气体浓度高位×256＋气体浓度低位。

表 2.8.6 默认主动式数据帧

0	1	2	3	4	5	6	7	8
起始位	气体名称 CH2O	单位 ppb	小数位数无	气体浓度高位	气体浓度低位	满量程高位	满量程低位	校验值
0xFF	0x17	0x04	0x00	0x00	0x25	0x13	0x88	0x25

表 2.8.7 问答式数据帧

0	1	2	3	4	5	6	7	8
起始位	保留	切换命令	问答	保留	保留	保留	保留	校验值
0xFF	0x01	0x78	0x41	0x00	0x00	0x00	0x00	0x46

表 2.8.8 主动上传数据帧

0	1	2	3	4	5	6	7	8
起始位	保留	切换命令	主动上传	保留	保留	保留	保留	校验值
0xFF	0x01	0x78	0x40	0x00	0x00	0x00	0x00	0x47

表 2.8.9 读气体浓度值格式

0	1	2	3	4	5	6	7	8
起始位	保留	命令	保留	保留	保留	保留	保留	校验值
0xFF	0x01	0x86	0x00	0x00	0x00	0x00	0x00	0x79

表 2.8.10 传感器返回值格式

0	1	2	3	4	5	6	7	8
起始位	命令	气体浓度高位	气体浓度低位	保留	保留	气体浓度高位	气体浓度低位	校验值
0xFF	0x86	0x00	0x2A	0x00	0x00	0x00	0x20	0x30

三、系统总体方案设计

在权衡各类控制系统技术优劣的基础上本项目采用云端服务器，通过 Apache Mina 网络应用程序架构，负责与本地控制器通信，交换数据，提供网络服务，同时与基于 Android 的移动手机 APP 端智能终端通信。系统架构科学高效、可靠性强、实时性好、控制灵活方便、成本低廉，系统用户容量大。同时，系统还具备简洁美观的人机交互界面，舒适便捷的人机交互体验。满足了现代人家用植物种植和现代先进电子产品诸如手机 APP 端的体验需求。

家用植物种植智能控制系统总体方案如图 2.8.10 所示，包括本地控制器、云端服务器、智能终端设备三大模块：本地控制器可以在本地完成显示与人机交互控制任务，也可以与远端智能终端设备通信，向远端智能终端设备发送数据，接收远端智能终端设备的数据。本地控制器通过无线网络，连接至云端服务器；云端服务器采用 Apache Mina 网络应用程序框架，负责与本地控制器通信，交换数据，提供网络服务，同时与远端智能终端通信；远端智能终端（手机）通过云端服务器与本地控制器交换数据，实现远程数据显示与控制。

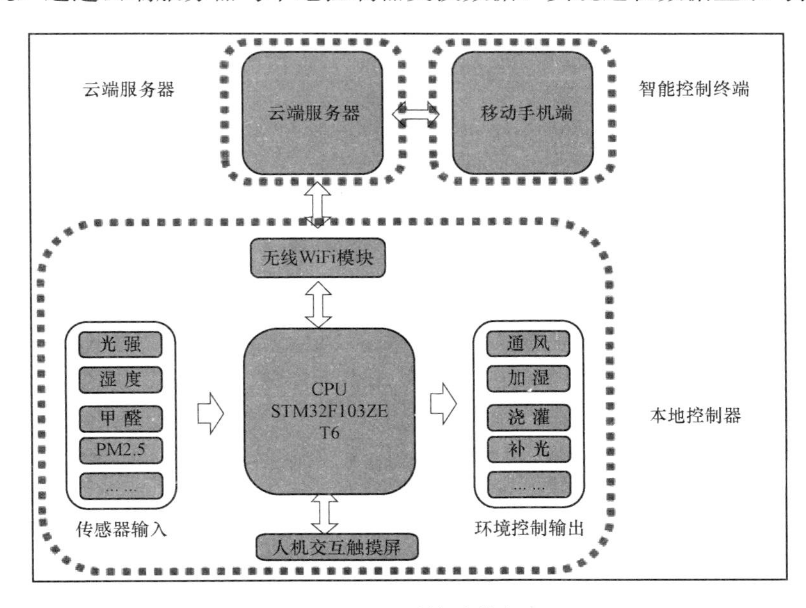

图 2.8.10 系统总体方案

一、硬件设计思路

硬件设计主要是本地端控制器硬件设计，包含 CPU 模块、电源模块、数据采集模块、输出控制模块、人机交互显示触控模块、无线 WiFi 通信模块以及 EEPROM 存储模块等原理图设计。

二、硬件电路设计

1. CPU 模块

必须说明的是与前面项目不同，考虑到本项目所设计传感器等硬件较多，需要较多的串口、GPIO 等片上外设资源，本项目 CPU 选用了 STM32F103ZET6 处理器，如图 2.8.11 所示。结合 S_1 按键复位、外部 8MHz 晶振、电容电感滤波、WiFi 指示灯等组成了 CPU 核心处理模块。

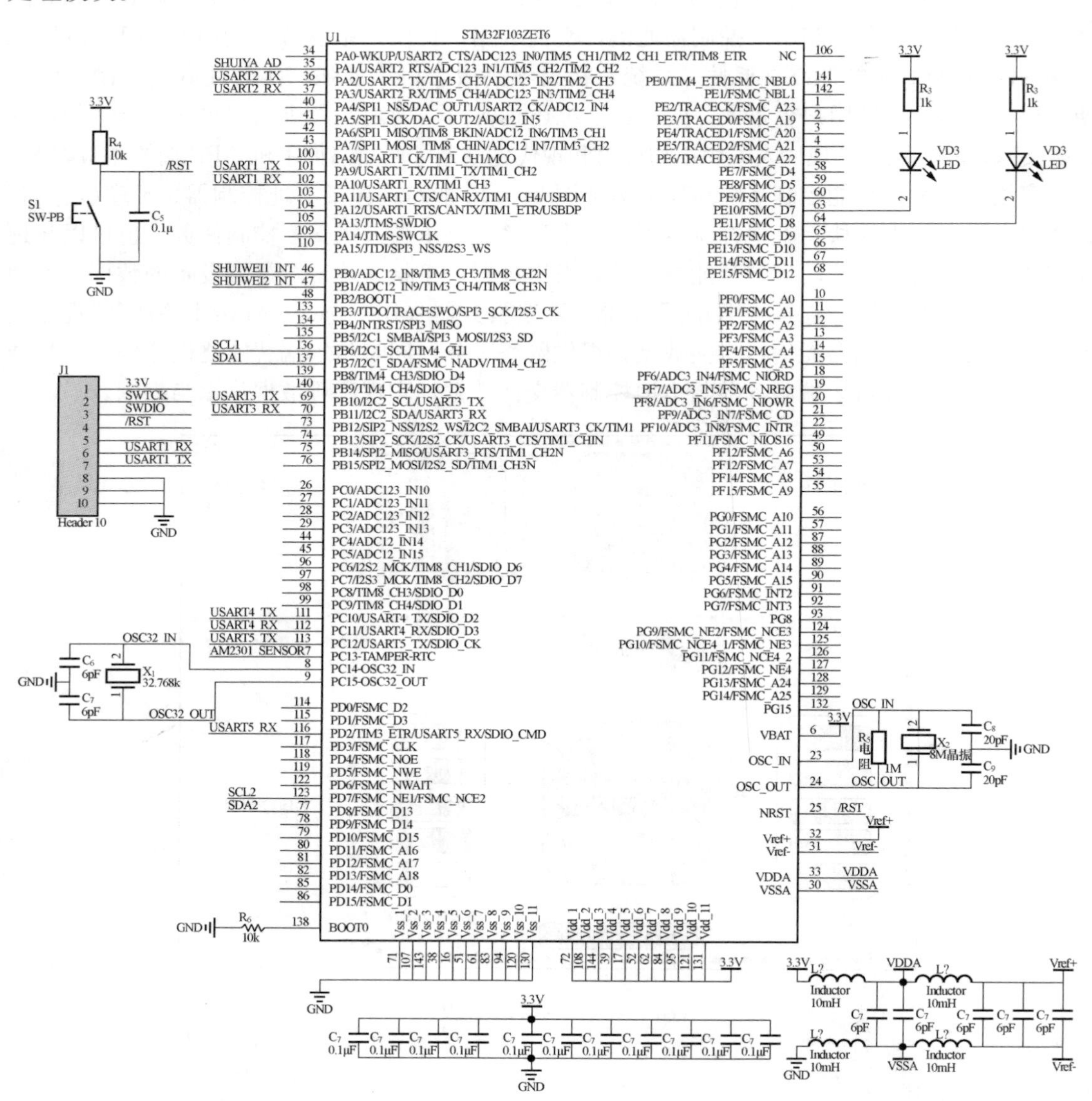

图 2.8.11 CPU 处理器模块

2. 电源模块

如图 2.8.12 所示，系统电源采用外接 12V 开关电源供电，通过 DC - DC 电源芯片 AMS1117 转成+5.0V 和+3.3V，为 CPU、光耦、继电器、传感器、WiFi 模块等供电。

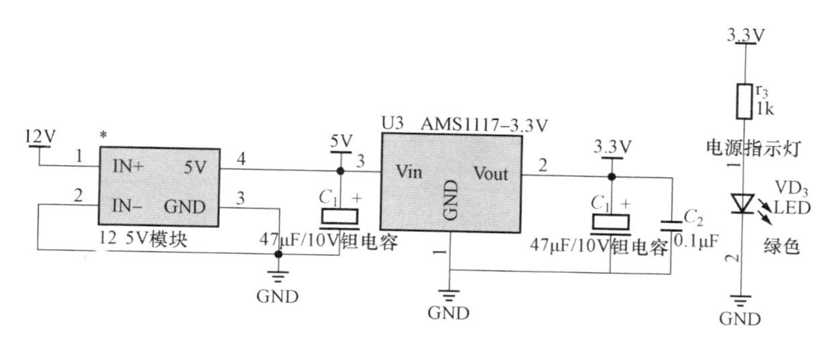

图 2.8.12　电源模块

3. 数据采集模块

数据采集模块包括温湿度传感器、光强传感器、PM2.5 传感器、甲醛传感器等。STM32 处理器通过这些传感器采集环境参数。如图 2.8.13 所示为部分传感器电路图，其中 PM2.5 粉尘传感器和 STM32 的 USART3 相连，环境温湿度传感器通过单总线和 STM32 的 PC13 相连，甲醛传感器和 STM32 的 USART4 相连，光强传感器为 I^2C 接口，其 SCL、SDA 分别与 STM32 的 PB6、PB7 相连。具体的传感器模块和主控板硬件接线说明见表 2.8.11。

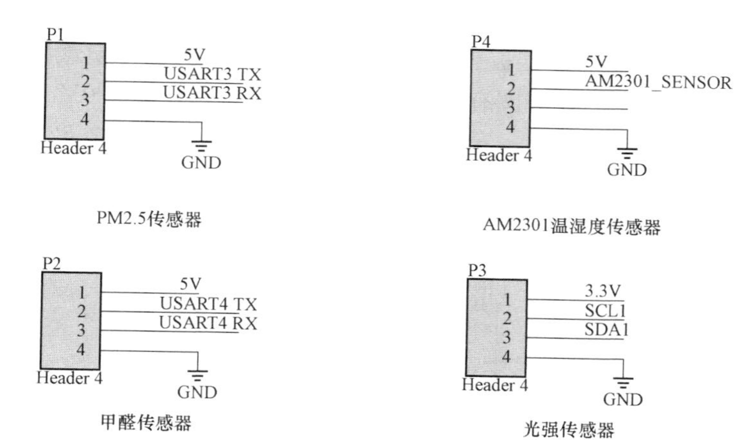

图 2.8.13　数据采集模块

表 2.8.11　　**传感器和控制板硬件接线表**

序号	模块	接线端	引　脚			
			Pin1	Pin 2	Pin 3	Pin 4
1	迪文屏	主板侧	12V	RX	TX	GND
		迪文屏侧	VCC	TX	RX	GND

续表

序号	模块	接线端	引脚			
			Pin1	Pin 2	Pin 3	Pin 4
2	水位	主板侧	12V	SWG1	SW2	GND
		传感器侧	LINE1	LINE2	NOP	NOP
3	光强	主板侧	3V	CLK	SDA	GND
		传感器侧	VCC	CLK	SDA	GND
4	甲醛	主板侧	5V	IO	RX	GND
		传感器侧	VCC	NOP	TX	GND
5	AM2301 温湿度	主板侧	5V	IO	NOP	GND
		传感器侧	VCC	DATA	NOP	GND
6	PM2.5 粉尘	主板侧	5V	TX	RX	GND
		传感器侧	VCC	RX	TX	GND

注　第 2 个水位传感器为预留。

4. 输出控制模块

输出控制模块共 6 组，每组都是通过 STM32 的 GPIO 口控制光耦 PC817 隔离驱动继电器控制外接浇灌、通风、加湿、补光等电器开关。以其中一组为例，具体电路如图 2.8.14 所示：光耦输入端 Relay1 接 STM32 的 GPIO 口，通过光耦的输出来控制三极管 Q_1 的导通和截止，从而驱动继电器 K_1 的开关达到对外围电路通断的控制。如图继电器常开端 NO _ L1 接板载 220V 交流火线，L1N 接板载 220V 交流零线，外接 220V 负载接在该 NO _ L1 和 L1N 两端。当 8550 导通时，K_1 线圈有电流流过，开关吸合，外接 220V 负载得电工作，当 8550 截止时，K_1 线圈无电流流过，开关回到常闭 NC _ L1 端，外接 220V 负载失电停止工作。

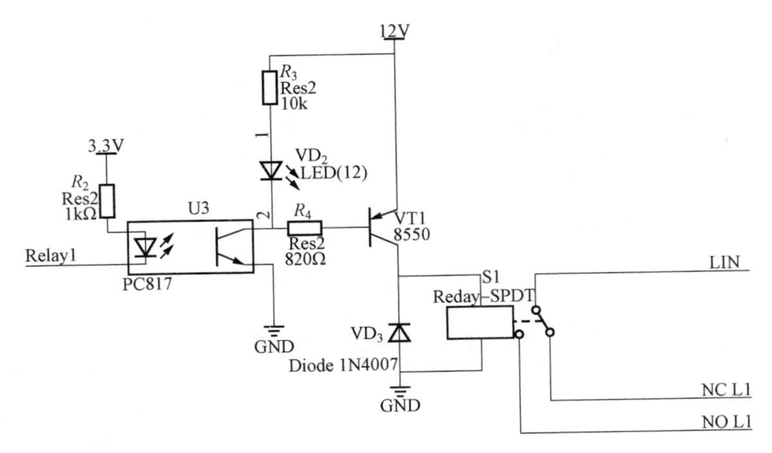

图 2.8.14　输出控制模块

5. 人机交互显示触控模块

显示触控模块采用迪文 DGUS 7in（1in＝2.54cm）人机交互触摸屏。如图 2.8.15 所示，DGUS屏是RS232接口，通过Max232芯片对STM32的USART1相连，由于STM32的USART串口为TTL电平，通过Max3232电平转换芯片进行TTL与RS232的电平转换，达到处理器和显示屏的控制电平匹配，从而实现数据的发送和接收。

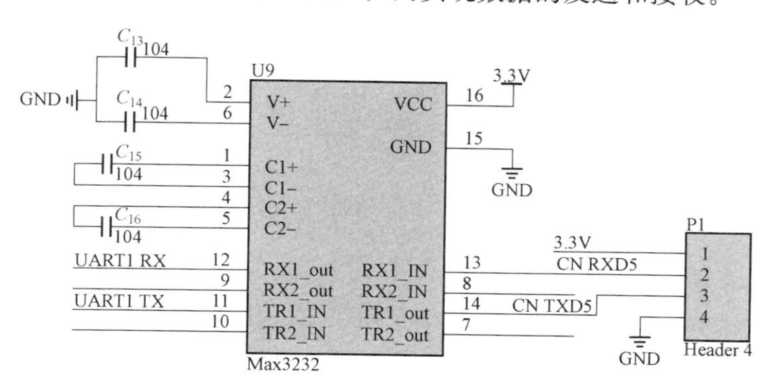

图 2.8.15　人机交互显示触控模块

6. WiFi通信模块

WiFi通信模块采用了有人物联网公司的高速度低功耗串口WiFi透传模块USR-C322，支持AP模式和STA模式。通过该模块，配置其工作在STA模式，可以将本地控制器通过串口发送AT命令方式连接到WiFi网络上，从而实现本地控制器和服务器进行数据通信，如图2.8.16所示。模块与主控芯片STM32的USART2相连，通过AT命令配置模块工作方式。S_1是模块复位重启按键，两个led灯D_3分别是“模块准备好”和“连接正常”指示灯。具体参数和设置见有人物联网公司主页USR-C322“产品资料说明”。

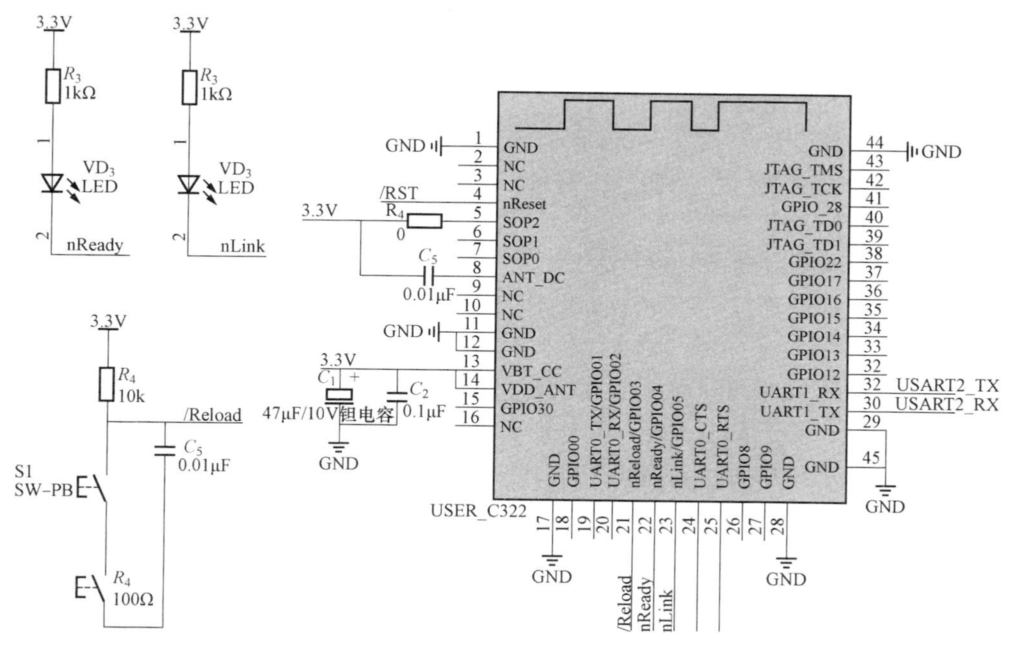

图 2.8.16　WiFi通信模块

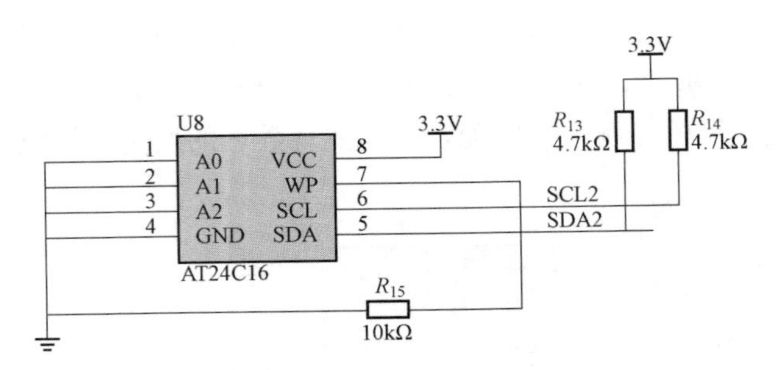

图 2.8.17 EEPROM 存储模块

7. EEPROM 存储模块

如图 2.8.17 所示，EEPROM 存储模块采用了 I^2C 接口的 AT24C16 芯片，硬件上其时钟和数据接口分别与 STM32 的 PD7、PD8 相连。存储模块主要用来存储人机交互触控设定的控制策略等相关参数，例如自动控制时的补光、浇灌时间点，程序运行过程中的一些控制标识符等，当系统出现异常掉电复位后程序可以从 EEPROM 存储模块读取关键参数，保证系统控制策略的正常。

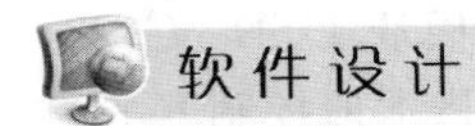

软件设计

一、软件设计思路

系统软件主要是本地端控制器、云端服务器、智能手机终端设备的程序设计：包含植物种植智能控制系统控制策略和通信协议的制定、DGUS 变量组态屏开发、本地端控制程序的开发、服务器端程序的开发以及智能手机终端 APP 的开发。

1. 控制策略

控制策略是对系统本地、远程以及手动、自动各个控制环节进行功能设定，确定各个控制逻辑和需要达到的控制目标等。

（1）浇灌（内部设置）：夏天一天两次，每次 15 分钟，上午 7：00～7：15，下午 19：00～19：15；春秋天两天一次，每次 15 分钟，上午 7：00～7：15；冬天三天一次，每次 15 分钟，中午 12：00～12：15。

（2）通风（与水幕联动，浇灌通路 2）：一天一次，每次 1 小时，中午 12：30～13：30。

（3）补光（内部设置）：一天两次，每次 2 小时，上午 6：00～8：00，下午 18：00～20：00。

（4）温度（摄氏）：低于 18℃冷；8℃到 28℃之间舒适；高于 28℃炎热。

（5）相对湿度：低于 50%干燥；50%到 68%之间舒适；高于 68%潮湿。

（6）甲醛：低于 0.08ppm 正常；0.08 到<0.1 之间预警；高于 0.1 超标。

（7）PM2.5：指数 0～50，正常；50～100，预警；高于 100，超标。

（8）系统通过上述自动控制策略进行浇灌、补光等控制核参数监测，也可通过本地端或手机端手动控制浇灌、补光等任务。

2. 通信协议

通信协议的制定主要是对本地端和服务器以及手机端和服务器之间传输的数据帧格式进行规定，便于控制过程中进行解析。

（1）本地端向服务器发送报文类型和格式。

1）注册报文（类型代码 1，值为 0x01）。

3B 报文头	6B MAC 地址	1B 类型码 1	2B CRC16	3B 报文尾

2）应答参数报文（类型代码 2，值为 0x02）。

3 B 报文头	6B MAC 地址	1B 类型码 2	1B 提示代码	1B 状态代码	1B	5B 温度	1B	2B 湿度	1B
4B 甲醛	1B	3B PM2.5	1B	4B 浇灌	1B	4B 补光	2 B CRC16	3B 报文尾	

3）应答控制确认报文（类型代码 3，值为 0x03）。

3 B 报文头	6 B MAC 地址	1 B 类型码 3	2 B CRC16	3B 报文尾

（2）服务器向下位机发送报文类型和格式。

1）注册确认报文（类型代码 1，值为 0x01）。

3 B 报文头	6 B MAC 地址	1 B 类型码 1	2 B CRC16	3B 报文尾

2）向下位机请求数据（类型代码 2，值为 0x02）。

3 报文头	6 MAC 地址	1 类型码 2	2　CRC16	报文尾

3）向下位机发控制命令（类型代码 3，值为 0x03）。

3 B 报文头	6 B MAC 地址	1 B 类型码 3	1 B 湿度	1 B 甲醛	1 B 浇灌	1 B 补光	1 B 保留	1 B 保留	2 B CRC16	3 B 报文尾

（3）报文类型和格式说明。

1）报文头和报文尾都是 3 个字节，并且内容相同，为：0x55，0xAA，0x55。

2）采用 CRC16 校验，校验内容：不含报文头、报文尾，从 MAC 地址开始，至校验位前的所有数据。

3）提示代码和状态代码等按照不同的控制对象和逻辑区分进行各自编码，“B”代表 Byte，一个字节。

3. DGUS 变量组态屏开发

DGUS 变量组态屏开发主要是对预先设计好的 UI 界面（如图 2.8.18 所示）进行人机交互设计，对相关显示变量进行变量组态开发，STM32 处理器只需要通过 USART1 串口通过迪文串口数据帧指令就可以实现界面的触控显示。如图 2.8.19 所示，通过 DGUS 软件的

(a)　　　　(b)

图 2.8.18　主控界面（a）和 WiFi 登录界面（b）

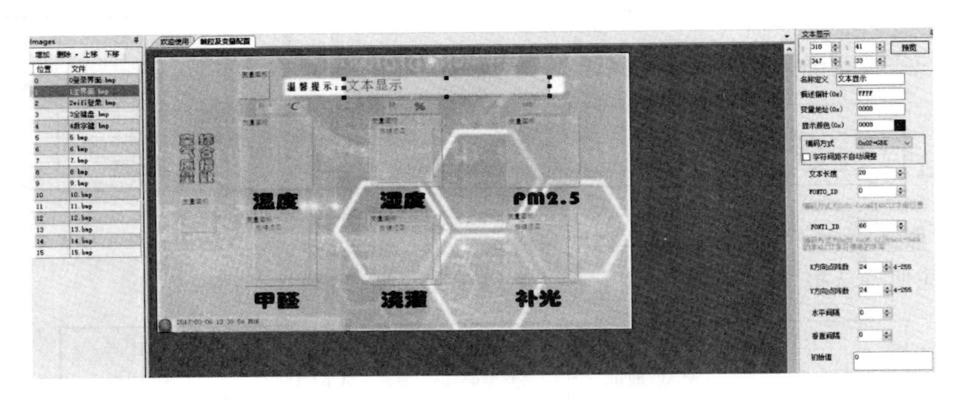

图 2.8.19　DGUS 变量组态配置软件

变量配置、触控配置等功能进行本地端登录界面、主界面、WiFi 登录、数字键盘等控制界面的参数配置，方便本地端 STM32 控制程序的开发。同时供本地端控制程序对各方数据进行汇总处理显示，是整个系统本地端人机交互和显示枢纽。

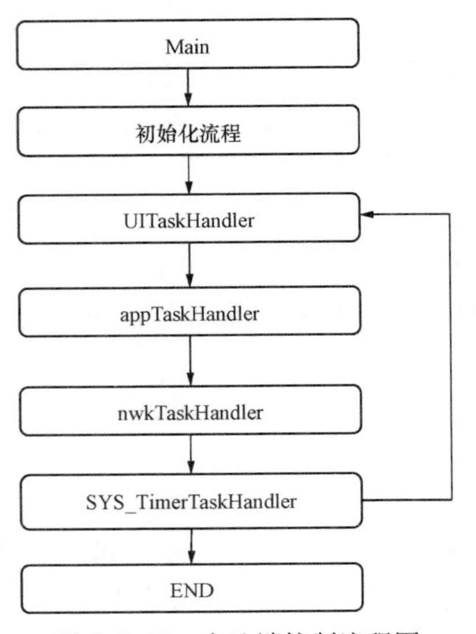

图 2.8.20　本地端控制流程图

4. 本地端控制程序的开发

作为核心控制器的本地端控制流程图如图 2.8.20 所示，系统主函数包含 5 个处理函数，其具体以功能如下：初始化流程主要是对系统时钟、片上外围接口、网络应用、触摸屏应用等进行软硬件初始化；UITaskHandler 函数完成 UI 界面处理功能，其任务是对迪文触摸屏进行数据接收、UI 界面提示处理；appTaskHandler 函数负责用户应用层处理任务，主要是进行环境算法评估、自动控制任务处理；nwkTaskHandler 函数负责网络管理任务，包含 WiFi 模块初始化及与服务器网络连接、网络连接后数据的收发处理；SYS _ TimerTaskHandler 函数完成定时或周期执行任务管理，在函数中定义了 2s、3s 和 5s 三个周期调用节点，2s 周期调用用于读取更新各种环境参数，3s 周期调用用于 RTC 更新和屏幕显示刷新，5s 周期调用用于检测网络状态并维护在线时维护网络心跳。

5. 服务器端程序开发

服务器采用 Apache Mina 网络应用程序框架，负责与本地控制器通信，交换数据，提供网络服务，用于协调本地端和手机移动端的协同工作，是系统的数据栈。服务器实时接收本地端发送的报文，将报文发送至手机 APP 端。同时也在实时接收手机 APP 端发送的报文，将报文发送至本地端。受内容所限，本书主要介绍 STM32 嵌入式应用技术，服务器端程序开发和部署相关内容不再涉入。

6. 手机终端 APP 程序开发

手机端采用 Android 程序，是本地端 UI 界面的远程控制翻版，主要是和服务器通信，从而完成与本地端数据的通信，实现人机交互显示和触控功能。同样受内容所限，本书主要介绍 STM32 嵌入式应用技术，手机 APP 端 Android 程序开发相关内容也不再涉入。

二、软件程序设计

图 2.8.21 所示为 RVMDK 下系统开发界面，其中 BSP 项目文件夹代表板级驱动层，里面是用户自编板级支持包，主要是对涉及传感器、迪文屏、网络模块等的片上 GPIO 等外设进行底层功能配置。DRIVER 项目文件夹内代表功能驱动层，里面是用户自编外部传感器、液晶屏等接口驱动文件，封装了用户自编的各个传感器参数检测、迪文屏串口数据帧通信等函数，方便应用层调用。NETWORK 项目文件夹代表网络驱动层，里面是网络 WiFi 模块的网络连接驱动文件，里面封装了用户自编的串口 WiFi 透传模块 USR－C322 的网络连接配置等函数。APP 项目文件夹内代表应用层，里面是用户自编应用程序，包含主函数等用户应用层应用程序，是系统各个控制策略最终实现所在。由于本项目是一个综合项目，功能较前文所述项目比相对复杂，代码量也相对较大，篇幅所限，下面仅对部分相关核心代码进行概述。

图 2.8.21　RVMDK 下系统开发界面

1. BSP 板级驱动层程序设计

（1）//文件名 bsp.c。

```
#include "string.h"
```

```
#include " includes.h" //头文件集合
/************************ includes.h内容开始 ********************************
#include "stdio.h"
#include "STM32f10x.h"
#include "system.h"
#include "config.h"
#include "bsp.h"
#include "rtc.h"
#include "delay.h"
#include "led.h"
#include "sysTimer.h"
#include "relay.h"
#include "simulation_i2c.h"
#include "am2302.h"
#include "BH1705.h"
#include "pm25.h"
#include "ze08.h"
#include "sht1x.h"
#include "dwin.h"
#include "waterlevel.h"
#include "rtc.h"
#include "ui.h"
#include "algorithm.h"
#include "autoCtrl.h"
#include "wifi.h"
#include "message.h"
#include "usrc322.h"
/************************** includes.h内容结束 *****************************/
void bspInit(void)//片上外设初始化
{
    SystemInit(); //系统初始化72MHz时钟
    usrc322UartConfig (); //WiFi模块接口初始化
    I2C_GPIO_Config();//I2C接口GPIO初始化
    relayGpioConfig (); //继电器GPIO初始化
    pm25Init(); //pm2.5传感器接口GPIO初始化
    ze08UartConfig (); //甲醛传感器接口GPIO初始化
    dwinInit(); //dwin屏接口GPIO初始化
    Board_NVIC_Configuration();
}
void usrc322UartConfig(void)//WiFi模块接口初始化
{
    USART_InitTypeDef USART_InitStructure;
    GPIO_InitTypeDef GPIO_InitStructure;
```

```
    RCC_APB2PeriphClockCmd(RCC_APB2Periph_GPIOA, ENABLE);
    /* 使能 USART2 时钟 */
    RCC_APB1PeriphClockCmd(RCC_APB1Periph_USART2, ENABLE);
    //USART2TX 引脚配置
    GPIO_InitStructure.GPIO_Pin = GPIO_Pin_2;
    GPIO_InitStructure.GPIO_Speed = GPIO_Speed_50MHz;
    GPIO_InitStructure.GPIO_Mode = GPIO_Mode_AF_PP;
    GPIO_Init(GPIOA, &GPIO_InitStructure);
    //USART2RX 引脚配置
    GPIO_InitStructure.GPIO_Pin = GPIO_Pin_3;
    GPIO_InitStructure.GPIO_Mode = GPIO_Mode_IN_FLOATING;
    GPIO_Init(GPIOA, &GPIO_InitStructure);
    USART_InitStructure.USART_BaudRate = 115200;
    USART_InitStructure.USART_WordLength = USART_WordLength_8b;
    USART_InitStructure.USART_StopBits = USART_StopBits_1;
    USART_InitStructure.USART_Parity = USART_Parity_No;
    USART_InitStructure.USART_HardwareFlowControl = USART_HardwareFlowControl_None;
    USART_InitStructure.USART_Mode = USART_Mode_Rx | USART_Mode_Tx;
    /* 配置 USART2 */
    USART_Init(USART2, &USART_InitStructure);
    /* 使能 USART2 接收中断,禁止 USART2 发送中断 */
    USART_ITConfig(USART2, USART_IT_RXNE, ENABLE);
    USART_ITConfig(USART2, USART_IT_TXE, DISABLE);
    /* 使能 USART2 */
    USART_Cmd(USART2, ENABLE);
}
void I2C_GPIO_Config(void) //I²C 接口 GPIO 初始化,模拟方式
{
    GPIO_InitTypeDef GPIO_InitStructure;
    RCC_APB2PeriphClockCmd(RCC_APB2Periph_GPIOB, ENABLE);
    // 配置 I²C 引脚: SC1L 和 SDA1
    GPIO_InitStructure.GPIO_Pin = GPIO_Pin_6;
    GPIO_InitStructure.GPIO_Speed = GPIO_Speed_50MHz;
    GPIO_InitStructure.GPIO_Mode = GPIO_Mode_Out_PP;
    GPIO_Init(GPIOB, &GPIO_InitStructure);
    GPIO_InitStructure.GPIO_Pin = GPIO_Pin_7;
    GPIO_InitStructure.GPIO_Speed = GPIO_Speed_50MHz;
    GPIO_InitStructure.GPIO_Mode = GPIO_Mode_Out_OD;
    GPIO_Init(GPIOB, &GPIO_InitStructure);
}
void relayGpioConfig(void)//继电器 GPIO 初始化
{
    GPIO_InitTypeDef GPIO_InitStructure;
```

```
        RCC_APB2PeriphClockCmd(RCC_APB2Periph_GPIOD, ENABLE);
        GPIO_InitStructure.GPIO_Pin = GPIO_Pin_8|GPIO_Pin_9|GPIO_Pin_10|GPIO_Pin_11|GPIO_Pin_12|
GPIO_Pin_13;
        GPIO_InitStructure.GPIO_Mode = GPIO_Mode_Out_PP;
        GPIO_InitStructure.GPIO_Speed = GPIO_Speed_50MHz;
        GPIO_Init(GPIOD, &GPIO_InitStructure);
        GPIO_SetBits(GPIOD, GPIO_Pin_8|GPIO_Pin_9|GPIO_Pin_10|GPIO_Pin_11|GPIO_Pin_12|GPIO_Pin_
13);
    }
    //pm2.5 传感器接口 GPIO 初始化
    void pm25Init(void)
    {
        USART_InitTypeDef USART_InitStructure;
        GPIO_InitTypeDef GPIO_InitStructure;
        RCC_APB2PeriphClockCmd(RCC_APB2Periph_GPIOB, ENABLE);
        /* 使能 USART3 时钟 */
        RCC_APB1PeriphClockCmd(RCC_APB1Periph_USART3, ENABLE);
        //USART3 TX 引脚配置
        GPIO_InitStructure.GPIO_Pin = GPIO_Pin_10;    //USART3 TX
        GPIO_InitStructure.GPIO_Mode = GPIO_Mode_AF_PP;
        GPIO_Init(GPIOB, &GPIO_InitStructure);
        //USART3 RX 引脚配置
        GPIO_InitStructure.GPIO_Pin = GPIO_Pin_11;    //USART3 RX
        GPIO_InitStructure.GPIO_Mode = GPIO_Mode_IN_FLOATING;
        GPIO_Init(GPIOB, &GPIO_InitStructure);
        USART_InitStructure.USART_BaudRate = 2400;
        USART_InitStructure.USART_WordLength = USART_WordLength_8b;
        USART_InitStructure.USART_StopBits = USART_StopBits_1;
        USART_InitStructure.USART_Parity = USART_Parity_No;
        USART_InitStructure.USART_HardwareFlowControl = USART_HardwareFlowControl_None;
        USART_InitStructure.USART_Mode = USART_Mode_Rx | USART_Mode_Tx;
        /* 初始化 USART3 */
        USART_Init(USART3, &USART_InitStructure);
        /* 禁止 USART3 发送和接收中断 */
        USART_ITConfig(USART3, USART_IT_RXNE, DISABLE);
        USART_ITConfig(USART3, USART_IT_TXE, DISABLE);
        /* 使能 USART3 */
        USART_Cmd(USART3, ENABLE);
    }
      void ze08UartConfig(void) //甲醛传感器接口 GPIO 初始化
    {
        USART_InitTypeDef USART_InitStructure;
        GPIO_InitTypeDef GPIO_InitStructure;
```

```
    RCC_APB2PeriphClockCmd(RCC_APB2Periph_GPIOC, ENABLE);
    /* 使能 USART4 时钟 */
    RCC_APB1PeriphClockCmd(RCC_APB1Periph_UART4, ENABLE);
    //USART4 TX 引脚配置
    //GPIO_InitStructure.GPIO_Pin = GPIO_Pin_10;   //USART4 TX
    //GPIO_InitStructure.GPIO_Mode = GPIO_Mode_AF_PP;
    //GPIO_Init(GPIOC, &GPIO_InitStructure);
    //USART4 RX 引脚配置
    GPIO_InitStructure.GPIO_Pin = GPIO_Pin_11;   //USART4 RX
    GPIO_InitStructure.GPIO_Mode = GPIO_Mode_IN_FLOATING;
    GPIO_Init(GPIOC, &GPIO_InitStructure);
    USART_InitStructure.USART_BaudRate = 9600;
    USART_InitStructure.USART_WordLength = USART_WordLength_8b;
    USART_InitStructure.USART_StopBits = USART_StopBits_1;
    USART_InitStructure.USART_Parity = USART_Parity_No;
    USART_InitStructure.USART_HardwareFlowControl = USART_HardwareFlowControl_None;
    //USART_InitStructure.USART_Mode = USART_Mode_Rx | USART_Mode_Tx;
    USART_InitStructure.USART_Mode = USART_Mode_Rx;
    /* 初始化 USART4 */
    USART_Init(UART4, &USART_InitStructure);
    /* 使能 USART4 接收中断,禁止 USART4 发送中断 */
    USART_ITConfig(UART4, USART_IT_RXNE, ENABLE);
    USART_ITConfig(UART4, USART_IT_TXE, DISABLE);
    /* 使能 USART4 */
    USART_Cmd(UART4, ENABLE);
  }
//dwin 屏接口 GPIO 初始化
void dwinUartConfig(void)
{
    USART_InitTypeDef USART_InitStructure;
    GPIO_InitTypeDef GPIO_InitStructure;
    RCC_APB2PeriphClockCmd(RCC_APB2Periph_GPIOA, ENABLE);
    /* 使能 USART1 时钟 */
    RCC_APB2PeriphClockCmd(RCC_APB2Periph_USART1, ENABLE);
    //USART1 TX 引脚配置
    GPIO_InitStructure.GPIO_Pin = GPIO_Pin_9;   //USART1 TX
    GPIO_InitStructure.GPIO_Speed = GPIO_Speed_50MHz;
    GPIO_InitStructure.GPIO_Mode = GPIO_Mode_AF_PP;
    GPIO_Init(GPIOA, &GPIO_InitStructure);
    //USART1 RX 引脚配置
    GPIO_InitStructure.GPIO_Pin = GPIO_Pin_10;   //USART1 RX
    GPIO_InitStructure.GPIO_Speed = GPIO_Speed_50MHz;
    GPIO_InitStructure.GPIO_Mode = GPIO_Mode_IN_FLOATING;
```

```
    GPIO_Init(GPIOA, &GPIO_InitStructure);
    USART_InitStructure.USART_BaudRate = 19200;
    USART_InitStructure.USART_WordLength = USART_WordLength_8b;
    USART_InitStructure.USART_StopBits = USART_StopBits_1;
    USART_InitStructure.USART_Parity = USART_Parity_No;
    USART_InitStructure.USART_HardwareFlowControl = USART_HardwareFlowControl_None;
    USART_InitStructure.USART_Mode = USART_Mode_Rx | USART_Mode_Tx;
    /* 配置 USART1 */
    USART_Init(USART1, &USART_InitStructure);
    /* 使能 USART1 接收中断,禁止 USART1 发送中断 */
    USART_ITConfig(USART1, USART_IT_RXNE, ENABLE);
    USART_ITConfig(USART1, USART_IT_TXE, DISABLE);
    /* 使能 USART1 */
    USART_Cmd(USART1, ENABLE);
}
```

(2) //文件名 uart.c。

```
#include "uart.h"
#include "stdio.h"
#include "stdarg.h"
#include "string.h"
int fputc(int ch, FILE *f) //printf 重定向
{
    USART_SendData(UART5, (unsigned char) ch);//
    while (! (UART5->SR & USART_FLAG_TXE));
    return (ch);
}
void Uart1sendChar(unsigned char cmd_i) //单字符发送
{
  USART_SendData(USART1, cmd_i);
  while(USART_GetFlagStatus(USART1, USART_FLAG_TC) == RESET);
}
void Uart1SendStr(unsigned char *sendstr1,unsigned int Length1)
{
  unsigned int ii_1;
  for(ii_1=0;ii_1<Length1;ii_1++) //控制字符个数
  {
    Uart1sendChar(*sendstr1);
    sendstr1++;
  }
}
void Uart2sendChar(unsigned char cmd_i) //单字符发送
{
```

```
  USART_SendData(USART2, cmd_i);
  while(USART_GetFlagStatus(USART2, USART_FLAG_TC) = = RESET);
}
void Uart2SendStr(unsigned char * sendstr2,unsigned int Length2)
{
  unsigned int ii_2;
  for(ii_2 = 0;ii_2<Length2;ii_2 + + ) //控制字符个数
  {
    Uart2sendChar( * sendstr2);
    sendstr2 + + ;
  }
}
void Uart3sendChar(unsigned char cmd_i) //单字符发送
{
  USART_SendData(USART3, cmd_i);
  while(USART_GetFlagStatus(USART3, USART_FLAG_TC) = = RESET);
}
void Uart3SendStr(unsigned char * sendstr3,unsigned int Length3)
{
  unsigned int ii_2;
  for(ii_2 = 0;ii_2<Length3;ii_2 + + ) //控制字符个数
  {
    Uart3sendChar( * sendstr3);
    sendstr3 + + ;
  }
}
void Uart4sendChar(unsigned char cmd_i) //单字符发送
{
  USART_SendData(UART4, cmd_i);
  while(USART_GetFlagStatus(UART4, USART_FLAG_TC) = = RESET);
}
void Uart4SendStr(unsigned char * sendstr4,unsigned int Length4)
{
  unsigned int ii_4;
  for(ii_4 = 0;ii_4<Length4;ii_4 + + ) //控制字符个数
  {
    Uart4sendChar( * sendstr4);
    sendstr4 + + ;
  }
}
void UartSendChar(_COM_t com,uint8_t cmd)
{
    switch(com)
```

```
    {
        case 1:
        {
            Uart1sendChar(cmd);
        }break;
        case 2:
        {
            Uart2sendChar(cmd);
        }break;
        case 3:
        {
            Uart3sendChar(cmd);
        }break;
        case 4:
        {
            Uart4sendChar(cmd);
        }break;
        case 5:
        {
            Uart5sendChar(cmd);
        }break;
        default:
            break;
    }
}
void UartSendStr(_COM_t com,uint8_t *data,uint8_t size)
{
    switch(com)
    {
        case 1:
        {
            Uart1SendStr(data,size);
        }break;
        case 2:
        {
            Uart2SendStr(data,size);
        }break;
        case 3:
        {
            Uart3SendStr(data,size);
        }break;
        case 4:
        {
```

```
                Uart4SendStr(data,size);
            }break;
            case 5:
            {
                Uart5SendStr(data,size);
            }break;
            default:
                break;
        }
}
```

2. DRIVER 功能驱动层程序设计

(1) //文件名 uart. c。

```
#include "am2302.h"
#define TIMEOUT 30000
#define TIME0 80
u16 timeouts;
void AM2302_IO_OUT(void)
{
    GPIO_InitTypeDef GPIO_InitStructure;
    GPIO_InitStructure.GPIO_Pin = GPIO_Pin_10;
    GPIO_InitStructure.GPIO_Mode = GPIO_Mode_Out_PP;
    GPIO_InitStructure.GPIO_Speed = GPIO_Speed_2MHz;
    GPIO_Init(GPIOC, &GPIO_InitStructure);
}
void AM2302_IO_IN(void)
{
    GPIO_InitTypeDef GPIO_InitStructure;
    GPIO_InitStructure.GPIO_Pin = GPIO_Pin_10;
    GPIO_InitStructure.GPIO_Mode = GPIO_Mode_IN_FLOATING;
    GPIO_InitStructure.GPIO_Speed = GPIO_Speed_2MHz;
    GPIO_Init(GPIOC, &GPIO_InitStructure);
}
void am2302Delayms(uint16_t time) //1ms 延时函数
{
    uint16_t i,j;
    for(i = 0;i<time;i++)
        for(j = 0;j<8400;j++);
}
uint8_t start_AM2302(void)
{
    uint8_t AM2302_start;
    //主机拉低 18ms
```

```
    AM2302_IO_OUT();
    AM2302_DQ_OUT_L;
    am2302Delayms(3);
    AM2302_DQ_OUT_H;
    //Delay_10us(4);
    AM2302_IO_IN();
    timeouts = TIMEOUT;
    while((AM2302_DQ_IN)&&(--timeouts));
    if(timeouts)
        AM2302_start = 1;
    else
        return 0;
    timeouts = TIMEOUT;
    while((! AM2302_DQ_IN)&&(--timeouts));
    if(timeouts)
        return(AM2302_start); //应答成功返回 1
    else
        return 0;
}
//串行总线
uint8_t COM(void)//数据接收
{
  uint8_t i;
  uint8_t data = 0x00;
  uint16_t counter;
      for(i = 8;i>0;i--)
      {
          //Delay_1us(30);
          while(AM2302_DQ_IN);
          while(! AM2302_DQ_IN);
          counter = 0;
          while(AM2302_DQ_IN)
          {
              counter++;
          }
        if(counter > TIME0)
        {
              data<<=1;
              data| = 0x01;
        }
        else
        {
              data<<=1;
```

```
                data| = 0x00;
            }
        }
        return data;
    }
    //------湿度读取子程序 -------------
    //----以下变量均为全局变量--------
    //----温度高 8 位 = = U8T_data_H------
    //----温度低 8 位 = = U8T_data_L------
    //----湿度高 8 位 = = U8RH_data_H-----
    //----湿度低 8 位 = = U8RH_data_L-----
    //----校验 8 位  = = U8checkdata-----
    //----调用相关子程序如下----------
    //---- Delay();, Delay_10us();,COM();
    //--------------------------------
    uint32_t RH(void)
    {
        uint8_t U8T_data_H,U8T_data_L,U8RH_data_H,U8RH_data_L,U8checkdata;
        uint32_t valDht11;
        uint8_t U8temp;
        if(start_AM2302())  //判断是否已经响应
        {
            //数据接收状态
            U8RH_data_H = COM();
            U8RH_data_L = COM();
            U8T_data_H = COM();
            U8T_data_L = COM();
            U8checkdata  = COM();
        }
        else
        {
            return 0xffffffff;
        }
        //DHTDATA_SET;
        //数据校验
        AM2302_IO_OUT(); //
        AM2302_DQ_OUT_H;
        U8temp = (U8T_data_H + U8T_data_L + U8RH_data_H + U8RH_data_L);
        if(U8temp = = U8checkdata)
        {
            valDht11 = (u32) ((U8RH_data_H<<24) | (U8RH_data_L<<16) | (U8T_data_H<<8) | (U8T_
data_L<<0));
            return (valDht11);
```

```
        }
        else
        {
    return 0xffffffff;
  }
}
void am2302UpdateVal(float *ptval,float *phval)
{
      uint32_t dht11Val;
      uint16_t tempT,tempH;
      static uint8_t rhUpdateTimeCnt = 0;
      rhUpdateTimeCnt++;
      if(rhUpdateTimeCnt>=1)
      {
            rhUpdateTimeCnt = 0;
            if(0xffffffff!=(dht11Val = RH()))
            {
                  tempH = (uint16_t)((dht11Val>>16)&0xffff);
                  tempT = (uint16_t)((dht11Val>>0)&0xffff);
                  #if 1
                  *phval = (float)((float)tempH/10);
                  if(tempT&0x8000)
                  {
                        tempT = tempT&0x7fff;
                        *ptval = (float)(0 - (float)tempT/10);
                  }
                  else
                  {
                        *ptval = (float)((float)tempT/10);
                    }
                    #else
                    if((tempH%10)>=5)
                    {
                        *phval = (uint8_t) (tempH/10) + 1;
                    }
                    else
                    {
                        *phval = (uint8_t)( tempH/10);
                    }
                    if(tempT&0x8000)
                    {
                        tempT = tempT&0x7fff;
                        if((tempT%10)>=5)
```

```
                    {
                        * ptval  = ( (uint8_t)(tempT/10) + 1)|0x80;
                    }
                    else
                    {
                        * ptval  = ((uint8_t)( tempT/10))|0x80;
                }
            }
            else
            {
                if((tempT % 10)>= 5)
                {
                        * ptval  = (uint8_t)(tempT/10) + 1;
                }
                else
                {
                        * ptval  = (uint8_t)( tempT/10);
                    }
                }
                #endif
        }
    }
}
```

(2) //文件名 dwin. c。

```
#include "dwin.h"
#include <string.h>
#define DWIN_COM COM1
#define HEAD1 0x5A
#define HEAD2 0xA5
#define DWIN_MSG_AMOUNT 5
enum
{
    DWIN_FRAME_STATE_FREE = 0,
    DWIN_FRAME_STATE_ACTIVE = 1,
};
typedef enum
{
    DWIN_REV_WAIT_HEAD1 = 0,
    DWIN_REV_WAIT_HEAD2 = 1,
    DWIN_REV_WAIT_LEN = 2,
    DWIN_REV_WAIT_END = 3,
    DWIN_REV_WAIT_HANDLE = 4,
```

```
}_dwinRevDataState_t;
typedef struct
{
    uint16_t head;
    uint8_t len;
    uint8_t cmd;
}_dwinComFrame_t;
typedef struct
{
    uint8_t state;
    uint8_t data[250];
}_dwinrevDataBuf_t;
static _dwinRevDataState_t dwinRevDataState = DWIN_REV_WAIT_HEAD1;
_dwinrevDataBuf_t dwinRevData;
_dwinrevDataBuf_t dwinRevMsg[DWIN_MSG_AMOUNT];
void dwinReadReg(uint8_t reg,uint8_t len) //读迪文寄存器
{
    switch(reg)
    {
        case 0x20://rtc cali
        {
            UartSendChar(DWIN_COM, HEAD1);
            UartSendChar(DWIN_COM, HEAD2);
            UartSendChar(DWIN_COM,3);
            UartSendChar(DWIN_COM,0x81);
            UartSendChar(DWIN_COM,0x20);
            UartSendChar(DWIN_COM,len);
        }break;
        default:
            break;
  }
}
void dwinWriteReg(uint8_t reg,uint8_t * val,uint8_t len) //写迪文寄存器
{
    uint8_t i = 0;
    UartSendChar(DWIN_COM, HEAD1);
    UartSendChar(DWIN_COM, HEAD2);
    UartSendChar(DWIN_COM,2 + len);
    UartSendChar(DWIN_COM,0x80);
    UartSendChar(DWIN_COM,reg);
    for(i = 0;i<len;i + + )
    {
      UartSendChar(DWIN_COM, *(val + i));
```

```
    }
}
void dwinReadVp(uint16_t addr,uint8_t len) //读迪文变量地址值
{
    UartSendChar(DWIN_COM, HEAD1);
    UartSendChar(DWIN_COM, HEAD2);
    UartSendChar(DWIN_COM, 4);
    UartSendChar(DWIN_COM, 0x83);
    UartSendChar(DWIN_COM, (uint8_t)((addr>>8)&0xff));
    UartSendChar(DWIN_COM, (uint8_t)((addr>>0)&0xff));
    UartSendChar(DWIN_COM, len);
}
void dwinWriteVpByte(uint16_t addr,uint8_t *val,uint8_t len) //写变量迪文变量地址字节
{
    uint8_t i=0;
    UartSendChar(DWIN_COM, HEAD1);
    UartSendChar(DWIN_COM, HEAD2);
    UartSendChar(DWIN_COM, len+3);
    UartSendChar(DWIN_COM, 0x82);
    UartSendChar(DWIN_COM, (uint8_t)((addr>>8)&0xff));
    UartSendChar(DWIN_COM, (uint8_t)((addr>>0)&0xff));
    for(;i<len;i++)
    {
        UartSendChar(DWIN_COM, *(val+i));
    }
}
void dwinWriteVpWord(uint16_t addr,uint16_t *val,uint8_t len) //写变量迪文变量地址字
{
    uint8_t i=0;
    UartSendChar(DWIN_COM, HEAD1);
    UartSendChar(DWIN_COM, HEAD2);
    UartSendChar(DWIN_COM, len*2+3);
    UartSendChar(DWIN_COM, 0x82);
    UartSendChar(DWIN_COM, (uint8_t)((addr>>8)&0xff));
    UartSendChar(DWIN_COM, (uint8_t)((addr>>0)&0xff));
    for(;i<len;i++)
    {
        UartSendChar(DWIN_COM, (uint8_t)((*(val+i)>>8)&0xff));
        UartSendChar(DWIN_COM, (uint8_t)((*(val+i)>>0)&0xff));
    }
}
void dwinRecvHandler(uint8_t recvData)//迪文接收数据帧状态机解析
{
```

```
static uint8_t len,revIdx;
switch(dwinRevDataState)
{
    case DWIN_REV_WAIT_HEAD1:
    {
        if(recvData = = HEAD1)
        {
            dwinRevDataState = DWIN_REV_WAIT_HEAD2;
        }
    }break;
    case DWIN_REV_WAIT_HEAD2:
    {
        if(recvData = = HEAD2)
        {
            dwinRevDataState = DWIN_REV_WAIT_LEN;
        }
        else if(recvData = = HEAD1)
        {
            dwinRevDataState = DWIN_REV_WAIT_HEAD2;
        }
        else
        {
            dwinRevDataState = DWIN_REV_WAIT_LEN;
        }
    }break;
    case DWIN_REV_WAIT_LEN:
    {
        len = recvData;
        dwinRevDataState = DWIN_REV_WAIT_END;
    }break;
    case DWIN_REV_WAIT_END:
    {
        dwinRevData.data[revIdx + +] = recvData;
        if(revIdx> = len)
    {
        _dwinrevDataBuf_t * frame ;
        if(NULL! =(frame = dwinRxFrameAlloc()))
      {
          memmove(frame->data,dwinRevData.data,revIdx);
          frame->state = DWIN_FRAME_STATE_ACTIVE;
      }
      revIdx = 0;
      len = 0;
```

```
            //dwinRevData.state = 1;
            //dwinRevDataState = DWIN_REV_WAIT_HANDLE;
            dwinRevDataState = DWIN_REV_WAIT_HEAD1;
        }
    }break;
    default:
        break;
    }
}
```

3. NETWORK 网络驱动层程序设计

//文件名 usrc322.c:

```
#include "usrc322.h"
#include "stdarg.h"
#include "stdio.h"
#include "string.h"
#include "delay.h"
volatile uint8_t recv_flag = 0;
volatile uint16_t recv_num = 0;
uint8_t USRC322_RX_BUF[1024] = {0};
uint8_t usrc322State = 0;
uint8_t usrc322Status = 0;
uint8_t usrc322Handler(void)
{
    static uint8_t retryCnt = 0,retryCnt2 = 0,retryCnt_mac = 0;
    switch(usrc322State)
    {
        case 0:
        {
            retryCnt  = 0;
            retryCnt2 = 0;
            retryCnt_mac = 0;
            if(usrCommMode = = USR_COMM_MODE_TRANSPARENT)
            {
                USART_printf(USART2,"+ + +");
                usrc322WaitAck(0, 3000);
                usrc322State = 0xff;
            }
            else
            {
                if(usrApNewLink = = 1)
                {
                    usrApNewLink = 0;
```

```
                usrc322State = 7;
            }
            else
            {
                usrc322State = 1;
                retryCnt_mac = 0;
            }
        }
    }break;
    case 1:
    {
        Delay_ms(500);
        if(++retryCnt_mac>3)
        {
            retryCnt = 0;
            usrCommMode = USR_COMM_MODE_TRANSPARENT;
            usrc322State = 0;
            #ifdef DEBUG_LOG
            printf("usr_log:at+mac no action\r\n");
            #endif
            break;
        }
        USART_printf(USART2,"AT+MAC\r");
        //USART_printf(USART2,"AT+WSTA\r");
        usrc322WaitAck(1, 3000);
        usrc322State = 0xff;
    }break;
    case 2:
    {
        if(++retryCnt>6)
        {
            retryCnt = 0;
            //usrc322State = 0xff;
            usrc322State = 8;
            #ifdef DEBUG_LOG
            printf( "usr_log:can not connect wifi\r\n");
            #endif
            break;
        }
        USART_printf(USART2,"AT+WSLK\r");
        usrc322WaitAck(2, 5000);
        usrc322State = 0xff;
    }break;
```

```
case 3:
{
    if(++retryCnt2>10)
    {
        retryCnt2 = 0;
        //usrc322State = 0xff;
        usrc322State = 0;
        #ifdef DEBUG_LOG
        printf("log:can not creat tcp connect with server\r\n");
        #endif
        break;
    }
    //usrc322Status = 1;
    USART_printf(USART2,"AT+SOCKLKA\r");
    usrc322WaitAck(3, 5000);
    usrc322State = 0xff;
}break;
case 4:
{
    //usrc322Status = 2;
    USART_printf(USART2,"AT+ENTM\r");
    usrc322WaitAck(4, 3000);
    usrc322State = 0xff;
}break;
case 5:
{
    usrc322Status = 1;
    usrc322State = 0xff;
}break;
case 6:
{
    USART_printf(USART2,"AT+WSCAN\r");
    usrc322WaitAck(6, 5000);
    usrc322State = 0xff;
}break;
case 7:
{
    Delay_ms(1000);
    USART_printf(USART2,"AT+WSTA=%s,%s\r",usrApAssocoate.ssid,usrApAssocoate.key);
    usrc322WaitAck(7, 5000);
    usrc322State = 0xff;
}break;
case 8:
```

```
    {
        USART_printf(USART2,"AT+Z\r");
        usrc322WaitAck(8, 5000);
        usrc322State = 0xff;
    }break;
    case 9:
    {
        /* 服务器地址和端口 */
        USART_printf(USART2,"AT+SOCKA=TCPC,139.196.41.182,30001\r");
        usrc322WaitAck(9, 3000);
        usrc322State = 0xff;
    }break;
    default:
    break;
  }
  return usrc322Status;
}
```

4. APP 应用层程序设计

//文件 app.c:

```
#include "app.h"
#include "includes.h"
_controller_t controller;
SYS_Timer_t appDisPlayUpdatetimer;
SYS_Timer_t appEnviroParaUpdatetimer;
SYS_Timer_t appNwkParaUpdatetimer;
bool paraValid = FALSE;
volatile uint8_t appRecvDataPendingCnt = 0;
volatile uint8_t appRecvDataWrIdx = 0;
volatile uint8_t appRecvDataRdIdx = 0;
AppMessage_t appRecvMsg[APP_MSG_MAX];
void appTimerInit(void)
{
    appDisPlayUpdatetimer.interval = 3000; //3s 定时计数值
    appDisPlayUpdatetimer.mode = SYS_TIMER_PERIODIC_MODE;
    appDisPlayUpdatetimer.handler = appDisPlayUpdateHandler;
    SYS_TimerStart(&appDisPlayUpdatetimer);
    appEnviroParaUpdatetimer.interval = 2000;//2s 定时计数值
    appEnviroParaUpdatetimer.mode = SYS_TIMER_PERIODIC_MODE;
    appEnviroParaUpdatetimer.handler = appEnviroParaUpdateHandler;
    SYS_TimerStart(&appEnviroParaUpdatetimer);
    appNwkParaUpdatetimer.interval = 5000;//5s 定时计数值
    appNwkParaUpdatetimer.mode = SYS_TIMER_PERIODIC_MODE;
```

```
    appNwkParaUpdatetimer.handler = appNwkParaUpdateHandler;
    SYS_TimerStart(&appNwkParaUpdatetimer);
}
void appTaskHandler(void)
{
    if(paraValid)
    algorithmEnviromentEvaluateTask(appEnviromentStatusHandler,&controller.para);
    controller.relayStatus.irragate = relayReadStatus(RELAY_FUN_IRRIGATE);
    controller.relayStatus.air = relayReadStatus(RELAY_FUN_AIR);
    controller.relayStatus.light = relayReadStatus(RELAY_FUN_LIGHT);
    controller.relayStatus.humidity = relayReadStatus(RELAY_FUN_HUMIDITY);
    if(controller.relayStatus.irragate = = RELAY_STATUS_ON)
    {
        uiNoticeSetRequest(NOTICE_WARNING_IRRIGATING);
    }
    else
    {
        uiNoticeClrRequest(NOTICE_WARNING_IRRIGATING);
    }
    if(controller.relayStatus.light = = RELAY_STATUS_ON)
    {
        uiNoticeSetRequest(NOTICE_WARNING_LIGHTING);
  }
  else
  {
        uiNoticeClrRequest(NOTICE_WARNING_LIGHTING);
  }
}
void appInit(void) //应用层软硬件初始化
{
    //系统定时器初始化
    SYS_TimerInit();
    appTimerInit();
    nwkInit();
    //自动控制模式初始化
    autoCtrlInit();
    //开机图标控件颜色初始化
    uiInit();
    //网络数据接收函数注册
    NWK_RegistMsgAcess(appMsgInd);
}
void FeedWDOG(void)
{
```

```
  IWDG_ReloadCounter();
}
int main(void) //主函数入口
{
    bspInit();//片上外围接口初始化
    appInit();//应用层软硬件初始化
    while(1)
    {
      /* ui 交互任务处理:迪文触摸屏进行数据接收、UI 界面提示处理。 */
      uiTaskHandler();
      /* 策略控制/自动控制任务处理:环境算法评估、自动控制任务处理 */
      appTaskHandler();
      /* 定时或周期执行任务处理:有 2s、3s 和 5s 三个周期调用节点,2s 周期调用用于读取更新各种
      环境参数,3s 周期调用用于 RTC 更新和屏幕显示刷新,5s 周期调用用于检测网络状态并维护在线
      时维护网络心跳。 */
      SYS_TimerTaskHandler();
      /* 网络管理任务处理:包含 WiFi 模块初始化及与服务器网络连接、网络连接后数据的收发处
      理。 */
      nwkHandler();
  }
}
```

运行调试

将本地控制器软硬件、服务器程序、手机 APP 段程序分别调试准备好以后，进行了系统的联机调试。如图 2.8.22 所示，系统可以对植物生长环境进行本地触摸屏和远程手机 APP 检测和智能控制，也可以通过手机 APP 对其进行远程检测和智能控制。同时系统可在本地和远程通过手动或自动工作方式对植物生长环境进行浇灌、补光、加湿、通风等操作，为植物提供良好的生长环境，保障室内植物健康成长。

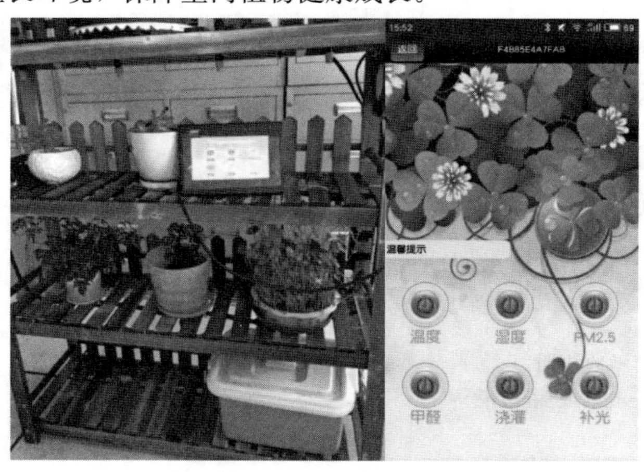

图 2.8.22　系统实物图和手机控制界面

任务小结

本项目主要设计了一套家用植物种植智能控制系统，控制器以STM32位控制核心，系统可在本地和远程手机客户端通过手动或自动工作方式进行植物生长环境监测和控制，保障室内植物健康成长。系统主要用于现代家用植物种植领域的智能化管理，可延伸至现代农业领域如室外大棚种植管理等，也可用于环境恶劣地区的室内作物种植管理，具备及其优秀的推广前景。在项目任务的实施过程中，使用了STM32内部GPIO、TIMER、中断、USART串口、I^2C总线等片上外设，通过项目要求对系统控制程序进行了分层，分别编写了基于STM32F103ZET6芯片的本地端BSP板级驱动层、DRIVER功能驱动层、NETWORK网络驱动层和APP应用层程序，最后进行了联合调试，总体而言，本项目是一个真正的综合型项目。

通过本项目的学习，对STM32内部GPIO、TIMER、中断、USART串口、I^2C总线等片上外设有一个系统的掌握。能够根据传感器接口和驱动资料编写外部传感器模块等驱动程序，并将各个驱动文件集成应用。能够根据系统要求根据功能等对系统程序进行分层封装，在此基础上能够掌握综合系统程序的开发。同时进一步提高大家RVMDK环境下结构化程序设计方法，提升复杂程序的综合调试技能技巧。

参 考 文 献

[1] 朱鸣华. C语言程序设计教程 [M]. 北京：机械工业出版社，2014.
[2] 王建中，何东，邹勇. C语言程序设计 [M]. 北京：中国铁道出版社，2016.
[3] K. N. King. C语言程序设计 [M]. 北京：人民邮电出版社，2010.
[4] 谭浩强. C程序设计 [M]. 北京：清华大学出版社，2012.
[5] 普清民. C程序设计与项目开发 [M]. 北京：清华大学出版社，2015.
[6] 吴绍根. C语言程序设计案例教程 [M]. 北京：清华大学出版社，2010.
[7] 肖广兵. ARM嵌入式开发实例 [M]. 北京：电子工业出版社，2013.
[8] Daniel W. Lewis. 嵌入式软件设计基础 [M]. 北京：机械工业出版社，2014.
[9] 严海蓉. 嵌入式微处理器原理与应用 [M]. 北京：清华大学出版社，2014.
[10] 刘火良，杨森. STM32库开发实战指南 [M]. 北京：机械工业出版社，2013.
[11] 张新民，段洪琳. ARM Cortex-M3嵌入式开发及应用 [M]. 北京：清华大学出版社，2016.
[12] 郑视，郑士海. 嵌入式系统开发与实践 [M]. 北京：北京航空航天大学出版社，2015.
[13] 张洋，刘军. 原子教你玩STM32 [M]. 北京：北京航空航天大学出版社，2015.
[14] 卢有亮. 基于STM32的嵌入式系统原理与设计 [M]. 北京：机械工业出版社，2014.
[15] 刘军，张洋. 例说STM32 [M]. 北京：北京航空航天大学出版社，2014.